机器人新兴领域“十四五”高等教育教材

机器人共融交互技术

付宜利　张福海　高文朋　主编

科学出版社
北　京

内 容 简 介

本书是探讨机器人与机器人、人类和环境交互的前沿技术领域的教材，系统地介绍了机器人共融交互的基础理论、关键技术以及实际应用案例，旨在促进机器人与机器人、人类和环境之间更自然、高效地交流与协作。通过清晰的理论阐述和生动的例子，让读者能够更深入地认识机器人共融交互技术的发展，激发对未来技术发展的思考和讨论。

本书阐述了机器人共融交互的概念和设计理念，回顾了机器人共融交互技术的发展历史，给出了机器人共融交互技术面临的挑战；介绍了机器人传感器基本原理、技术和产品，实现机器人共融交互技术的基础；详细阐述了机器人与人、机器人与机器人、机器人与环境之间的交互方法和技术；并以实例的方式介绍了机器人不同应用领域的交互技术实现。

本书面向高等学校本科生，也为科研人员、工程师和技术开发者提供参考。

图书在版编目(CIP)数据

机器人共融交互技术 / 付宜利, 张福海, 高文朋主编. -- 北京 : 科学出版社, 2024. 12. -- (机器人新兴领域“十四五”高等教育教材).-- ISBN 978-7-03-081025-0

Ⅰ. TP242

中国国家版本馆 CIP 数据核字第 2025TR6176 号

责任编辑：朱晓颖 邓 静 / 责任校对：胡小洁
责任印制：师艳茹 / 封面设计：马晓敏

科 学 出 版 社 出版
北京东黄城根北街 16 号
邮政编码：100717
http://www.sciencep.com
三河市骏杰印刷有限公司印刷
科学出版社发行 各地新华书店经销
*
2024 年 12 月第 一 版 开本：787×1092 1/16
2024 年 12 月第一次印刷 印张：13 1/4
字数：340 000

定价：59.00 元

(如有印装质量问题，我社负责调换)

前　言

机器人共融交互技术是指机器人与作业环境、人、机器人之间自然交互，自主适应复杂动态环境并协同作业的技术，是未来机器人技术发展的趋势。通过与机器人传感器、人机交互、人工智能等技术的深度融合，形成新的机器人共融交互理论与技术，在高端制造、医疗康复、家庭服务、空间探索、教育娱乐等领域具有广阔的应用前景。

本书根据战略性新兴领域"十四五"高等教育教材体系建设要求，在共融机器人战略性新兴领域填补共融交互技术教材的空白，为我国机器人工程专业领域高端人才培养提供支撑。

除绪论外，本书主要讲授机器人传感器基础知识、人与机器人共融交互技术、机器人与环境共融交互技术，以及机器人共融交互技术实例，并融入了作者团队在机器人共融交互技术领域多年的科研成果，重点使读者了解机器人共融交互技术的理论基础、研究热点及发展趋势，熟悉和掌握常见的机器人共融交互技术和实现方法，增加创新意识，为读者今后深入学习设计、构造和应用各种机器人共融系统以及求解学科问题奠定思维与知识基础。

本书具有如下特点：①注重基础理论知识引入，有利于夯实读者能力基础；②瞄准国际机器人研究前沿，围绕人-机-环境共融的机器人基础理论和设计方法，通过物理、力学、机械、信息、计算机等多学科交叉，激发读者创新思维；③注重理论联系实践，通过典型解决方案分析，将理论知识和实际应用紧密结合，培养读者工程创新意识；④结构严谨、涵盖面广，每章均附有课后习题。

本书由哈尔滨工业大学付宜利、张福海、高文朋主编。其中，第 1 章、第 5 章由付宜利编写，第 2 章由张福海编写，第 3 章由高文朋编写，第 4 章由张福海、高文朋共同编写。

在编写本书的过程中，作者努力保持其先进性和适用性，但难免有不足之处，希望广大读者指正。

作　者

2024 年 10 月

目　录

第1章 绪　论

机器人共融交互技术是一个跨学科的领域，旨在提升机器人与机器人、人类及环境之间的互动和协作能力。共融指的是机器人与机器人、人类的协同工作，机器人与机器人和人类之间要建立一种自然、顺畅的交互方式，确保双方能理解彼此的意图、情感和行为。交互是指机器人通过各种方式与机器人和人类进行交流与合作的能力。这种交互不仅限于简单的指令执行，还包括对交互对象的理解。本章将从机器人的发展历史讲起，伴随着机器人交互技术的发展，引入共融机器人的概念，在此基础上阐述机器人共融交互技术。然后针对机器人共融交互技术设计理念、演变及挑战进行阐述。

机器人被定义为一个能够感知、规划和行动的以目标为导向的机器。在早期，机器人仅能执行一些程序性动作，但是却帮人类完成很多单调且重复的任务或者在危险场景中代替人类执行特定任务。计算机、机械、传感器技术、材料科学和人工智能等领域的专业知识是现代机器人中融合的一部分。机器人技术的主要目标是研发执行用户定义任务的机器人。科学的快速发展推动了各种类型机器人(如人形机器人、飞行器、服务机器人、工业机器人、特种机器人等)的发展。特别是计算机技术的发展进一步提升了机器人的水平，使其从纯粹的机械或液压设备发展到可以遵循可编程框架的机器人，甚至能够自主决策、自我学习和执行复杂任务。如今，机器人已经可以参与一些复杂的人类活动，在社会中扮演各种关键角色，从工业生产线上的焊接机器人到家庭生活中的扫地机器人，再到手术室里的手术机器人，可以说机器人正在走进人类生活的每个角落。

回顾历史，机器人的发展大致经历了三个阶段，如图 1-1 所示。第一代机器人相当于“遥控操作器”，由人操作机械进行挖掘、搬运等工作，主要起到放大操作员力量的作用。第二

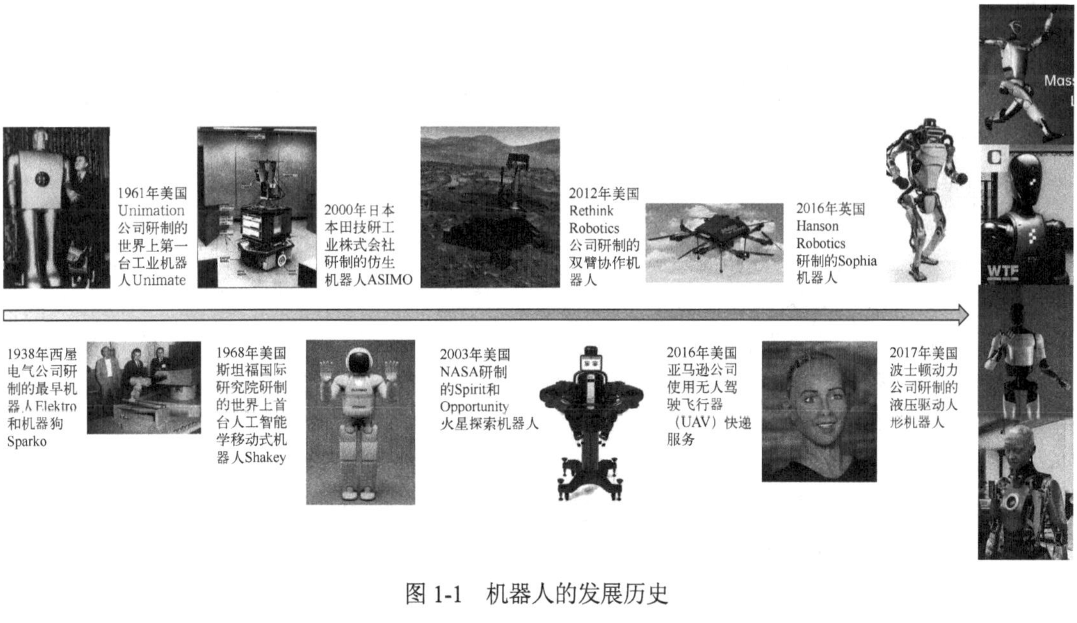

图 1-1　机器人的发展历史

代机器人能够根据离线编好的程序自动重复完成操作，目前工业生产线上常见的机械臂就是这一类。第三代机器人是智能机器人，可通过各种传感器获取环境信息，利用智能技术进行识别、理解、推理并做出规划决定，属于可自主行动、实现预定目标的交互机器人；工业领域中负责搬运、焊接与装配等任务的机器人，以及服务行业中的扫地机器人和炒菜机器人等都属此类。图 1-1 展示了机器人发展过程中的代表性机器人。

机器人交互技术是研究机器人如何与人类、其他机器人以及环境之间进行高效、自然交互的跨学科领域。它涵盖了计算机交互、人工智能、机器人学、传感器技术及社会科学等多个学科的知识体系。近年来，传感器、互联网、大数据、人工智能和机器人技术飞速发展，机器人交互技术也迎来了显著变化。传统上，机器人在交互过程中往往扮演着被动执行者的角色，但在现代技术的推动下，这一局面正在发生转变。现在的机器人正逐渐展现出更多的自主性和主动性，成为能够自主决策、自主行为的主体。这一转变主要体现在机器人交互过程中的智能化，使得机器人能够更深入地理解人类的意图和需求，从而提供更精确、更个性化的服务。通过集成先进的传感器技术，机器人能够实时感知并理解外部环境的变化，同时结合大数据和人工智能算法，对收到的信息进行分析和处理，并做出更加合理的决策。此外，机器人还能够通过互联网与其他机器人或人类进行通信和协作，实现更加复杂的交互任务。这些技术不仅提高了机器人的交互能力和自主性，也为其在各个领域的应用带来了无限可能。

1.1　机器人共融交互技术概述

机器人已是当今社会中无处不在的存在，其与机器人、人类和环境之间的互动愈发频繁和紧密。在 1960 年，Licklider 提出了一个引人深思的概念——人机共生，这一概念源自生物学的类比，旨在描述人机交互的新境界。通过人机共生的理念，Licklider 展望了一个人类与高度智能机器人和谐共存、共同发展的未来。他设想了人类与机器人之间不再是简单的控制与被控制的关系，而是转变为一种密切结合、互惠互利的共生关系。在这种关系中，人类和机器人能够共同面对问题，通过实时、动态互动，共同寻找解决方案，实现双方的共同进步和成长。显然，这种理想化的展望至今尚未实现。因此，机器人专家又站在机器人的角度重新审视了人机共生的概念，提出了共融机器人的概念，机器人共融交互技术则是在此概念之上形成的一个重要研究方向，是实现共融机器人的关键技术之一。

1.1.1　共融机器人的概念

机器人虽已广泛应用于国民生活和经济各领域，但其灵活性和智能决策能力尚显不足。比如，工业机器人感知能力较弱，只能在稳定的环境中工作，即主要在结构化环境中执行各类确定性任务，否则就容易出错甚至伤人毁物。这就是为什么工业机器人经常“单兵作战”，甚至需要防护网将机器人作业区和工人作业区分开。服务机器人是应对未来全球人口老龄化趋势加剧的有效手段，但目前存在无法接收抽象指令、难以与人有效沟通、人机协调合作能力不足、安全机制欠缺等问题。特种机器人是代替人类在极地、深海、外星、核辐射场所、军事战场、受灾地域等危险区域执行任务的重要工具，但存在过度依赖编程和人类遥操作、自主性不足等问题。

克服上述不足、有效扩展和延伸人类能力是未来机器人的发展方向——共融机器人应运而生。共融机器人(coexisting-cooperative-cognitive robots, Tri-Co Robots)是指能与作业环境、人和其他机器人自然交互、自主适应复杂动态环境并协同作业的机器人(摘自国家自然科学基金委员会重大研究计划“共融机器人基础理论与关键技术研究”)。“共融”具体包含三层含义：一是机器人与环境的自然交互。传统机器人在特定区域工作，目标简单，对象单一，但在实际生产生活中很难有如此纯粹的环境。走出车间，走进山地、雪地，来到人来人往的街道，甚至和人一起在动态环境中协同作业，是共融机器人发展的第一重目标。二是机器人之间的互助互补。两个人可以抬起更重的物品，三人一组的F1赛车服务人员可以在2s内更换一个轮胎，一台复杂的内科手术需要多位医生和护士协作。通过多“人”协作来实现单体能力的突破，通过合作增强机器人整体功能和性能，实现机器人之间的协作、互补，是共融机器人发展的第二重目标。三是机器人与人之间的协同作业。要与人合作，不单指听人指挥，共融机器人还需要有自己的“判断”和“想法”。人是复杂的、动态的，与人协作对机器人提出了更高的要求。不再被动等待人的协助，不再依赖人的编程，而要能够主动感知并解决各种问题，是共融机器人发展的第三重目标。共融机器人主要围绕人-机-环境共融的机器人基础理论和设计方法开展研究。

共融机器人主要技术特点包括：①自主性，共融机器人能够自主适应复杂动态环境，并根据任务需要自主决策和行动；②交互性，共融机器人能够与人类或其他机器人进行自然交互，理解并满足人类的需求和期望；③协作性，共融机器人能够与人类或其他机器人紧密协作，共同完成任务；④安全性，共融机器人具备高度的安全性，能够确保在交互和协作过程中不会对人类或其他机器人造成危害。

1.1.2　机器人共融交互技术的内涵

机器人共融交互技术是建立在共融机器人概念基础上，以机器人为主体，研究机器人与人、机器人和环境之间交互的技术。共融的概念在机器人交互技术研究中越来越多地被提及，但是却缺乏一个关于构成机器人共融交互的各个方面的统一规范。近年来，随着人工智能技术的飞速发展，特别是模仿学习、强化学习以及大模型的进步，机器人已经具备一定的自主作业能力，在一定程度上实现了与客体对象(包括人、其他机器人、环境等)的共融交互，这对于提高机器人在复杂环境下的适应性和操作便捷性具有重要意义。本书将结合不同学科专业知识，以多元化视角阐述共融在机器人交互技术的角色，即共融作为机器人交互的最高形式，其特点是机器人作为交互的主体与交互对象的一体性。本书中，将站在机器人的视角去审视机器人与人、机器人和环境之间的互动，探究机器人感知技术(包括本体感知和环境感知)、机器人与人的交互技术、机器人与机器人的交互技术和机器人与环境的交互技术，如图1-2所示。

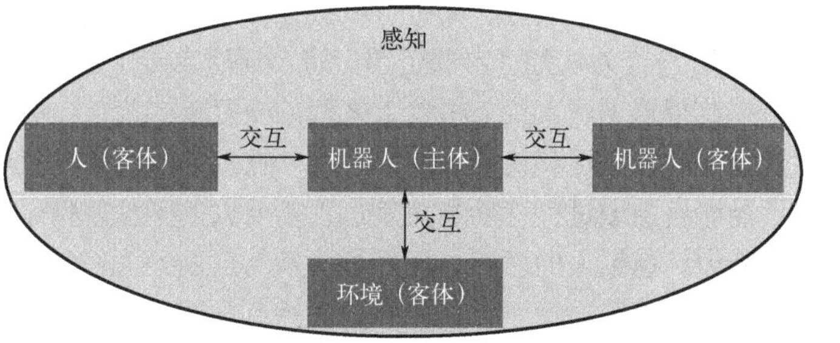

图1-2　机器人共融交互技术的框架

机器人共融交互技术研究内容根据交互对象的不同主要分为三类：

(1)机器人与人交互，属于人机交互范畴。

(2)机器人与机器人交互，主要围绕多机器人协调(multi-robot coordination)和多机器人协作(multi-robot cooperation)开展研究，前者研究重点是机器人之间合作关系确定后具体的运动控制问题，后者则是高层的组织与运行机制问题。

(3)机器人与环境交互，主要围绕机器人环境感知和多机器人协作与群体智能开展研究。

机器人共融交互技术主要考虑四个维度：任务、互动、表现和体验。

(1)任务维度：机器人主体与交互对象通过任务分解、决策和行动来实现共同目标。

(2)互动维度：机器人对每个交互对象形成一体性的内在表达，包括交互对象的内在状态(如经验)及其对环境的共同影响。这种表现构成了两个交互对象之间的“共融理解”，是共同和高度协调行动的基础。

(3)表现维度：“共融”交互促进机器人主体与交互对象间优势互补的协同效应，从而实现更高效的整体表现。

(4)体验维度：机器人共融交互技术改变了用户体验，如接受度、主观感受和融为一体感。

1.2　机器人共融交互技术的设计理念

1.2.1　以人为中心的设计理念

目前，大部分机器人作为专用的生产设备，主要由专业技术人员操作，其人机交互友好性低、鲁棒性差、智能程度低。对于非专业技术人员而言，对机器人共融交互提出更高要求。

1983年，斯图尔特·卡德在其著作中深度阐述了“人机交互”概念，关注用户与机器人之间的交互关系，以及机器人与人类如何相互作用，以便能够让机器人更好地服务于人类社会。自机器人交互概念诞生之初到现在，“以人为中心”的理念一直贯穿机器人技术发展的始终，成为机器人交互技术设计的核心。在人机关系的权利分配中，“人在回路”(human in the loop)理念强调人应当作为主导者和控制者，这一理念被内化为工程设计中的基本原则，推动了关注人类因素的工程设计和工效学研究。因此，工效学是机器人共融交互技术设计中以人为中心的设计理念之一。

从技术维度而言，机器人的技术架构和交互模式契合人机共协计算理念。对于机器人而言，在其独立运行的情况下，将人的作用或认知能力引入到机器人智能，形成人机协同的混合增强智能。人机共生为如何思考设计、支持人机交互提供了一个根本性的定位，硬件构成作为认知的“外部资源”，与作为认知“内部资源”的人脑形成协作，使人的思维与整个环境中的资源形成联动。在此视角下，人类与机器人之间的交互模式为：①各自具备自主性，人机关系中的自主性包括人的自主性和机器人的自主性。在功能维度上，机器人具有工作的独立性，在特定条件下能够自主地进行行动和决策，不需要人的干预或指示。在决策维度上，人始终具有理性的判断力，包括人的意愿、选择和决策的自由。人在与机器人交互过程中能够自由选择和决定自己的行动和决策，不受机器人的控制和限制。②彼此存在协同性。在人机关系中，协同是指人与机器人之间的合作和互动，以实现共同的目标。在相互作用的维度上，双方是相互增强的，这样双向的作用和反作用是两者具备协同性的体现。因此，人类如何增强机器人是机器人共融交互技术设计中以人为中心的理念之一。

在社会维度下，机器人在社会中的参与地位与行动决定着人机之间的交互关系，对人机关系中机器人的定位研究更应该强调“以人为中心”的设计理念。因此，需要研究多模态人机自然交互方法与技术，以突破机器人只能利用专用设备进行人机交互的局限，具体包括非编程的、人-机器人直接示教技术，基于语音指令集及机器人自主识别的语音交互技术，基于手势/姿态指令集及机器人自主识别的视觉交互技术，生-机-电融合交互技术，以及人机多层次指令融合技术。

1.2.2 环境适应性设计理念

机器人共融交互技术的环境适应性设计理念是指机器人在不同环境中能够快速、准确地适应并应对变化，这种能力对机器人在复杂环境中的应用至关重要。例如，在自动驾驶领域，机器人需要适应不同的天气、道路状况和交通情况等复杂环境。为了实现机器人的环境适应能力，需要从以下几个方面进行研究：①机器人的感知能力，机器人需要具备强大的感知能力，以便在复杂环境中准确地获取环境信息；②机器人的决策能力，机器人需要具备智能的决策能力，以便在复杂环境中做出正确的决策；③机器人的执行能力，机器人需要具备高度的执行能力，以便在复杂环境中高质量地完成任务。

机器人共融交互技术的环境适应性设计理念还需要考虑不同环境的物理特性。例如，在工厂车间中，噪声污染比较严重，机器人不能采用语音交互技术，因为工厂车间内的噪声对语音识别的干扰是严重的，采用语音交互技术很可能使机器人接收到错误指令，导致不可预料的后果。

机器人共融交互技术的环境适应性设计理念也要关注不同应用场景的功能需求。例如，在医疗领域，腹腔微创手术机器人共融交互采用主从遥操作方式更适宜，这就要求机器人具备持手术器械执行手术操作的功能，从而将医生从手术台旁解放出来，使其以更舒适的方式遥控机器人完成手术操作。这个过程中医生负责运动控制指令输入，机器人负责指令执行，主要是因为手术环境复杂，机器人运动精度和稳定性优于医生，而医生在环境适应性和决策方面则优于机器人，因此在这种应用场景中强调对机器人的功能需求，机器人需要给医生提供直观的手术操作交互能力。

1.2.3 协同作业设计理念

随着人工智能技术的发展，机器人已经逐渐从简单的工具转变为复杂的合作伙伴，作业方式也从独立作业向高效的协同作业转变，主要是因为机器人具备高速计算、精确执行和持续工作能力，可以短时间完成大量的重复性任务，而人类则具有良好的环境适应能力和决策能力。机器人共融交互技术的协同作业设计理念既可以提高效率和生产力，还可以降低风险。

机器人共融交互技术的协同作业设计理念具体可以体现为以下几种实现模式。

(1)互补性协作：机器人与人类/机器人在工作中相互配合，发挥各自的优势以提高工作效率和质量。互补性协作的关键在于发挥人类和机器人的各自优势，实现工作任务的最佳分工。人类具备灵活适应和创造性思维的能力，能够应对不确定性和复杂性；而机器人具备高精度、高速度和持久性的特点，能够完成重复性、要求准确度高的任务。通过合理分配工作，实现人机之间的协同作业，可以更好地发挥双方的潜力，提高整体工作效率，图 1-3 展示了穿戴式外骨骼机器人可以帮助工人轻便地搬运重物。

图 1-3　穿戴式外骨骼机器人重物搬运

(2) 合作式协作：人类与机器人共同参与一个任务，并互相配合完成。在这种模式中，机器人通过感知、学习和执行能力来支持人类的工作。例如，在医疗领域，机器人可以协助医生进行手术操作，如图 1-4 所示。在手术过程中，机器人可以利用先进的感知技术，如图像识别和定位，准确地识别定位患者的组织和器官。同时，机器人还可以根据医生的指令进行精确的切割和缝合，避免手术中的不稳定性和疲劳等因素对手术结果的影响。通过合作式协作，机器人可以为医生提供实时的辅助和支持，帮助医生完成复杂的手术操作。机器人可以利用其高精度和稳定性，减少手术风险并提高手术成功率。

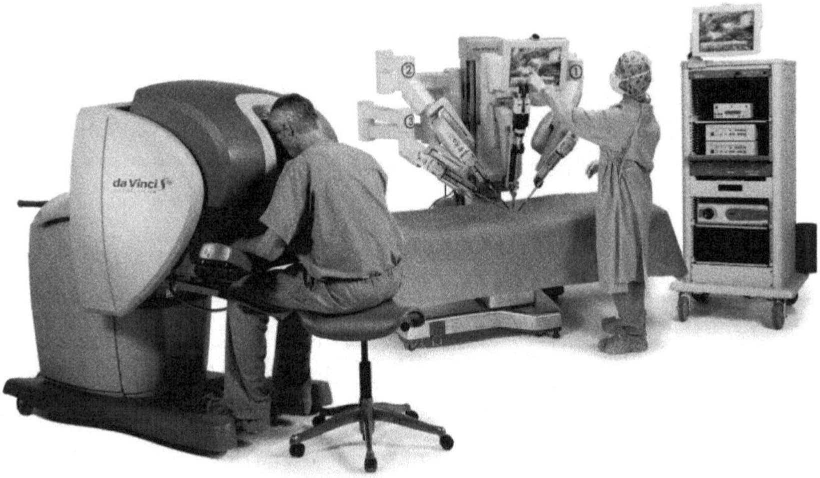

图 1-4　达·芬奇手术机器人

(3) 协同式协作：人类与机器人在相同的任务中共同工作，彼此之间具有相互理解和沟通能力。这种协作模式需要机器人具备高度智能化和自主决策能力。例如，在探险任务中，人类与机器人可以共同探索未知领域，通过合作解决问题并达成目标。机器人可以利用其感知和导航技术，帮助人类找到安全路径和探索点。而且，机器人还可以收集样本、记录数据等，为科学研究和探索提供支持。协同式协作要求机器人具备高级的人工智能和自主决策能力，能够理解人类的意图和指令，并能够根据环境的变化做出相应的调整和决策。机器人需要能够与人类进行有效的沟通和交流，以实现良好的协作关系。在协同式协作中，人类和机器人之间的相互理解和沟通是至关重要的。人类需要清晰地表达自己的意图和需求，而机器人则需要能够理解并执行这些指令。当然，机器人也需要主动地向人类传递信息和反馈，以保持双方的协作效果。

1.2.4 智能化设计理念

目前的机器人大多只能在人为设定任务框架下进行决策，缺乏知识经验的积累、智能发育能力。关于智能机器人对人类的作用和影响，长期以来存在两大阵营：人工智能(artificial intelligence, AI)和增强智能(intelligence augmentation, IA)。前者主张机器人可以模拟并可能替代人类执行某些任务，后者则强调机器人应致力于改善和增强人类的智慧和能力，强调以人为中心，主张人机交互和人机共存。

1950年，人工智能之父艾伦·图灵首次提出“具身智能”的概念，即智能行为可以被具有对应形态的智能体通过适应环境的方式习得。基于生成式AI的语言模型(如ChatGPT)只能和数字世界进行交互，而AI智能体与物理世界的交互则需要具有智能的机器人。大模型技术拉开了机器人智能时代的序幕，机器人则是大模型输出智能化终端的重要载体，AI技术突飞猛进的发展加速了机器人的进化，机器人是“具身智能”中最重要的一环。可以看到，除了工具化功用，无论是行为输出还是语言输出方面，“智能化”都使得机器人对人所独有的高级智慧和高级情感产生了一定的可替代性，颠覆了以往人机之间主体与客体的传统关系，走向了人机共存与人机互惠的阶段。随着通用人工智能的快速发展与普及应用，机器人的替代功能从体力为主转向脑力为主，甚至从脑力转向“脑力+情绪+类人行为”的具身性。

机器人智能化设计的核心是控制系统。控制系统是安装在机器人中的复杂软件，它使机器人能够独立地执行任务。而机器人共融交互的智能化设计则是在控制系统的设计与实现过程中考虑机器人与人、其他机器人和环境之间交互的智能化处理。例如，机器人可以通过语音识别、人脸识别等技术与人类沟通并执行相应的任务，成为人类的得力助手；在医生操作手术机器人作业过程中，机器人能够对术野环境进行智能感知，对潜在风险进行预测，引导医生更高效精准地完成手术操作；在多机器人协作场景中，地面移动机器人与空中飞行机器人形成团队对未知环境进行探索，构建位置环境地图。这些都体现了机器人共融交互过程中的智能化。

根据Hammond的定义，人工智能的作用分为两种：自动化和增强人类能力。而人类的知识大致分为两种：显性知识和隐性知识。自动化对应与显性知识相关的任务，增强人类能力则对应与隐性知识相关的任务。显性知识其实就是“教科书”知识，可以被记录在指导手册中；通过对这类知识进行编程，人工智能能够实现自动化，帮助人们完成重复、易出错或耗时的任务，如汽车装配线上的工业机器人作业，如图1-5所示。

图1-5 汽车装配线上的工业机器人作业

隐性知识是一种通过实践来掌握的“诀窍”，比如，消防员凭直觉感到燃烧的建筑物即将崩塌，或者数据科学家凭多年经验发现了可能存在的逻辑关系；人工智能程序在掌握隐性知识方面的能力正在迅速发展，如面部识别、感应情绪、自动驾驶(图 1-6)等。

图 1-6　特斯拉公司的全自动驾驶

人工智能是机器人共融交互智能化的主要路径。按照计算机科学家 Hammond 的观点：任何程序都可以是智能的，只要它能完成一些人类认为智能的事情，至于它是否像人类一样思考并不重要。具身智能被描述为“智能需要机器人本体在环境中不断进化”。机器人的形态(结构和形式)会影响系统行为，并帮助机器人形成社交期望。机器人的物理形态是一个重要的方面，对人机交互中机器人的感知有显著影响。直接与物理形态相关联的核心特征是对象的材料和现实感。机器人共融交互技术的智能化设计理念需要解决三方面技术难题：基于人脑智力形成及发育机理的类人智能行为建模；知识的获取、表示与抽象方法，以及可实现知识存储、更新及在线检索的智能发育模型及自主学习技术；面向与人共融机器人平台的自主知识获取，以及人机智能行为协同与决策等技术。

1.2.5　安全性设计理念

传统机器人在物理空间上基本与人隔离，但随着机器人进入人类社会，其与人之间的物理界限逐渐消失，机器人在行为过程中要求确保人-机-物的安全，而机器人故障、人类误操作、其他设备故障不可避免，如何保障这种行为的安全性，对机器人结构、控制、感知等技术提出挑战。

安全性是机器人共融交互技术设计中至关重要的一环，需要考虑机器人共融交互过程中对人类、其他机器人或环境的安全性。传统上，安全的定义被解释为对人员安全产生物理影响的风险，如机械风险等。然而，随着人工智能在机器人等网络物理系统中的整合，增加了与多个设备和云服务的互联性，机器人共融交互的安全性不再局限于物理安全，还涵盖网络安全和心理健康等方面。未来，机器人技术将从人机分离的现状向人机共生的场景转变。机器人共融交互技术的安全性设计理念必须尤为重要。

机器人共融交互技术的安全性设计理念需要从 5 个维度去思考。

(1)机器人共融交互感知的维度。安全感知是指机器人与交互对象交互时对危险程度的感知。

(2)机器人共融交互的认知维度。人工智能可以提升机器人共融交互过程中对潜在风险的认知，包括哪些操作是安全的，以及哪些操作是危险的。与人共融的新一代机器人需要工作在日常的、非结构化的、动态的环境中，此时机器人自主行为能力低下的问题日益突出。因此，基于对合作者需求、操作对象、所处环境的态势认知，研究包括安全行为的实时(重)规划、确保人-机-物安全的刚-柔智能切换控制等自主行为技术，构建人机协同时的安全机制，对于发展新一代与人共融机器人的行为能力和安全性具有重要的作用。

(3)机器人共融交互的行为维度。目前确定机器人行为的两种主要方法是认知方法和任务分析方法。前者包括将人类认知作为系统模型的一部分，产生认知合理人类行为的原则，如重复、错误顺序和干扰，并从认知心理学中生成形式化模板。然而，认知方法过于依赖于手工制作特征模型，并未解决人类的易犯错误。任务分析方法模拟了所有可能的危险情况的组合，而不考虑其认知原因，通过任务的层次结构将其分解为更小的功能单元(原子动作)。动作的执行和顺序通常通过先决条件和后置条件来控制。这些模型仅限于人类的规范行为，不反映人类的错误。在对机器人共融交互进行安全分析时，大部分采用认知方法和任务分析方法以及传统的危险分析方法，如人因分析和分类系统，故障模式、效应分析和故障树分析。这些方法主要局限于略侧重于由人类活动与机器人的交互引起的安全违规，同时至今几乎没有关于在机器人共融交互过程中识别事故预警的研究。众所周知的非正式解决方案，如系统理论过程分析、危险和操作性研究，描述了用于系统危险识别和安全性设计的总体框架。然而，它们通常与形式化解决方案一起使用。

(4)机器人共融交互的硬件维度。传统机器人的关节一般为刚性机构，由这种刚性机构构成的机器人系统在与人合作时存在严重的安全隐患，因此，研发具有本质安全性的柔性机构是保证人-机-物安全性首先需要考虑的问题。同时，利用新的轻型材料代替现有的机器人钢铁结构，也是提升机器人本体性能和人机共融时安全性的关键技术。此外，现有机器人系统的驱动多采用电机、液压等方式，驱动效率低，这就需要探索全新的驱动机理，发展高效安全的驱动装置。该部分的具体技术瓶颈包括灵活操作机构与控制、新型类肌肉驱动与本体材料、柔性驱动与控制、新传感机理与器件等。

(5)机器人共融交互的风险评估维度。机器人共融交互的安全量化是一项具有挑战性的任务，因为需要考虑大量的参数和异质因素。从目前看来，没有一种全面的、标准化的方法或工具可以衡量机器人共融交互过程中的安全性，这是因为安全性取决于多个因素，如硬件、软件(感知、认知、行为)、设计原则、标准化和立法指令，这些因素甚至因使用目的不同而存在差异。

1.3　机器人共融交互技术的演变

机器人共融交互技术是伴随着机器人主体的发展而发展的，如本章开始部分的描述：机器人的发展大致经历三个阶段。

第一代机器人为程序控制，这种机器人一般是按两种方式“学会”工作的。一种是由设计师预先按工作流程编写好程序，存储在机器人的内部存储器中，使其在程序控制下工作。另一种是“示教-再现”方式，这种方式是在机器人第一次执行任务前，由技术人员引导机器人操作，机器人将整个操作过程一步一步地记录下来，每一步操作都表示为指令。示教结束后，机器人按指令顺序完成工作(即再现)。若任务或环境有变化，就要重新进行程序设计。这种机器人能在工业生产线上工作。第一代机器人的交互技术主要采用以人为主导的人机交互方式，交互手段主要包括命令行界面交互、图形用户界面交互和人机交互设备。在机器人技术发展的初期，主要以人为主体，即通常所指的人机交互(human machine interaction, HMI)，通过与含有计算机的机器人之间的双向通信，机器人作为被控制对象执行人发出的指令。早期的机器人主要依赖命令行界面进行交互。用户需要通过输入特定的命令来与机器人系统交互，系统则以文本形式响应用户的命令。这要求用户必须记住各种命令和语法规则，对于非专业用户来说较为不便。尽管命令行界面在某些领域仍然非常有用，但它对于大多数日常用户来说不友好。随着技术的发展，图形用户界面(graphical user interface, GUI)逐渐取代了命令行界面，成为主流的交互方式。GUI允许用户通过图形图标、窗口和菜单等元素进行交互，极大地降低了使用门槛。鼠标、键盘以及手柄作为主要人机交互手柄，用于控制机器人的运动。

第二代自适应机器人配备相应的传感器(如视觉、听觉、触觉传感器等)，能获取作业环境、操作对象、人类合作伙伴等简单的信息，并由机器人内置的计算机进行处理、分析、决策以控制机器人的动作。虽然第二代机器人具有一些初级的智能，但还是需要技术人员的协调工作。第二代机器人以工业机器人为代表，在特定环境中根据预设条件完成作业。这个过程中机器人的交互技术主要是借助中控系统实现机器人与流水线中的搬运设备之间的协作，作业过程中机器人根据预先设计的程序进行重复操作，能够实现精准高效的作业，但是对于环境变化的适应性较差。

第三代智能机器人具有类似于人的智能，它装备了高灵敏度传感器，因而具有超过一般人的视觉、听觉和触觉能力，能对感知的信息进行分析，控制自己的行为，处理环境发生的变化，完成各种复杂、困难的任务，而且有自我学习、归纳、总结已掌握知识的能力。目前研制的智能机器人大都只具有部分的智能，和真正意义上的智能机器人相差很远。第三代机器人以服务机器人为代表，能够实现在环境中自主导航，能够与人进行交流等，具备一定的环境感知能力，在特定任务中可以实现自主行动，如送餐机器人。随着人工智能技术发展，机器人可以初步实现对人的行为和意图进行感知，人机交互过程中主客体角色的权重正在发生转变，机器人在人机交互过程中也不再是简单的接收命令、执行命令，而是与人的角色分量向平衡方向发展。

人形机器人的出现，使人工智能的输出开始由虚拟的数字世界走向现实的物理世界，由此促进了人机共生状态的演进进程。具备情感代理和行为代理功能的人形机器人突破了传统人机交互模式，尤其是人机情感交互模糊了人机主体地位的界限，为具身智能的主体定位提供了现实支撑。新型交互生态颠覆了以往人机交互的技术模式和理论范式，对传统的“以人为中心”的人机交互思路造成了冲击。基于技术层面的人机互嵌与社会层面的情感补偿，应从行为代理与情感代理两个维度区分对具身智能体的规范治理措施，并随着技术发展步伐，面向现在和未来分阶段做出理论和制度准备，最终围绕整体性的人机交互关系构建智能时代的良性循环的人机信任生态。未来随着人工智能技术的发展，机器人独立自主作业的能力将进一步提升，机器人共融交互技术也将变得更加自然和谐，实现共融。

1.4　机器人共融交互技术的挑战

1.4.1　感知与认知挑战

传统机器人只能在人工布局及可控的、预先已知的环境中工作，具有静态、结构化、已知、确定性等特点。而实际应用中更多的是要求机器人在自然(非人工)、不可预知(动态)、复杂的环境中完成任务，对机器人的感知、认知和决策提出了更高要求。

机器人的感知与认知是指机器人对客体(包括人、环境和机器人)和本体状态的感知能力，以及在感知信息基础上升级为认知层面的信息用于交互的决策。它包括对客体的感知，如感知人或机器人的位置、形状、运动等，以及对自身状态的感知，如感知本体的位置、姿态、速度等。机器人的态势感知对于实现机器人共融交互决策和行为至关重要。

机器人对客体的感知是一项复杂的任务。首先，机器人需要通过传感器获取客体信息并将其转为对客体的理解。但是，现有的传感器技术还存在一些局限性，如传感器的精度、响应速度和感知范围等，这给机器人对客体的感知带来挑战。其次，机器人自身状态感知也是一个困难的问题。机器人需要通过传感器感知自身的位置、姿态、速度等信息，以便做出准确的交互决策和行为。然而，传感器的噪声和误差会导致自身状态感知的不准确，这将影响机器人共融交互的可靠性。此外，机器人的态势感知还需要考虑多传感器信息融合的问题。机器人通常使用多种传感器来获取客体和本体状态信息，如激光雷达、摄像头、惯性测量单元等。如何将多个传感器的信息融合起来，提高机器人的感知能力和精度，也是一个重要的研究问题。

机器人共融交互过程中的认知建立在机器人对本体和客体精确感知的基础上，是在感知的基础上对机器人思维能力的扩展，使其能够更加智能化。认知技术使机器人能够对感知到的信息进行理解和分析，自然语言处理技术就是一项重要的认知技术，通过自然语言处理技术，机器人能够理解人类的语言，并根据语义进行逻辑推理，从而产生相应的回应。但是，人工智能技术作为实现机器人认知的主要手段，需要从大量的数据中学习和抽象出规律，并根据学习到的知识做出相应的决策，这对机器人硬件和基础设施提出很高要求。

1.4.2　决策与规划挑战

传统机器人只能完成固定时序、重复性工作，以高速、高精度为主要指标，自主性、适应性、学习性差。新一代机器人任务目标及指标更加多样，操作灵活性要求更高，任务变化更频繁，人机合作程度加深，任务过程更复杂多变，给机器人共融交互过程中的决策与规划带来诸多挑战。

(1) 不确定性处理：现实世界中存在大量的不确定性，如传感器噪声、动态环境变化等。机器人需要能处理这些不确定性，做出鲁棒的决策。然而，目前机器人智能决策与规划技术在不确定性处理方面还存在一定的局限性。

(2) 多任务决策与规划：在复杂环境中，机器人可能需要同时完成多个任务，这要求机器人具备多任务决策与规划能力。同时，如何在有限的时间和资源下，合理安排和优化多个任务的执行顺序，仍然是一个具有挑战性的问题。

(3) 协同决策与规划：机器人往往是与其他机器人或人类协同工作时发挥作用的。因此，机器人需要具备协同决策与规划能力，能够与其他机器人或人类进行有效的沟通和合作。然而，目前的机器人协同决策与规划技术还存在一定的局限性。

1.4.3 协同与协作挑战

机器人协同与协作是指多个机器人之间通过动态互补(协同)与明确分工(协作)，实现更高效、更精准的作业。首先，机器人协同与协作提高了工作效率。由于每个机器人都可以承担不同的任务，通过协同与协作，可以实现任务的并行执行，大大缩短了任务完成时间。例如，在未知环境的探索过程中，不同的机器人可以负责不同区域的探索，极大地提高了环境探索的效率。其次，机器人协同与协作提高了生产质量。通过相互协调配合，机器人之间可以进行信息共享和交流，及时纠正和调整自身的工作状态，避免错误和浪费。例如，在汽车制造过程中，各种不同功能的机器人可以共同完成汽车的组装，通过实时数据的传输和分析，及时纠正和调整，确保零件的精准装配，提高汽车的质量和性能。最后，机器人协同与协作提高了安全性。在危险和复杂的环境中，机器人可以相互协同和配合，分担人工劳动的风险。例如，在核电站的巡检中，机器人可以共同完成辐射测量、温度监测等工作，减少了人员暴露在高风险环境下的时间和频率。

然而，机器人协同与协作也面临一些挑战和难题。首先是机器人之间的信息沟通和交流问题，不同机器人之间的通信和传输技术需要进一步研究和改进，以实现实时、可靠、稳定的信息交流。其次是机器人协同和协作的控制和规划问题，如何实现机器人之间的分工协作、任务调度和路径规划也是一个复杂的、关键的问题。

1.4.4 伦理与法律挑战

随着机器人的普及和广泛应用，机器人的伦理和法律问题也日益引起关注。在机器人的设计和开发中，应当考虑以下几个层面。

1. 伦理层面

(1) 人类尊严：机器人的学习能力和决策系统可能受到数据集本身的偏见影响，导致对特定群体的歧视。需要确保机器人的算法公正透明，机器人应遵循人类尊严的原则，不得对人类进行侮辱、伤害或歧视。例如，在敬老院或医疗机构的服务机器人应尽量避免对老年人或病患进行无视或不尊重的交流，应给予他们足够的关怀和尊重。

(2) 道德规范：机器人应该遵守道德规范并且不违法。例如，机器人不得散播虚假信息、恶意诽谤或侵犯他人权益。同时，机器人也不应擅自隐瞒真相，应诚实、可信地与人类进行交互。

(3) 人类参与和控制：在机器人的设计和开发过程中应该充分考虑人类的参与和控制，特别是在涉及重要决策的情况下，如医疗机器人的治疗方案，应由人类专家参与和决策，机器人只能承担辅助的工作。

(4) 隐私与安全：机器人在收集、存储和处理大量个人数据的同时，也可能对个人隐私构成威胁。需要确保机器人技术符合隐私保护的法律和伦理准则，并采取措施保护用户数据的安全。

2. 法律层面

(1) 责任和责任归属：随着机器人变得越来越智能和自主，当机器人出现错误、事故或伤害他人时，需要明确机器人的责任和责任归属。这涉及机器人制造商、使用者和监管机构之间的法律责任问题。

(2) 安全标准与认证：机器人共融交互的安全性关系到人们的生命财产安全。制定统一的机器人共融交互安全标准和认证机制，确保机器人的设计、制造和使用符合安全要求，是法律方面的重要问题。

(3) 专利和知识产权：机器人共融交互技术的创新涉及专利和知识产权保护。要建立适应机器人共融交互技术发展的法律框架，确保创新者的权益得到保护，并促进机器人共融交互技术的良性竞争和创新发展。

机器人共融交互技术面临的伦理和法律挑战是机器人技术发展中亟待解决的重要议题。应该积极思考和探索机器人与人类的关系、隐私与保护、公正与偏见等问题，并在法律层面上制定适合机器人共融交互技术发展的法规和准则。只有通过合理的伦理和法律框架，才能确保机器人共融交互技术的发展与人类的利益相协调，推动科技与社会的共同进步。

本章小结

微课

机器人共融交互技术是跨学科领域，旨在提升机器人与机器人、人类及环境的互动协作能力。“共融”包括机器人与环境自然交互、机器人间互助互补、机器人与人之间协同作业三层含义，具有自主性、交互性、协作性和安全性等技术特点。机器人共融交互技术的设计理念强调以人为中心，具备环境适应性和协同作业能力，具有智能化，保证交互过程中的安全性。本章回顾了机器人共融交互技术伴随机器人发展的演变，同时对机器人共融交互技术发展面临的挑战进行阐述，通过对机器人共融交互技术的整体介绍，让读者对机器人共融交互技术有了初步的认识。

课后习题

1. 什么是共融机器人？
2. 机器人共融交互技术需要考虑的交互对象有哪些？
3. 机器人共融交互技术的设计理念需要考虑哪些因素？
4. 机器人共融交互技术面临的挑战有哪些？

第 2 章　机器人传感器基础知识

传感器是机器人系统的核心组成部分，它使得机器人能够感知周围环境、获取内部状态信息，从而进行准确的判断和有效的决策。随着机器人技术的不断发展，传感器在机器人共融系统中的作用愈发重要，尤其是在精确操作、互动感知和环境适应能力等方面。

本章将介绍机器人传感器的基础知识，首先从传感器的基本特性入手，帮助读者理解传感器在功能、性能、应用范围等方面的基本概念。接着，详细介绍机器人内外部的主要传感技术，具体包括机器人本体传感技术、力触觉传感技术和视觉传感技术，这些技术是机器人感知环境、与外界互动和执行任务的基础。通过对这些传感技术的分析，读者将更好地理解机器人如何通过多种传感器实现高效的感知与智能行为。

通过学习本章内容，读者将能够获得机器人传感器技术的知识，为进一步研究和应用机器人共融交互技术提供必要的理论支持。

2.1　传感器基本特性

传感器的基本特性是指传感器的输入输出关系特性，如图 2-1 所示，是传感器内部结构参数作用关系的外部特性表现，可分为静态特性和动态特性。静态特性描述了输入量为常量或变化极慢时输入与输出之间的关系，而动态特性描述了输入量随时间较快地变化时的关系。一个高精度的传感器要求有良好的静态特性和动态特性，从而保证检测信号(或能量)的无失真转换，使检测结果尽量反映被测量的原始特征。

图 2-1　传感器的输入输出

除了描述输入输出关系的特性之外，传感器的特性还与使用条件、使用环境、使用要求等相关。这些特性可能包括但不限于灵敏度、分辨率、稳定性、响应时间、工作温度范围等。对于不同的应用场景，这些特性的重要性可能会有所侧重，因此在选择和设计传感器时需要综合考虑以上因素。

2.1.1　传感器的静态特性

通常情况下，人们希望传感器的输入与输出具有确定的线性关系，但由于各种因素的影响，输入与输出之间的关系往往不会完全符合线性关系。这些因素包括迟滞、蠕变、摩擦、间隙、松动等误差的影响以及外界条件的影响等。

误差因素是衡量传感器特性的主要技术指标，通过对误差因素的分析和控制，可以提高传感器的准确性和可靠性。外界条件的影响是不可忽视的，其影响程度取决于传感器本身的特性，可以通过改善传感器本身的设计来抑制这些影响，有时也可以对外界条件进行限制。

1. 线性度

传感器的输入与输出关系通常具有一定程度的非线性。如果不考虑迟滞、蠕变、不稳定性等因素，可以使用多项式代数方程来表示传感器的静态特性：

$$y = a_0 + a_1 x + a_2 x^2 + a_3 x^3 + \cdots + a_n x^n \tag{2-1}$$

其中，y 为输出量；x 为输入量；a_0 为零点输出；a_1 为零点处灵敏度；$a_2, a_3, \cdots, a_n$ 为非线性系数。

不同的各项系数决定了传感器静态特性曲线的具体形式，这些曲线可以通过实际测试获得。然而，为了标定和方便数据处理，人们通常希望得到线性关系。为实现这一目标，可以采用某些方法，包括硬件或软件补偿，进行线性化处理。通常情况下，这些方法都相对复杂。因此，在非线性误差较小的情况下，常常采用直线拟合的方法来进行线性化处理。

在采用直线拟合线性化时，输入输出的实际测量曲线与其拟合直线之间的最大偏差就称为非线性误差或线性度，通常用相对误差 γ_{L} 来表示，即

$$\gamma_{\mathrm{L}} = \pm(\varDelta_{\mathrm{Lmax}} / y_{\mathrm{FS}}) \times 100\% \tag{2-2}$$

其中，$\varDelta_{\mathrm{Lmax}}$ 为最大非线性误差；y_{FS} 为满量程输出。

这表明非线性误差的大小是以某一确定的拟合直线为基准而得出的。不同的拟合直线会导致不同的非线性误差。因此，选择拟合直线的主要目标应该是最小化非线性误差。除此之外，还需要考虑使用方法的方便程度和计算的简便性。

2. 回程误差

回程误差也称为迟滞或滞后。传感器在正向(输入量增加)和反向(输入量减少)行程中，输入与输出曲线不重合的现象称为迟滞。迟滞特性如图 2-2(a)所示，通常通过实验方法测得。回程误差一般以满量程输出的百分比表示，即

$$\gamma_{\mathrm{H}} = \pm(1/2)(\varDelta_{\mathrm{Hmax}} / y_{\mathrm{FS}}) \times 100\% \tag{2-3}$$

其中，$\varDelta_{\mathrm{Hmax}}$ 为正反向行程中输出的最大差值。

回程误差通常用绝对误差表示。在检测回程误差时，可以选择多个测试点。对于每个测试点的输入信号，在传感器的正向和反向行程中，取输出信号之间的最大差值，即为该测试点的回程误差。

3. 重复性

重复性是指传感器在输入按同一方向连续多次变动时所得特性曲线不一致的程度。图 2-2(b)输出曲线的重复特性，正向行程的最大重复性误差为 $\varDelta_{\mathrm{Rmax1}}$，反向行程的最大重复性误差为 $\varDelta_{\mathrm{Rmax2}}$。重复性误差取这两个误差之中较大者为 $\varDelta_{\mathrm{Rmax}}$，再以满量程 y_{FS} 输出的百分数表示，即

$$\gamma_{\mathrm{R}} = \pm(\varDelta_{\mathrm{Rmax}} / y_{\mathrm{FS}}) \times 100\% \tag{2-4}$$

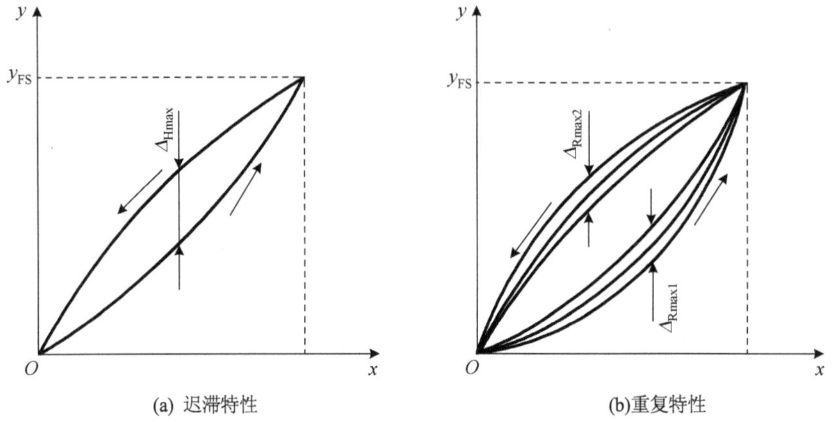

图 2-2　迟滞特性和重复特性

4. 灵敏度与灵敏度误差

传感器输出的变化量Δy与引起该变化量的输入变化量Δx之比即为其灵敏度，其表达式为

$$k = \Delta y / \Delta x \tag{2-5}$$

由此可见，传感器输出曲线的斜率就是其灵敏度。对具有线性特性的传感器，其特性曲线的斜率处处相同，灵敏度是一常数，与输入量大小无关。

由于某种原因，会引起灵敏度变化，产生灵敏度误差。灵敏度误差用相对误差表示，即

$$\gamma_{\mathrm{S}} = (\Delta k / k) \times 100\% \tag{2-6}$$

5. 分辨力与阈值

分辨力是指传感器能够检测到的最小输入增量。对于一些传感器而言，当输入量连续变化时，输出量只会做出阶梯状的变化，此时分辨力即为输出量的每个“阶梯”所代表的输入量的大小。分辨力通常用绝对值表示，当表示为相对于满量程的百分比时，称为分辨率。在传感器输入零点附近的分辨力称为阈值。

6. 漂移

漂移是指传感器在输入量不变的情况下，输出量随时间变化的现象。漂移将影响传感器的稳定性或可靠性。产生漂移的原因主要有两个：一是传感器自身结构参数发生老化，如零点漂移(简称零漂)，它是在规定条件下，一个恒定的输入在规定时间内的输出在标称范围最低值处(即零点)的变化；二是在测试过程中周围环境(如温度、湿度、压力等)发生变化，这种情况最常见的是温度漂移(简称温漂)，它是由周围环境温度变化引起的输出变化。温度漂移通常用传感器工作环境温度偏离标准环境温度(一般为 20℃)时的输出值变化量与温度变化量之比来表示。

7. 静态测量不确定度

静态测量不确定度(传统上也称为静态误差)是指传感器在其全量程内任一点的输出值

与其理论值的可能偏离程度。静态误差的求取方法如下：把全部输出数据与拟合直线上对应值的残差看成随机分布，求出其标准偏差σ，即

$$\sigma = \pm\sqrt{\frac{1}{n-1}\sum_{i=1}^{n}(\Delta y_i)^2} \tag{2-7}$$

其中，Δy_i为各测试点的残差；n为测试点数。取2σ或3σ值即为传感器的静态误差。静态误差也可用相对误差来表示，即

$$\gamma = \pm(3\sigma / y_{\mathrm{FS}})\times 100\% \tag{2-8}$$

静态误差是一项综合性指标，它基本上包括了前面叙述的非线性误差、回程误差、重复性误差、灵敏度误差等，若这几个误差是随机的、独立的、正态分布的，也可以把这几个单项误差综合而得，即

$$\gamma = \pm\sqrt{\gamma_{\mathrm{L}}^2 + \gamma_{\mathrm{H}}^2 + \gamma_{\mathrm{R}}^2 + \gamma_{\mathrm{S}}^2} \tag{2-9}$$

2.1.2　传感器的动态特性

传感器的动态特性指的是其对随时间变化的输入量的响应特性。由于传感器所检测的信号大多是时间的函数，因此为了使传感器的输出信号和输入信号随时间的变化曲线一致或相近，需要传感器不仅具有良好的静态特性，还具有良好的动态特性。传感器的动态特性反映了传感器输出量能够真实地再现变化中的输入量的能力。

1. 数学模型与传递函数

传感器的理想动态特性要求：当输入量随时间变化时，输出量能立即随之无失真地变化。但实际的传感器总是存在着弹性、惯性或阻尼元件，导致输出量$y(t)$不仅与输入量$x(t)$有关，还与输入量的变化速度$\mathrm{d}x/\mathrm{d}t$、加速度$\mathrm{d}^2x/\mathrm{d}t^2$等有关。

在工程测试实践中，大多数检测系统属于线性时不变系统，因此通常可以用线性时不变系统理论来描述传感器的动态特性。从数学上可以用常系数线性微分方程(线性定常系统)表示传感器输出量$y(t)$与输入量$x(t)$的关系：

$$a_n \mathrm{d}^n y/\mathrm{d}t^n + \cdots + a_1 \mathrm{d}y/\mathrm{d}t + a_0 y = b_m \mathrm{d}^m x/\mathrm{d}t^m + \cdots + b_1 \mathrm{d}x/\mathrm{d}t + b_0 x \tag{2-10}$$

其中，$a_n,\cdots,a_1,a_0$和$b_m,\cdots,b_1,b_0$为与系统结构参数有关的常数。

设$x(t)$、$y(t)$以及它们的各阶时间导数的初始值为零，对式(2-10)两边进行拉普拉斯变换，可得

$$a_n s^n Y(s) + \cdots + a_1 sY(s) + a_0 Y(s) = b_m s^m X(s) + \cdots + b_1 sX(s) + b_0 X(s) \tag{2-11}$$

由此可求得初始条件为零的情况下输出信号拉普拉斯变换$Y(s)$与输入信号拉普拉斯变换$X(s)$的比值：

$$\frac{Y(s)}{X(s)} = W(s) = \frac{b_m s^m + \cdots + b_1 s + b_0}{a_n s^n + \cdots + a_1 s + a_0} \tag{2-12}$$

这一比值$W(s)$被定义为传感器的传递函数。传递函数是拉普拉斯变换算子s的有理分

式。所有系数$a_n,\cdots,a_1,a_0$及$b_m,\cdots,b_1,b_0$都是实数，传递函数只与系统的结构参数有关。传感器的输入输出关系特性是传感器内部结构参数作用关系的外部特性表现。

分子的阶次m不能大于分母的阶次n，这是由物理条件决定的，否则系统不稳定。分母的阶次用来代表该传感器的特征。$n=0$时称为零阶，$n=1$时称为一阶，$n=2$时称为二阶，n更大时称为高阶。稳定的传感器系统所有极点都位于复平面的左半平面，零点、极点可能是实数，也可能是共轭复数。

2. 频域特性和时域特性

传感器的动态特性可以从频域和时域两个方面分别采用频率响应法和瞬态响应法来分析。在频域内研究动态特性时，一般采用正弦函数。由于输入信号的时间函数形式是多种多样的，在时域内研究传感器的动态特性时，只研究几种特定的输入时间函数，如阶跃函数、脉冲函数和斜坡函数等。

为了便于比较和评价，常采用正弦信号和阶跃信号作为输入信号，对应的传感器动态特性指标分为两类，即与频率响应有关的指标和与阶跃响应有关的指标：在采用正弦输入信号研究传感器的频域特性时，常用幅频特性和相频特性来描述传感器的动态特性。在采用阶跃输入信号研究传感器的时域特性时，常用延迟时间、上升时间、响应时间、超调量等来表征传感器的动态特性。

1) 频域特性

输入量x按正弦函数变化时，微分方程式(2-10)的特解(强迫振荡)即输出量y也是同频率的正弦函数，其振幅和相位将随频率变化而变化。这一性质就称为频域特性。

设输入量为

$$x = A\mathrm{e}^{\mathrm{j}(\omega t+\varphi_0)} \tag{2-13}$$

获得的输出量为

$$y = B\mathrm{e}^{\mathrm{j}(\omega t+\phi_0)} \tag{2-14}$$

其中，A、B、φ_0、ϕ_0分别为输入、输出的振幅和初相位；ω为角频率。

于是

$$\mathrm{d}x/\mathrm{d}t = A\mathrm{j}\omega\mathrm{e}^{\mathrm{j}(\omega t+\varphi_0)} = \mathrm{j}\omega x$$

$$\mathrm{d}^2x/\mathrm{d}t^2 = -A\omega^2\mathrm{e}^{\mathrm{j}(\omega t+\varphi_0)} = (\mathrm{j}\omega)^2 x$$

$$\cdots$$

$$\mathrm{d}^m x/\mathrm{d}t^m = (\mathrm{j}\omega)^m x$$

$$\mathrm{d}y/\mathrm{d}t = B\mathrm{j}\omega\mathrm{e}^{\mathrm{j}(\omega t+\phi_0)} = \mathrm{j}\omega y$$

$$\mathrm{d}^2y/\mathrm{d}t^2 = -B\omega^2\mathrm{e}^{\mathrm{j}(\omega t+\phi_0)} = (\mathrm{j}\omega)^2 y$$

$$\cdots$$

$$\mathrm{d}^n y/\mathrm{d}t^n = (\mathrm{j}\omega)^n y$$

将它们代入式(2-10)可得

$$[a_n(\mathrm{j}\omega)^n+\cdots+a_1(\mathrm{j}\omega)+a_0]y=[b_m(\mathrm{j}\omega)^m+\cdots+b_1(\mathrm{j}\omega)+b_0]x \tag{2-15}$$

从而可得

$$W(\mathrm{j}\omega)=\frac{b_m(\mathrm{j}\omega)^m+\cdots+b_1(\mathrm{j}\omega)+b_0}{a_n(\mathrm{j}\omega)^n+\cdots+a_1(\mathrm{j}\omega)+a_0} \tag{2-16}$$

$W(\mathrm{j}\omega)$ 为一复数，它可用代数形式及指数形式表示，即

$$W(\mathrm{j}\omega)=k_1+\mathrm{j}k_2=k\mathrm{e}^{\mathrm{j}\varphi} \tag{2-17}$$

其中，k_1、k_2 分别为 $W(\mathrm{j}\omega)$ 的实部和虚部；k、φ 分别为 $W(\mathrm{j}\omega)$ 的幅值和相位，$k=\sqrt{k_1^2+k_2^2}$，$\tan\varphi=k_2/k_1$。

将式(2-17)代入式(2-15)可得

$$y=k\mathrm{e}^{\mathrm{j}\varphi}x \tag{2-18}$$

将式(2-13)、式(2-14)代入式(2-18)可得

$$B\mathrm{e}^{\mathrm{j}(\omega t+\phi_0)}=kA\mathrm{e}^{\mathrm{j}(\omega t+\varphi_0+\varphi)} \tag{2-19}$$

幅频特性：k 值表示了输出量幅值与输入量幅值之比，即动态灵敏度，k 是 ω 的函数，称为幅频特性，以 $k(\omega)$ 表示。

相频特性：φ 值表示了输出量的相位较输入量超前的角度，φ 也是 ω 的函数，称为相频特性，以 $\varphi(\omega)$ 表示。

2）时域特性

传感器的输入为阶跃信号时，输入保持为 A，如图 2-3(a)所示，输出 y 将随时间变化，如图 2-3(b)所示。$y(t)$ 可能经过若干次振荡(或不经振荡)缓慢地趋向稳定值 kA，这里 k（$k=b_0/a_0$）为仪器的静态灵敏度，这一过程称为过渡过程，$y(t)$ 称为过渡函数。过渡函数就是符合 $t=0$、$y=0$ 等初始条件的下列方程的特解：

$$a_n\mathrm{d}^n y/\mathrm{d}t^n+\cdots+a_1\mathrm{d}y/\mathrm{d}t+a_0 y=b_0 A \tag{2-20}$$

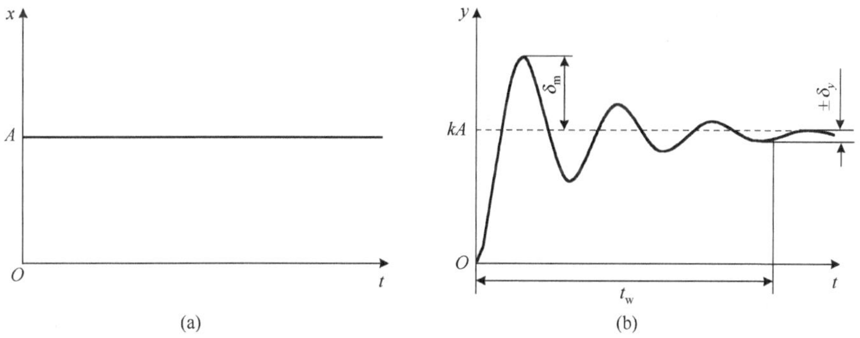

图 2-3　阶跃输入与输出

对过渡函数的要求与输出信号如何提取有关。严格说来，过渡函数曲线上各点到直线 $y=kA$ 的距离都是动态误差。当过渡过程基本结束时，y 处于允许误差 δ_y 范围内所经历的时间称为稳定时间 t_w。稳定时间也是重要的动态特性之一。当后续测量控制系统有可能受到过渡函数的极大值影响时，过冲量 δ_m 应给予限制。

2.1.3　传感器的标定

传感器在制造、装配完成后必须进行设计指标的标定实验，以确保其能够准确传递量值。

同样，在一定使用周期(通常为一年)或经过修理后，传感器也必须进行校准实验，以确保其主要技术指标再次满足要求。

传感器的标定过程旨在通过实验确定传感器输入量与输出量之间的关系，并同时确定不同使用条件下的误差关系。因此，传感器标定具有两个含义：一是确定传感器的性能指标；二是明确这些性能指标适用的工作环境。传感器的标定分为静态标定和动态标定两种。静态标定的目的是确定传感器的静态指标，主要包括线性度、灵敏度、回程误差和重复性。动态标定的目的是确定传感器的动态指标，主要包括时间常数、固有频率和阻尼比。有时，也会根据需要对非测量方向的灵敏度、温度响应以及环境影响等进行标定。

标定的基本方法是将已知的被测量(即标准量)输入待标定的传感器，同时记录传感器的输出量。然后对所获得的传感器输入量和输出量进行处理和比较，从而得到一系列表征两者对应关系的标定曲线。通过这些曲线，可以得到传感器性能指标的实测结果。

对传感器进行标定实际上就是确定其各项性能指标，也即确认其测量准确度。因此，在进行传感器标定时，所使用的测量设备(通常称为标准设备)的准确度通常要比待标定传感器的准确度高一个数量级，至少要高出 1/3。只有这样，通过标定确定的传感器性能指标才是可靠的，所确定的准确度才是可信的。

1. 静态标定

传感器的静态特性是在静态标准条件下进行标定的。静态标准条件主要包括没有加速度、振动、冲击(除非这些参数本身就是被测量)及环境温度一般为室温(20℃±5℃)，相对湿度不大于 85%，气压为(101±7)kPa 等。一般的静态标定包括如下步骤。

(1)将传感器全量程(测量范围)分成若干等间距点。

(2)根据传感器全量程分点情况，由小到大、逐点递增输入标准量值，并记录下与各点输入值相对应的输出值。

(3)将输入值由大到小、逐点递减，同时记录下与各点输入值相对应的输出值。

(4)按步骤(2)和(3)所述过程，对传感器进行正反向行程往复循环多次(一般为 3~10 次)测试，将得到的输入输出测试数据用表格列出或画成曲线。

(5)对测试数据进行必要的处理，根据处理结果就可以得到传感器校正曲线，进而可以确定出传感器的灵敏度、线性度、迟滞和重复性。

2. 动态标定

传感器的动态标定实质上是通过实验获得传感器动态性能指标的具体数值。因传感器形式的不同(如电的、机械的、气动的等)，确定方法可能会有所不同，但从原理上一般可分为阶跃信号响应法、正弦信号响应法、随机信号响应法和脉冲信号响应法等。

需要指出的是，在标定系统中所使用的标准设备的时间常数应比待标定传感器的时间常数小得多，而其固有频率则应高得多。这样，它们的动态误差才能忽略不计。

以阶跃信号响应法为例进行说明。

(1)一阶传感器时间常数 τ 的确定。一阶传感器输出 y 与输入 x 之间的关系为 $a_1 \mathrm{d}y/\mathrm{d}t + a_0 y = b_0 x$，当输入 x 是幅值为 A 的阶跃函数时，可以解得

$$y(t)=kA[1-\exp(-t/\tau)] \tag{2-21}$$

其中，τ 为时间常数，$\tau=a_1/a_0$；k 为静态灵敏度，$k=b_0/a_0$。

在测得的传感器阶跃响应曲线上，取输出值达到其稳态值的 63.2%所经过的时间即为其时间常数 τ。但这样确定 τ 值实际上没有涉及响应的全过程，测量结果的可靠性仅仅取决于某些个别的瞬时值。采用下述方法，可获得较为可靠的值。根据式(2-21)得 $1-y(t)/(kA)=\exp(-t/\tau)$，令 $Z=-t/\tau$，可见 Z 与 t 呈线性关系，而且

$$Z=\ln\left[1-y(t)/(kA)\right] \tag{2-22}$$

因此，根据测得的输出信号 $y(t)$ 作出 Z-t 曲线，则 $\tau=-\Delta t/\Delta Z$。这种方法考虑了响应的全过程，并可以根据 Z-t 曲线与直线的符合程度来判断传感器接近一阶系统的程度。

(2) 二阶传感器阻尼比 ξ 和固有频率 ω_0 的确定。二阶传感器一般都设计成 $\xi=0.7\sim0.8$ 的欠阻尼系统，则可测得传感器的阶跃响应曲线。在其上可以获得曲线振荡频率 $\omega_{\rm d}$、稳态值 $y(\infty)$、最大过冲量 $\delta_{\rm m}$ 与其发生的时间 $t_{\rm m}$。可以推导出

$$\xi=\sqrt{\frac{1}{1+[\pi/\ln(\delta_{\rm m}/y(\infty))]^2}} \tag{2-23}$$

$$\omega_0=\frac{\omega_{\rm d}}{\sqrt{1-\xi^2}}=\frac{1}{t_{\rm m}}\frac{\pi}{\sqrt{1-\xi^2}} \tag{2-24}$$

由式(2-23)、式(2-24)可确定出 ξ 和 ω_0。

如果传感器属于三阶以上的系统，则需要分别求出传感器输入和输出的拉普拉斯变换，或通过其他方法确定传感器的传递函数。另外，也可以通过正弦信号响应法来确定传感器的频域特性。然后，可以进行因式分解，将传感器等效成多个一阶和二阶环节的串联或并联，进而分别确定它们的动态特性。最后，以其中最差的动态特性作为传感器的标定结果。这样可以确保对传感器的动态特性进行全面而准确的评估。

2.2　机器人本体传感技术

机器人本体传感器即机器人内部传感器，通常安装在机器人的内部结构中，用于感知和监测机器人自身的状态、姿态、运动和性能参数等。这些传感器为机器人提供了自我感知和自我调节的能力，从而使机器人能够实现自主导航、动作控制和运动规划等功能。常见的机器人内部传感器包括编码器、加速度计、陀螺仪等。

2.2.1　编码器

编码器是一种用来测量机械旋转或平移的传感器。它能够测量机械部件在旋转或直线运动时的位置或速度等信息，并将其转换成一系列电信号。编码器在角位移测量方面应用广泛，具有高精度、高分辨率、高可靠性的特点。光电式编码器是在自动测量和自动控制中用得较多的一种数字式编码器，从结构上可分为脉冲盘式和码盘式两种。它是非接触式测量，寿命长，可靠性高，测量精度和分辨率能达到很高水平。

1. 脉冲盘式编码器

脉冲盘式编码器(也称为增量式编码器)转动时可产生串行光脉冲，用计数器将脉冲数累加起来就可反映转过的角度。

(1)工作原理。脉冲盘式编码器在圆盘上开有两圈相等角矩的缝隙，外圈为增量码道，内圈为辨向码道，内外圈之间错开半条缝宽；另外，在内外圈之外的某一径向位置，也开有一缝隙，表示码盘的零位，码盘每转一圈，零位对应的光敏元件就产生一个脉冲，称为“零位脉冲”。在开缝圆盘的两边分别安装光源及光敏元件。一种脉冲盘式编码器的内部结构如图 2-4 所示，光栏板上有两个缝，其距离是码盘上两个相邻狭缝距离的 1/4，并设置了两组对应的光敏元件(称为 cos、sin 元件)，对应图中的 *A*、*B* 两个信号(1/4 间距差保证了两路信号的相位差为 90°，便于辨向)，*C* 信号代表零位脉冲。

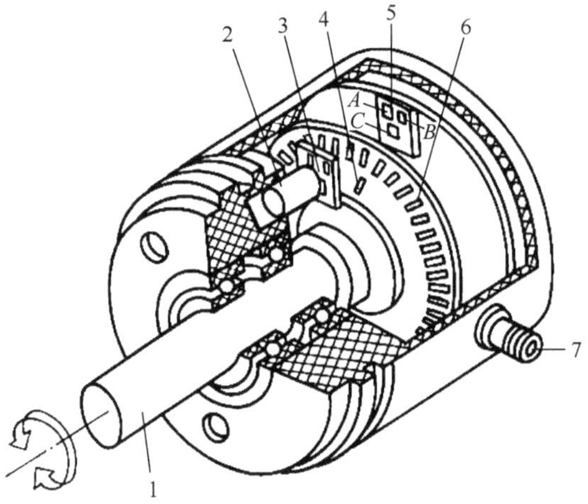

图 2-4　编码器的结构

1-转轴；2-发光二极管；3-光栏板；4-零位；5-光敏元件；6-码盘；7-电源及信号线连接座

当码盘随被测工作轴转动时，每转过一个缝隙就发生一次光线明暗的变化，通过光敏元件产生一次电信号的变化，所以每圈码道上的缝隙数将等于其光敏元件每一转输出的脉冲数。利用计数器记录脉冲数，就能反映码盘转过的角度。

(2)辨向原理。增量式编码器将设备运动时的位移信息变成连续的脉冲信号，脉冲个数表示位移量的大小。其特点如下。

①只有当设备运动时才会输出信号。

②一般会输出通道 *A* 和通道 *B* 两组信号，并且有 90° 的相位差(1/4 个周期)，同时采集这两组信号就可以计算设备的运动速度和方向。

如图 2-5 所示，通道 *A* 和通道 *B* 的信号周期相同，且相位相差 1/4 个周期，结合两相的信号值：若先是 *B* 相和 *A* 相都读到高电平(1 1)，再是 *B* 相读到高电平，*A* 相读到低电平(1 0)，则为顺时针转；若先是 *B* 相和 *A* 相都读到低电平(0 0)，再是 *B* 相读到高电平，*A* 相读到低电平(1 0)，则为逆时针转；除通道 *A*、通道 *B* 以外，还会设置一个额外的通道 *Z*，表示编码器特定的参考位置。

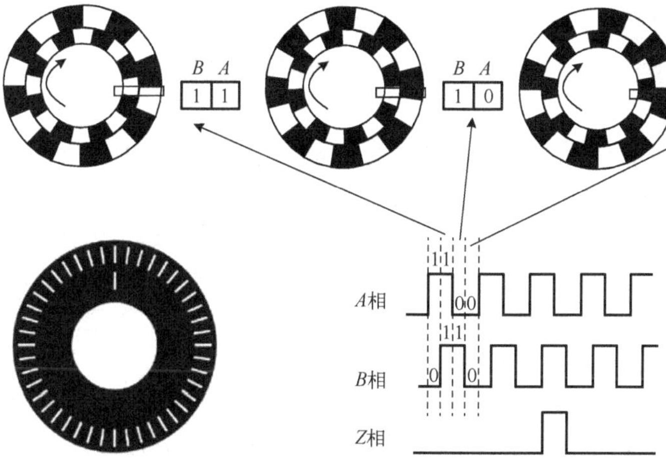

图 2-5　增量式编码器工作原理

如图 2-5 所示，传感器转一圈后 Z 通道才会输出一个脉冲，在 Z 通道输出时，可以通过将 A、B 通道的计数清零，实现对码盘绝对位置的计算。

增量式编码器只输出设备的位置变化和运动方向，不会输出设备的绝对位置。

2. 码盘式编码器

码盘式编码器(也称为绝对式编码器)在总体结构上与增量式比较类似，都是由码盘、检测装置和放大整形电路构成，但是具体的码盘结构和输出信号含义不同，如图 2-6 所示。码盘由光学玻璃制成，其上刻有许多的同心码道，每条码道都按一定编码规律(二进制码、十进制码、循环码等)分布着透光和不透光部分，分别称为亮区和暗区。对应亮区和暗区，光敏元件输出的信号分别是“1”和“0”。

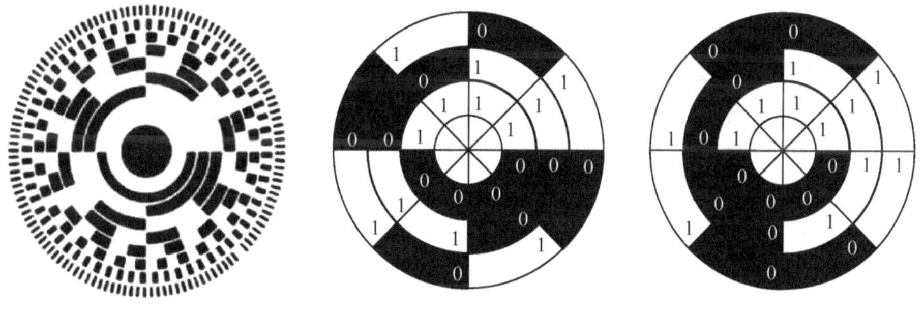

(a) 一种码盘的结构　　(b) 二进制码盘　　(c) 循环码盘

图 2-6　绝对式编码器工作原理

它将设备运动时的位移信息通过二进制编码的方式(特殊的码盘)变成数字量直接输出。其特点如下。

(1) 其码盘利用若干透光和不透光的线槽组成一套二进制码，这些二进制码与编码器转轴的每一个不同角度是唯一对应的。

(2) 绝对式编码器的码盘上有很多圈线槽，称为码道，每一条(圈)码道内部线槽数量和长度都不同。它们共同组成一套二进制码，一条(圈)码道对应二进制码中的一个位(通常是码盘最外侧的码道表示最低位，最内侧的码道表示最高位）。

(3) 码道的数量决定了二进制码的位数，一个绝对式编码器有 N 条码道，则它输出的二进制码的位数是 2^N。

(4) 读取这些二进制码就能知道设备的绝对位置，所以称为绝对式编码器。

(5) 编码方式一般采用二进制码、格雷码或者 BCD 码等。

(6) 二进制码盘如图 2-6(b) 所示，易于理解，但当码盘的制造工艺有误差时，在两组信号的临界区域，所有码道的值可能不会同时变化，或因为所有传感器检测存在微小的时间差，读到错误的值。比如，从 000 跨越到 111，理论上应该读到 111，但如果从内到外的 3 条码道没有完全对齐，可能会读到 001 或其他异常值。

(7) 循环码（也称为格雷码，相邻的两个二进制码只有 1 位不同）盘如图 2-6(c) 所示，可以避免二进制码盘的数据读取异常，因为循环码盘的相邻两个信号组只会有 1 位的变化，即使制造工艺有误差导致信号读取有偏差，最多也只会产生 1 个偏差（相邻信号的偏差）。

2.2.2 加速度计

加速度计是一种用于测量物体加速度的传感器，通常用于确定物体的运动状态或定位。它可以检测物体在三个轴上的加速度，即沿 X 轴、Y 轴和 Z 轴的加速度分量。加速度计在许多领域中都有广泛的应用，包括手机、运动追踪设备、汽车、航空航天等。加速度计的工作原理基于牛顿第二定律，即力与物体的加速度成正比。

不同类型的加速度计的工作原理也有所不同，其中最常用的是压电式加速度计和电容式 MEMS 加速度计。压电式加速度计利用压电效应来测量加速度，而电容式 MEMS 加速度计则利用电容极板间距的变化来测量加速度。此外，还有电阻应变式、热敏式等多种类型的加速度计。

1. 压电式加速度传感器

压电式加速度传感器又称压电式加速度计，属于惯性式传感器。压电式加速度传感器利用弹簧质量块系统原理，敏感芯体质量块受振动加速度作用后产生一个与加速度成正比的力，压电材料受此力作用后沿其表面形成与这一力成正比的电荷信号。压电式加速度传感器具有动态范围大、频率范围宽、坚固耐用、受外界干扰小以及压电材料受力自产生电荷信号不需要任何外界电源等特点，是广泛使用的振动测量传感器。

2. 电容式 MEMS 加速度计

电容式 MEMS（micro electro mechanical systems）加速度计是使用 MEMS 技术制造的加速度计。由于采用了微机电系统技术，其尺寸大大缩小，一个电容式 MEMS 加速度计只有指甲盖的几分之一大小。电容式 MEMS 加速度计具有体积小、重量轻、能耗低等优点。电容式 MEMS 加速度计内部也存在一个质量块，从单个单元来看，它是标准的平板电容器。加速度的变化带动活动质量块的移动，从而改变平板电容两极的间距和正对面积，通过测量电容变化量来计算加速度。

电容式 MEMS 加速度计由上电容板、中电容板（可移动）、下电容板这三部分组成，如图 2-7 所示。

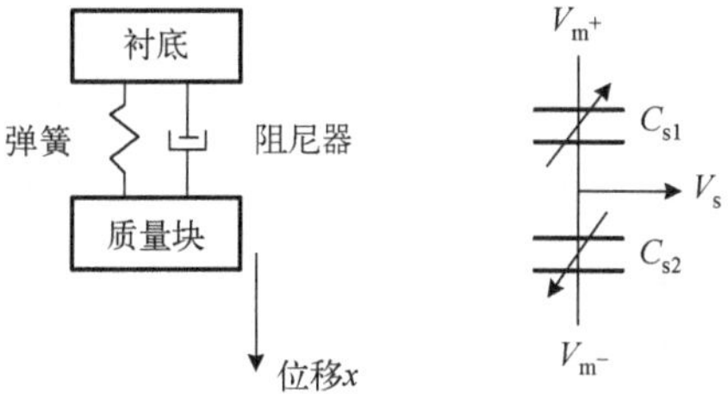

(a) 执行器的力学结构示意图　(b) 感应器的电学原理图

图 2-7　电容式 MEMS 加速度计

当有加速度的时候，中电容板会移动，其与上、下电容板的距离就会变化，上、下电容的电容值就会变化。电容值的变化与加速度成正比，通过对输出电压进行数字处理，输出数字信号。输出电压为电容电压变化的部分，V_m 是输入电压，输出电压 V_s 为电容电压变化部分：

$$V_s = \frac{C_{s1} - C_{s2}}{C_{s1} + C_{s2}} V_m \tag{2-25}$$

根据电容的定义，可得出电容值与位移之间的关系：

$$C_{s1} = \frac{\varepsilon_0 \varepsilon}{d - x}, \quad C_{s2} = \frac{\varepsilon_0 \varepsilon}{d + x} \tag{2-26}$$

由上面的两个公式可得

$$V_s = \frac{x}{d} V_m \tag{2-27}$$

根据力学原理：

$$Kx = -ma \tag{2-28}$$

加速度与输出电压的关系：

$$a = \frac{Kx}{m} = \frac{KdV_s}{mV_m} \tag{2-29}$$

2.2.3　陀螺仪

1. 机械陀螺仪

机械陀螺仪的核心是一个陀螺，如图 2-8 所示。当其开始旋转时，陀螺仪会绕着当前旋转轴旋转，具有抗拒改变方向的趋势，这就是角动量守恒。

机械陀螺仪的基本部件如下。

(1) 陀螺转子：常采用电机驱动使陀螺转子绕自转轴高速旋转，其转速近似为常值。

(2) 内外框架：使陀螺自转轴获得所需角转动自由度。

(3) 附件：力矩电动机、信号传感器等。

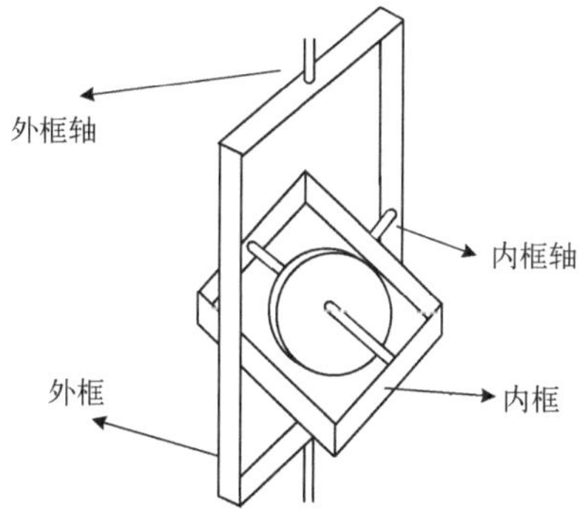

图 2-8　机械陀螺仪

当陀螺高速旋转时，理想情况下其姿态可以视为不变。此时，若搭载陀螺仪物体的姿态发生变化，则机械陀螺仪的内外框架相对于陀螺的角度就发生了变化。只要测量角度，或者角速度，即可完成对位姿的测量。角度、角速度的测量方式有很多种，可以是光电码盘，也可以是各种电阻、电容、霍尔器件。

陀螺仪的测量模型为(忽略地球自转)

$$\omega(t)=\omega_{\mathrm{s}}(t)+b_{\mathrm{gyro}}(t)+n_{\mathrm{gyro}}(t) \tag{2-30}$$

其中，$\omega(t)$ 为陀螺仪输出的角速度；$\omega_{\mathrm{s}}(t)$ 为不考虑漂移和噪声等因素影响时陀螺仪输出的角速度；$b_{\mathrm{gyro}}(t)$ 为漂移量；$n_{\mathrm{gyro}}(t)$ 为噪声项，通常为高斯白噪声，模拟传感器误差。

2. 光纤陀螺仪

20 世纪 70 年代随着先进加工工艺、光学原理的发展和应用，环形激光陀螺仪、光纤陀螺仪、MEMS 陀螺仪等逐渐出现。这些新的陀螺仪的原理已不再是原始的“角动量守恒”，也不再需要高速旋转的机械陀螺转子。最为关键的是其小型化和高可靠性的特点，使其广泛应用于高精度惯导系统中。

光纤陀螺仪(fiber optic gyroscope)具有高精度特征姿态，下面介绍它的测量原理。光纤陀螺仪的工作原理是基于 Sagnac 效应的。如图 2-9 所示，在同一光学回路中，有沿顺时针方向(CW)和逆时针方向(CCW)传播的两束光，当回路绕垂直于自身的轴转动时，将使两束光产生相位差，该相位差的大小与光回路的旋转速率成正比。

光纤陀螺仪的工作原理如图 2-10 所示，从光源发出的光经分束器后分为两束，分别沿顺时针方向及逆时针方向进入光纤环传输。在惯性参考系中，当光纤陀螺仪以角速度 Ω 顺时针旋转时，由 Fizeau 效应有

$$c_{\mathrm{cw}}=\frac{c}{n}+R\Omega\left(1-\frac{1}{n^{2}}\right) \tag{2-31}$$

$$c_{\mathrm{ccw}}=\frac{c}{n}-R\Omega\left(1-\frac{1}{n^{2}}\right) \tag{2-32}$$

其中，c_{cw} 为沿顺时针方向的光速；c_{ccw} 为沿逆时针方向的光速；c 为真空光速；n 为折射率；Ω 为陀螺仪的旋转角速度；R 为光纤回路的半径。

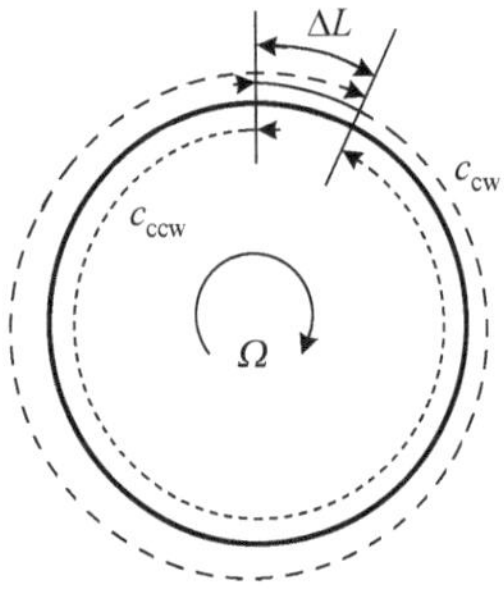

图 2-9　Sagnac 效应

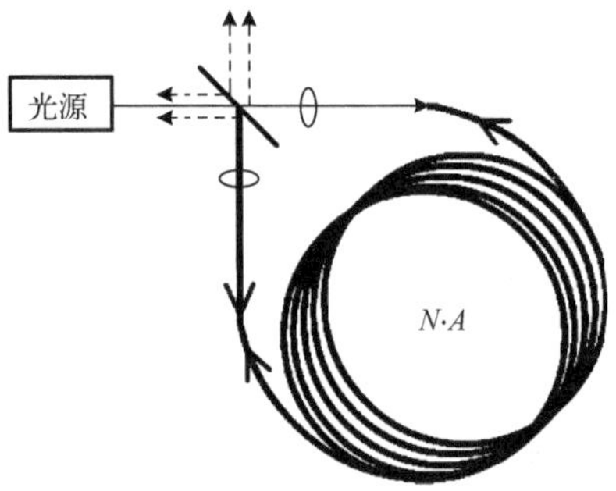

图 2-10　光纤陀螺仪工作原理图

计算可得

$$\Delta t=\frac{4\pi R^2}{c^2}\Omega \tag{2-33}$$

进而可以求得两束光之间的相位差：

$$\Delta\phi_{\mathrm{s}}=\omega\Delta t=\frac{8A\pi}{\lambda c}\Omega \tag{2-34}$$

实际上为了提高测量精度、减小陀螺体积，一般将总长度为 L 的光纤绕制成 N 匝直径为 D 的线圈，则式(2-34)可修正为

$$\Delta\phi_{\mathrm{s}}=\frac{8A\pi}{\lambda c}N\Omega=\frac{2\pi LD}{\lambda c}\Omega \tag{2-35}$$

其中，$A=\pi R^2$ 为环形光纤回路所围的面积；λ 为光波波长。通过解调相位差 $\Delta\phi_{\mathrm{s}}$ 就可以利用式(2-35)求出陀螺仪的旋转角速度 Ω。

与机械陀螺仪相比，光纤陀螺仪具有如下特点：

(1)零部件少，仪器牢固稳定，具有较强的抗冲击和抗加速运动能力；

(2)无机械传动部件，不存在磨损问题，因而具有较长的使用寿命；

(3)易于采用集成光路技术，信号稳定，且可直接用数字输出，并与计算机接口连接；

(4)通过改变光纤的长度或光在线圈中的循环传播次数，可以实现不同的精度，并具有较宽的动态范围；

(5)相干光束的传播时间短，因而原理上可瞬间启动，无须预热；

(6)结构简单、价格低，体积小、重量轻。

2.3 力触觉传感技术

当谈及机器人的感知能力时，力触觉传感技术无疑是至关重要的一环。它们使机器人不仅能够感知周围环境的存在，还能够与之进行交互，并做出相应的反应。力传感技术允许机器人感知外部施加在其身体或工具上的力的大小和方向，而触觉传感技术则使机器人能够感知到接触到的物体的形状、硬度、表面质地等信息。这两种技术的结合赋予了机器人人类般的触感能力，使其能够更加灵活地适应不同的工作环境，执行各种复杂的任务。这部分将阐述多维测力弹性体系统、扭矩传感器和触觉传感器原理。

2.3.1 多维测力弹性体系统

多维测力弹性体系统是传统应变式传感器适应新的需求发展的产物。如果把一个弹性体设计成不同的膜片、弹性梁及弹性筒的组合，各组成部分贴应变片分别测不同方向、不同性质的力，使其构成多维测力弹性体，再加上相关测量电路，就可以组成一个多维测力弹性体系统。

在实际中，双量程测力传感器大都采用轮辐式结构，将弹性体串联成一体的复合弹性体，分别用于测量小力值和大力值。其特点是结构紧凑、合理可靠；高度小，结构稳定性好；有过载保护等。双量程测力传感器结构如图2-11所示。

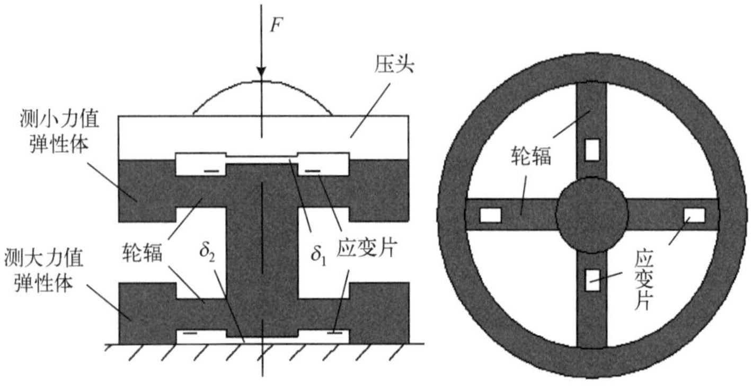

图 2-11　双量程测力传感器结构

(1) 当 $F < F_1$ 时，空隙 $\delta_1 \neq 0$，小量程段应变片电桥输出有效，对应小力值测量。

(2) 当 $F > F_1$ 时，空隙 $\delta_1 = 0$，小量程段电桥满输出，而 $\delta_2 \neq 0$，大量程段电桥输出有效，对应大力值测量。

(3) 当 $F > F_2$ 时，空隙 $\delta_2 = 0$，达到过载保护状态。

两组轮辐上，应变片粘贴方式一致(都受拉应力)，分别由四片电阻应变片组成全电桥电路。这种复合结构传感器既适用于大力值测量，又能保证在小力值范围内具有足够的灵敏度，但只适用于 2 个量程不重叠的情况。这种串联式复合弹性体可用于测量压力、推力、拉力及制动转矩。系统的线性度、迟滞、重复性均小于满量程的 0.1%。

2.3.2　扭矩传感器

扭矩的测量方法可以分为平衡力法、能量转换法和传递法。平衡力法在匀速运转时通过测量平衡力矩进行测量；能量转换法利用功率和转速的比值来表示扭矩；传递法利用弹性元件在传递扭矩时物理参数的变化与扭矩的对应关系来测量扭矩。扭矩测量仪器及装置很多，应根据使用环境、测量精度等要求来选择。

1. 应变式扭矩测量仪

应变式扭矩测量仪通过测量由于扭矩作用在转轴上而产生的应变来测量扭矩。图 2-12 为应变式扭矩测量仪，在沿轴向 $\pm 45^\circ$ 方向上分别粘贴四个应变片，感受轴的最大正、负应变，将其组成全桥电路，则可输出与扭矩 M 成正比的电压信号。

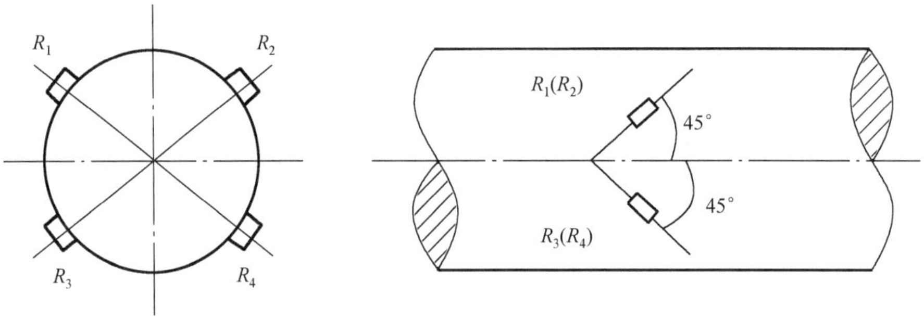

图 2-12　应变式扭矩测量仪

2. 扭转角式扭矩测量法

扭转角式扭矩测量法是通过扭转角来测量扭矩的。根据材料力学，当转轴受扭矩作用时，其上两截面间的相对扭转角与扭矩成正比，因此可以通过测量扭转角来测量扭矩。根据这一原理，可以制成光电式、相位差式、振弦式扭矩传感器等。

3. 光电式扭矩传感器

光电式扭矩传感器在转轴上安装两个光栅盘，外侧设有光源和光敏元件，如图 2-13 所示。无扭矩作用时，两光栅的明暗条纹相互错开，完全遮挡住光路，因此放置于光栅一侧的光敏元件接收不到光信号，无电信号输出。

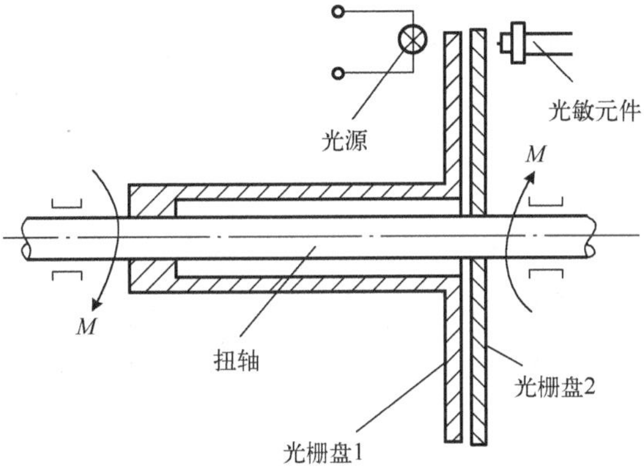

图 2-13　光电式扭矩传感器

当有扭矩作用于转轴上时，由于轴的扭转变形，安装光栅处的两截面产生相对转角，两片光栅的暗条纹逐渐重合，部分光线透过两光栅照射到光敏元件上，从而输出电信号。

扭矩越大，扭转角越大，照射到光敏元件上的光越多，因而输出电信号也越大。

2.3.3 触觉传感器

在机器感觉系统中，触觉是仅次于视觉的重要知觉形式，是人机交互过程中常用的信息交互手段，也是智能机器为实现精确和灵巧运动控制获取信息的重要手段。狭义触觉是指传感器与接触对象接触面上的力觉(键盘、按钮、限位开关等是基于狭义触觉的触觉传感器)，广义触觉包括接触觉、压觉、滑动觉、接近觉、冷热觉和力觉等与接触有关的感觉(鼠标、触摸屏、人工皮肤等是基于广义触觉的触觉传感器)。触觉是与接触有关的感觉的集合，因此现代触觉传感器正朝多传感器集成、多传感器信息融合的方向发展。

下面介绍典型触觉传感器：接触式触键(接触觉传感器)、三维力触觉传感器(接触觉传感器)和表面电容式触滑传感器。

1. 接触式触键

接触前，如图 2-14 所示，导电橡胶电极与金属电极不接触，触键电流几乎为零。接触后，如图 2-15 所示，导电橡胶电极与金属电极接触，触键电流为

$$I = V_{cc} / R_{接触电阻} \tag{2-36}$$

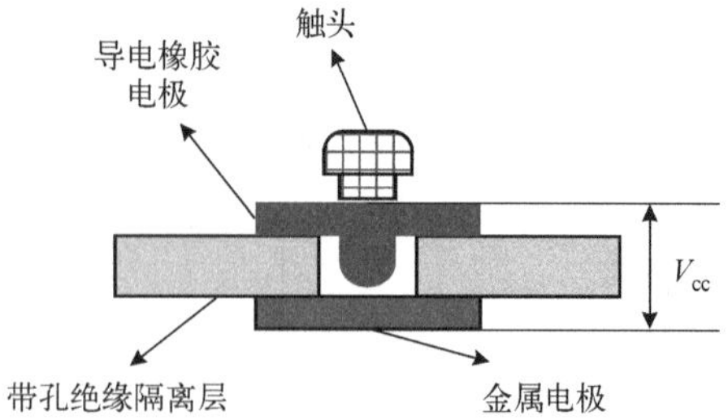

图 2-14　接触式触键(接触前)

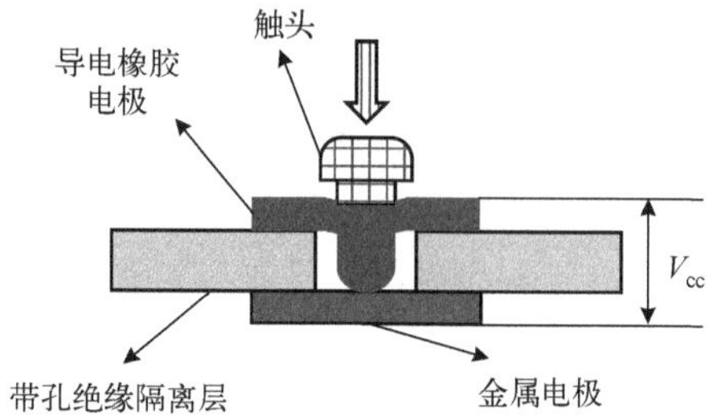

图 2-15　接触式触键(接触后)

2. 三维力触觉传感器

导电橡胶的电阻值与其所承受的压力近似成反比，可以通过检测流经 1、2、3、4 四块导电橡胶的电流来感知力的大小与方向，如图 2-16 所示。

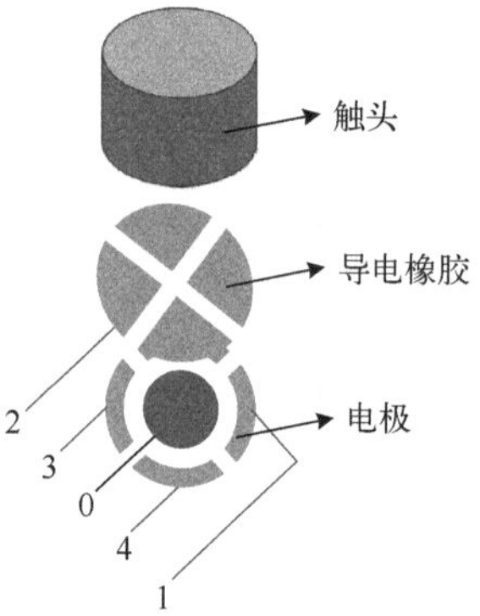

(a) 三维力触觉传感器结构示意图

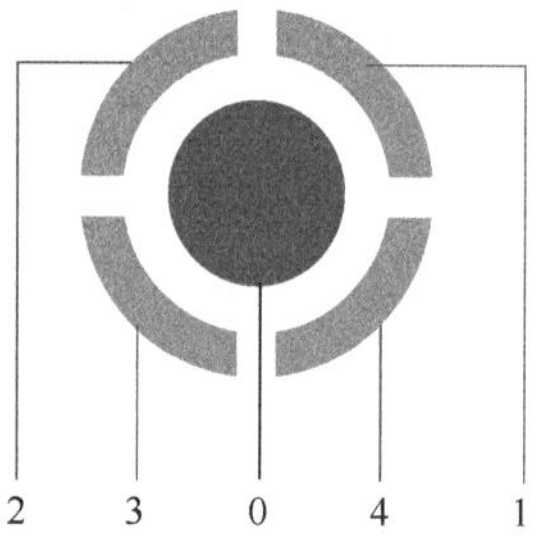

(b) 三维力触觉传感器电极示意图

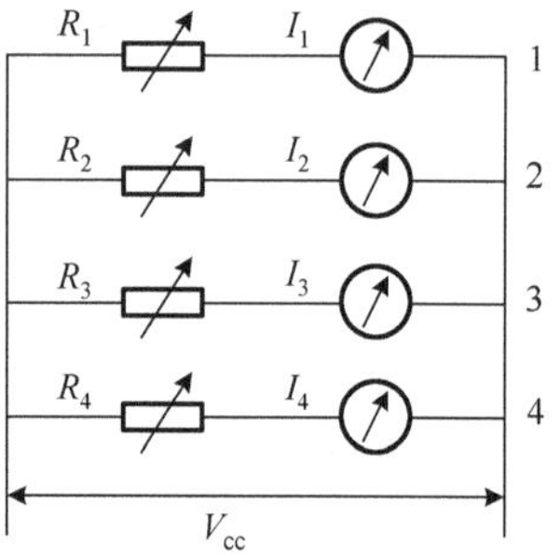

(c) 三维力触觉传感器等效电路图

图 2-16　三维力触觉传感器

接触力可如下表示：

$$F_x = KV_{cc}\left[\left(\frac{1}{R_1}+\frac{1}{R_4}\right)-\left(\frac{1}{R_2}+\frac{1}{R_3}\right)\right] = K[(I_1+I_4)-(I_2+I_3)]$$

$$F_y = KV_{cc}\left[\left(\frac{1}{R_1}+\frac{1}{R_3}\right)-\left(\frac{1}{R_2}+\frac{1}{R_4}\right)\right] = K[(I_1+I_3)-(I_2+I_4)] \tag{2-37}$$

$$F_z = K_1 V_{cc}\left[\left(\frac{1}{R_1}+\frac{1}{R_2}+\frac{1}{R_3}+\frac{1}{R_4}\right)\right] = K_1(I_1+I_2+I_3+I_4)$$

3. 表面电容式触滑传感器

表面电容式触滑传感器由表面绝缘层、四边分别带有电极的导电层组成，如图 2-17 所示。

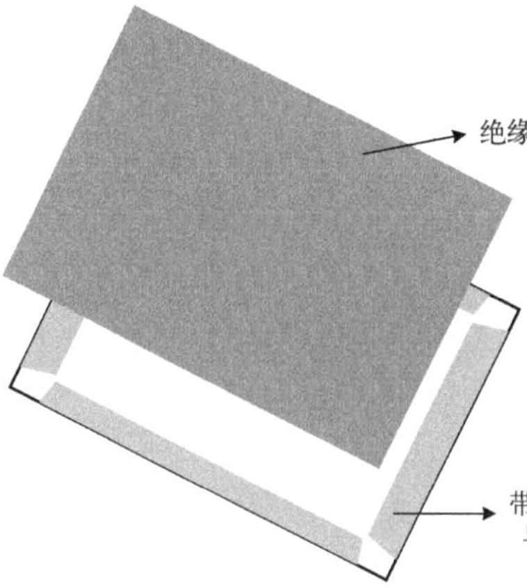

(a) 结构示意图

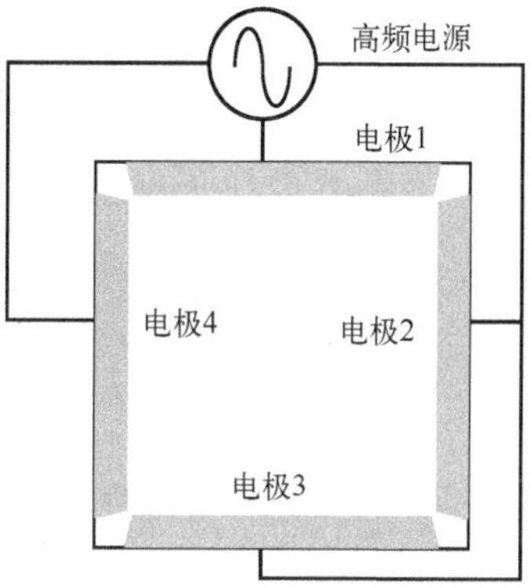

(b) 导电层和电极示意图

图 2-17　表面电容式触滑传感器

图 2-18 所示工作原理为：

(1) 手指接触传感器绝缘层，导电层与手指之间形成接触电容 C_f，导电层通过 C_f 与地连通；

(2) 电流从四个电极流出，经导电层、C_f 流向地；

(3) 从四个电极流出电流的大小与电极和接触点之间的电阻成反比；

(4) 接触点与电极之间的电阻大小和接触点与电极之间的距离成正比，从而能够确定接触点位置。

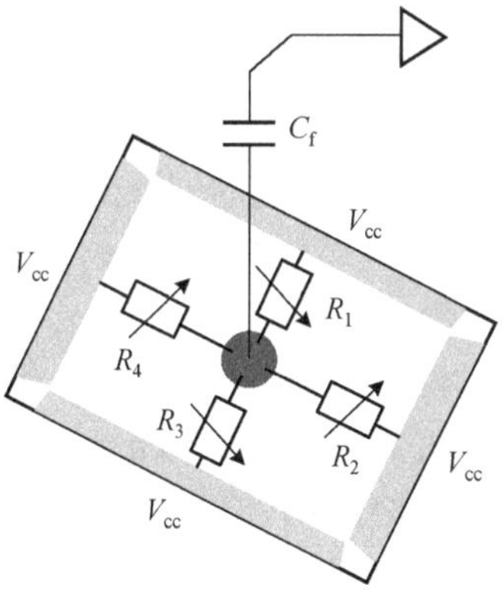

图 2-18　工作原理示意图

工作原理（接触点位置检测）：

$$I_1 : I_2 : I_3 : I_4 = \frac{1}{R_1}:\frac{1}{R_2}:\frac{1}{R_3}:\frac{1}{R_4} = \frac{1}{L_1}:\frac{1}{L_2}:\frac{1}{L_3}:\frac{1}{L_4} \tag{2-38}$$

其中，$L_{i=1,2,3,4}$为接触点到相应电极的距离，等效电路图如图 2-19 所示。

图 2-20 所示工作原理（滑动检测）为：

（1）在 t_1 时刻获得接触点位置；

（2）在 t_2 时刻获得新的接触点位置；

（3）比较两点位置获得滑动方向、滑动距离，通过计算获得滑动速度。

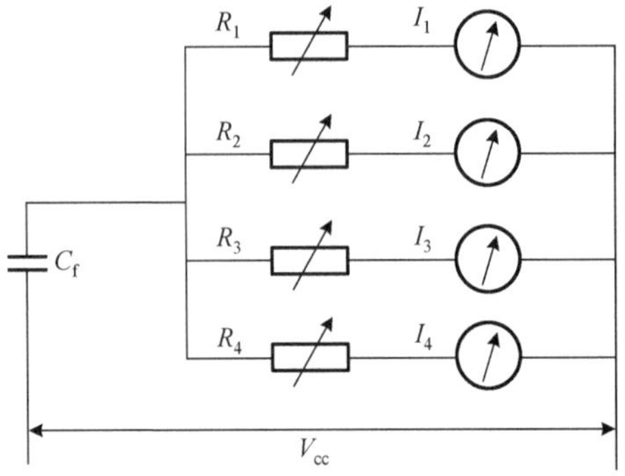

图 2-19　表面电容式触滑传感器等效电路图

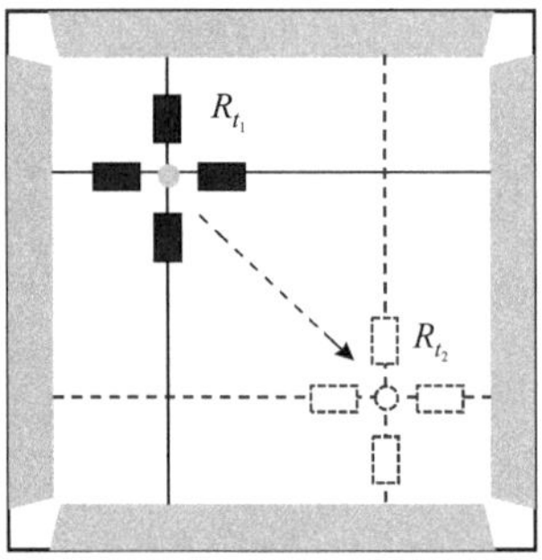

图 2-20　滑动检测示意图

2.4　视觉传感技术

机器人视觉（robot vision）是机器人学的一个重要领域，它使机器人能够通过摄像机或其他成像传感器感知周围环境信息，并通过图像处理和分析技术将之转化为机器人能理解的信息。机器人视觉感知模块对机器人的定位与导航、对象识别和跟踪，以及与环境的交互等任务至关重要，它增强了机器人的自主性和灵活性，使其能够在多种环境中有效地运行。

2.4.1　机器人视觉系统

机器人视觉系统是利用机器人视觉技术搭建的、在机器人中起到视觉感知作用的软硬件结合的物理系统的统称，其主要任务在于模拟人眼视觉成像与人脑智能判断和决策功能，采用图像传感技术获取环境与目标对象的信息，并进行处理与理解，实现机器人对目标进行测量、检测、识别、定位等，或用于机器人自身的伺服控制。

1. 机器人视觉系统组成

机器人视觉系统由硬件和软件两大部分组成。其中，硬件部分包含视觉传感器、图像采集与处理设备、计算机及其外设、机器人及其控制器等；软件部分包含视觉处理算法/软件、计算机软件、机器人控制软件等。这些组件共同工作，最终实现对环境的感知、理解和导航。

（1）视觉传感器：机器人视觉信息的来源，用于接收并转换环境中的光学信息为数字信号。其主要由一个或两个图像传感器组成，有些场景下还需要光源、镜头以及距离传感器等其他辅助设备。目前常用的图像传感器有 CCD 摄像机、CMOS 摄像机、立体视觉摄像头等；距离传感器有激光雷达、红外、超声距离传感器等。

（2）图像采集与处理设备：用于接收、处理和分析视觉传感器捕获的图像数据的设备，将摄像头输出的视频信号转换成适合处理单元处理的格式，执行设定的视觉算法。视觉系统需要完成对二维图像信号的预处理、特征提取、目标检测、跟踪等操作，如果利用通用计算机进行处理，运算速度会比较慢。因此可以采用专用的图像处理设备进行图像处理，它通常包括硬件加速器或专用的图像处理器，以提高处理效率。

(3) 计算机及其外设：机器人的主控制器可采用 PC、嵌入式控制器等多种形式。根据机器人的体积和功能要求，一些移动机器人要求结构紧凑，会采用 STM32、Arduino、树莓派等一些嵌入式平台进行开发；一些机器人对可靠性要求高，可利用工业计算机作为机器人的主控制器。

(4) 机器人及其控制器：视觉传感器一般会安装在机器人上，机器人控制器负责接收计算机根据视觉处理后发送的指令，控制机器人的运动和操作。

(5) 视觉处理算法/软件：视觉处理算法是在计算机上运行的程序，用于分析和处理图像数据。这些算法可以根据机器人需要完成的任务，进行图像识别、目标检测、运动跟踪等。一些厂家会将视觉处理算法开发成软件产品，用户可根据使用需求进行二次开发。

(6) 计算机软件：安装在机器人控制计算机上的操作系统、驱动程序和相关应用软件。这些软件提供了图像处理、数据通信、运动控制等功能，支持视觉系统与机器人其他部件的协调工作。

(7) 机器人控制软件：为了实现机器人视觉系统能够动态地感知环境信息，需要在开发过程中对机器人的一些运动控制单元进行二次开发编程，以满足机器人实时跟踪目标等要求。

2. 机器人视觉系统分类

在机器人的众多感知传感器中，视觉系统提供了大部分机器人所需的外部信息。因此视觉系统在机器人技术中具有重要作用。基于不同的视觉处理技术和应用场景，机器人视觉系统可以分为多种类型，依据视觉传感器的数量和特性，机器人视觉系统有单目视觉、双目视觉、多目视觉和混合视觉等。

(1) 单目视觉系统：只使用一个视觉传感器，由于其结构简单、算法成熟且计算量较小，在自主移动机器人中已得到广泛应用，如目标跟踪、基于单目特征的室内定位导航等。单目视觉系统在成像过程中由于从三维客观世界投影到二维图像上，损失了深度信息，这是此类视觉系统的主要不足。但在某些特殊情况下，单目视觉系统也可以获得立体视觉信息：对于垂直于摄像机光轴中心线平面内的目标，如果目标尺寸已知，可以利用针孔模型实现三维测量。单目视觉是其他类型视觉系统的基础。

(2) 双目视觉系统：也称为双目立体视觉系统。它基于视差原理，通过利用成像设备从不同的位置获取被测物体的两幅图像，并计算图像对应点间的位置偏差，来获取物体的三维信息。其对目标物体位置的确定比单目视觉更加容易，但需要精确地知道两个摄像机之间的空间位置关系，而且获取物体的三维信息需要两个摄像机从不同角度，同时拍摄同一场景的两幅图像，并进行复杂的匹配，因此实时性有待进一步提高。

(3) 多目视觉系统：采用三个或三个以上摄像机，三目视觉系统居多，主要用来解决双目视觉系统中匹配多义性的问题，以提高匹配精度。Yachda 提出了利用三目视觉系统解决对应点匹配的问题。在移动机器人的应用中，取得了较好的效果，三目视觉系统的优点是充分利用了第三个摄像机的信息，减少了错误匹配，提高了匹配精度。但三目视觉系统要合理安置三个摄像机的相对位置，其结构配置比双目视觉系统更烦琐，而且匹配算法更复杂，需要消耗更多的时间。

(4)混合视觉系统：一种结合多种视觉技术的复合系统，旨在通过吸收各种视觉系统的优点，提高视觉处理的精度和效率。它常常采用两种或两种以上的视觉系统组成，如单目、双目视觉系统，并可能配备其他类型的视觉系统。例如，它结合了全景视觉系统的大视角环境信息获取能力和双目立体视觉系统的高精度障碍物检测能力。这使得混合视觉系统能够在提供更广泛的环境感知的同时，确保对近距离障碍物的精确检测。

2.4.2　CCD/CMOS 图像传感器

机器人视觉传感器是机器人感知环境的重要组成部分之一，它可以通过获取环境中的光信号，并将其转换为数字信号，来实现对周围环境的感知和理解。

1. CCD 图像传感器的实际应用

实际生活中，摄像机 CCD 图像传感器会与其他组件构成完整的图像传感模组产品。CCD 产品的第一层为微型镜头，为了提高 CCD 的采光率，必须扩展单一像素的受光面积。但是提高采光率的办法也容易使画质下降。这一层微型镜头就等于在感光层前面加上一副眼镜。因此感光面积不再由传感器的开口面积来决定，而改由微型镜片的表面积来决定。第二层为分色滤色片，覆盖在 CCD 传感器上，用于选择性地透过特定颜色的光，从而实现对彩色图像的捕捉和分离。常见的分色滤色片包括 RGB(红绿蓝)滤色片和 CMY(青品红黄)滤色片。感光层为 CCD 的第三层，这层主要负责将穿过分色滤色片的光转换成电信号，并将信号传送到图像信号处理器，将影像还原。

2. CCD 与 CMOS 图像传感器技术对比

互补金属氧化物半导体(complementary metal-oxide-semiconductor, CMOS)指大规模集成电路，使用光敏元件感光即为 CMOS 图像传感器。它与 CCD 图像传感器在工作原理和应用上有一些显著的区别。CMOS 图像传感器也利用光电效应将光子转换为电子，但在每个像素中都有一个光电二极管来完成此转换。同时每个像素都包含有源放大器和选择器电路，用于放大和选择电子信号。由于 CMOS 图像传感器像素可以同时输出信号，因此在读取图像时可以并行进行。CCD 与 CMOS 有如下区别。

(1)感光度差异：由于 CMOS 每个像素都包含有源放大器和选择器电路，过多的额外设备压缩单一像素的感光区域的表面积，因此相同像素下，同样大小的感光器尺寸，CMOS 的感光度会低于 CCD。

(2)成本和良品率差异：CMOS 应用半导体工业常用的 MOS 制程，可以一次整合全部周边设施于单晶片中，减少加工晶片所需负担的成本和良品率的损失；相对地，CCD 采用电荷传递的方式传输数据，如果通道中有一个像素故障，就会导致一整排的数据无法进行传输，因此 CCD 的良品率比 CMOS 低，CCD 的制造成本相对高于 CMOS。

(3)分辨率差异：在“感光度差异”中，由于 CMOS 每个像素的结构比 CCD 复杂，其感光开口小于 CCD，对于相同尺寸的 CCD 和 CMOS 图像传感器，CCD 图像传感器的分辨率通常会优于 CMOS 图像传感器。

(4) 噪声差异：由于 CMOS 每个光电二极管旁都需要搭配一个放大器，对于只有单一放大器的 CCD，CMOS 最终产生的噪声会增加。

(5) 功耗差异：CMOS 感光二极管所产生的电荷会直接被放大输出；CCD 为被动式输出，必须外加电压让每个像素中的电荷移动至传输通道。高驱动电压使 CCD 的功耗远高于 CMOS。

2.4.3　立体视觉

立体视觉 (stereo vision) 是从图像中获得三维信息的一项技术，用来估计摄像机到物体的距离、物体的大小形状、物体之间的关系。

1. 光学成像过程

(1) 透视变换。摄像机成像过程中，空间镜像实现从三维到二维的转换，称为透视变换，图 2-21 所示为透镜成像原理，物距 u 、相距 v 以及透镜的焦距 f 满足关系如下：

$$1/f = 1/u + 1/v \tag{2-39}$$

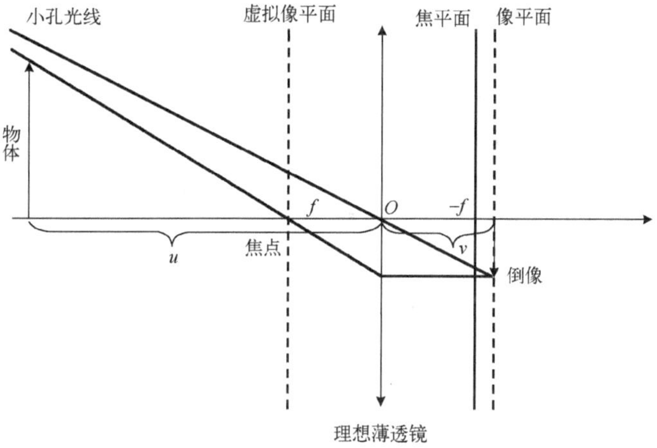

图 2-21　透镜成像原理

在摄像机中，成像平面为 CCD 或 CMOS 图像传感器芯片表面。由于成像过程中 $u \gg v$ ，且 $v \approx f$ ，可以用小孔成像模型近似替代透镜成像模型，如图 2-22 所示。

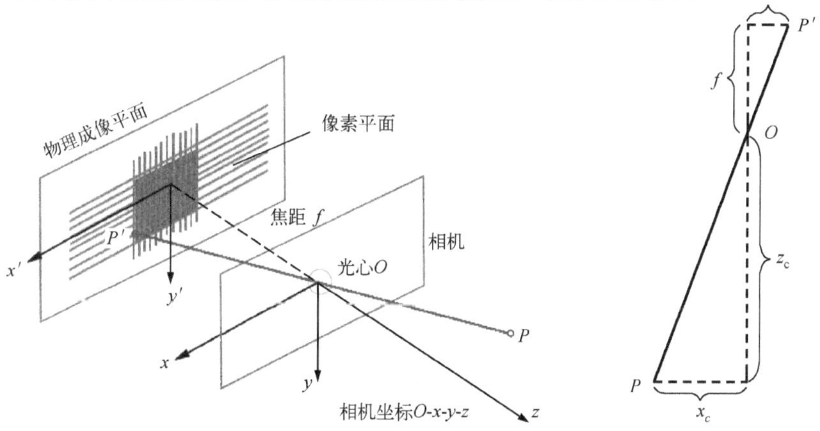

图 2-22　小孔成像原理

因此，目标点在成像平面的坐标(x, y)与在摄像机坐标系的坐标(x_c, y_c, z_c)的关系为

$$\begin{cases} x = -f\dfrac{x_c}{z_c} \\ y = -f\dfrac{y_c}{z_c} \end{cases} \tag{2-40}$$

整理为齐次坐标形式为

$$\begin{bmatrix} x \\ y \\ 1 \end{bmatrix} = \frac{1}{z_c}\begin{bmatrix} -f & 0 & 0 & 0 \\ 0 & -f & 0 & 0 \\ 0 & 0 & 1 & 0 \end{bmatrix}\begin{bmatrix} x_c \\ y_c \\ z_c \\ 1 \end{bmatrix} \tag{2-41}$$

(2) 成像过程。在视觉系统中，对目标点的深度距离计算需要涉及多个坐标系统，如图 2-23 所示，O_w、O_c、O、O_u分别为世界坐标系、摄像机坐标系、图像物理坐标系、图像像素坐标系的原点。

①世界坐标系：原点O_w可以定义为空间某固定点，根据情况而定，单位为长度单位。

②摄像机坐标系：以摄像机光心为原点O_c，z_c轴与摄像机光轴重合，x_c轴和y_c轴与图像物理坐标系对应轴平行，单位为长度单位。

③图像物理坐标系：原点O为摄像机光轴与成像平面的交点，且为图像的中心位置。坐标轴x、y与图像边缘平行，单位为长度单位。

④图像像素坐标系：原点O_u在成像平面左上角，坐标轴u、v与图像边缘平行，单位为像素。

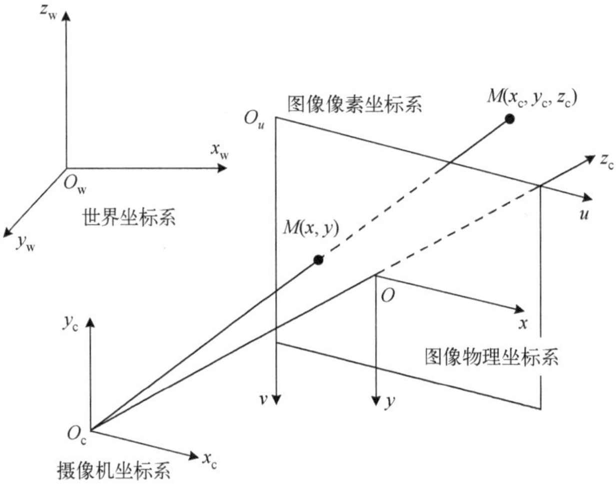

图 2-23　成像系统坐标系位置关系

(3) 变换关系。在理想情况下，三维空间中某一点从世界坐标系到图像像纱坐标系的映射经历了世界坐标系→摄像机坐标系→图像物理坐标系→图像像素坐标系的变换。各坐标系之间的变换关系如下。

①世界坐标系→摄像机坐标系。坐标系变换都可以表示为坐标系的旋转变换加上平移变

换，世界坐标系到摄像机坐标系的变换关系也是如此，如图 2-24(a)所示，绕着不同的轴旋转不同的角度得到不同的旋转矩阵。

如图 2-24(b)所示，当绕 z 轴旋转 θ 时，可得到

$$\begin{bmatrix} x \\ y \\ z \end{bmatrix} = \begin{bmatrix} \cos\theta & -\sin\theta & 0 \\ \sin\theta & \cos\theta & 0 \\ 0 & 0 & 1 \end{bmatrix} \begin{bmatrix} x' \\ y' \\ z' \end{bmatrix} = \boldsymbol{R}_1 \begin{bmatrix} x' \\ y' \\ z' \end{bmatrix} \tag{2-42}$$

同理，绕 x、y 轴旋转 φ、ω 时，可得到

$$\begin{bmatrix} x \\ y \\ z \end{bmatrix} = \begin{bmatrix} 1 & 0 & 0 \\ 0 & \cos\varphi & \sin\varphi \\ 0 & -\sin\varphi & \cos\varphi \end{bmatrix} \begin{bmatrix} x' \\ y' \\ z' \end{bmatrix} = \boldsymbol{R}_2 \begin{bmatrix} x' \\ y' \\ z' \end{bmatrix} \tag{2-43}$$

$$\begin{bmatrix} x \\ y \\ z \end{bmatrix} = \begin{bmatrix} \cos\omega & 0 & -\sin\omega \\ 0 & 1 & 0 \\ \sin\omega & 0 & \cos\omega \end{bmatrix} \begin{bmatrix} x' \\ y' \\ z' \end{bmatrix} = \boldsymbol{R}_3 \begin{bmatrix} x' \\ y' \\ z' \end{bmatrix} \tag{2-44}$$

旋转矩阵即为 $\boldsymbol{R} = \boldsymbol{R}_1\boldsymbol{R}_2\boldsymbol{R}_3$。

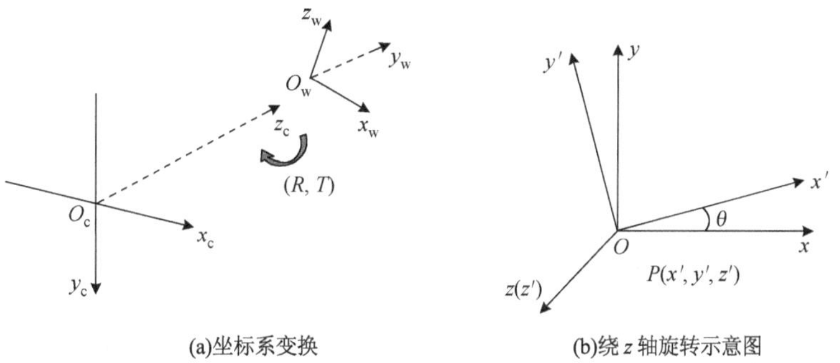

图 2-24　世界坐标系到摄像机坐标系的变换

如果空间中某一点在世界坐标系下的坐标为 (x_w, y_w, z_w)，那么该点在摄像机坐标系下的坐标可以通过世界坐标系旋转与平移得到，如式(2-45)所示。

$$\begin{bmatrix} x_c \\ y_c \\ z_c \\ 1 \end{bmatrix} = \begin{bmatrix} \boldsymbol{R} & \boldsymbol{T} \\ \boldsymbol{O}^T & 1 \end{bmatrix} \begin{bmatrix} x_w \\ y_w \\ z_w \\ 1 \end{bmatrix} = \boldsymbol{M} \begin{bmatrix} x_w \\ y_w \\ z_w \\ 1 \end{bmatrix} \tag{2-45}$$

②摄像机坐标系→图像物理坐标系。在计算机视觉中，人们习惯于对正立的图像进行分析，因此引入虚拟像平面代替真正的像平面。如图 2-25 所示的中央透视模型，摄像机坐标系在成像平面后方，让图像平面与摄像机坐标系的距离为 f，即摄像机焦距。根据几何关系，空间中的目标点 P 可以被投影在图像平面上，该模型成像关系与小孔成像模型数值上是相同的，只是符号是正向的，更便于计算分析。

根据中央透视模型，可以得到图像物理坐标 (x, y) 与已知空间中某点在摄像机坐标系下的坐标 (x_c, y_c, z_c) 的关系为

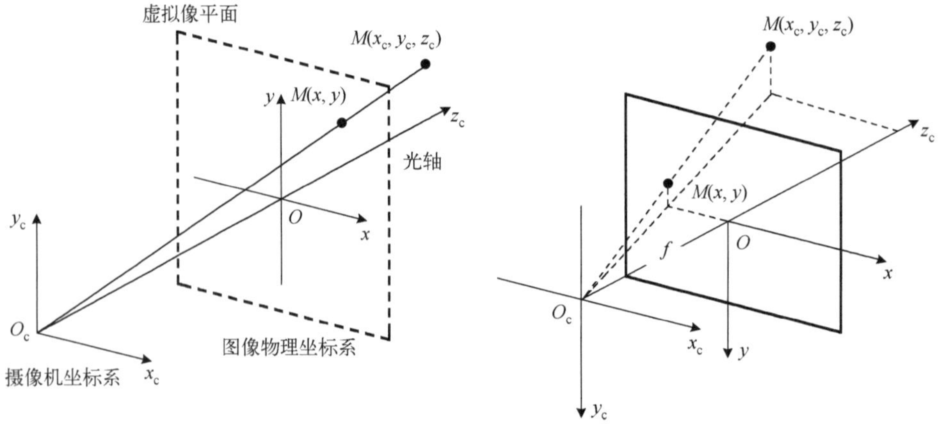

图 2-25　中央透视模型

$$\begin{cases} x = f\dfrac{x_c}{z_c} \\ y = f\dfrac{y_c}{z_c} \end{cases} \tag{2-46}$$

整理为齐次坐标形式为

$$\begin{bmatrix} x \\ y \\ 1 \end{bmatrix} = \frac{1}{z_c}\begin{bmatrix} f & 0 & 0 & 0 \\ 0 & f & 0 & 0 \\ 0 & 0 & 1 & 0 \end{bmatrix}\begin{bmatrix} x_c \\ y_c \\ z_c \\ 1 \end{bmatrix} \tag{2-47}$$

③图像物理坐标系→图像像素坐标系。图像物理坐标系和图像像素坐标系都在成像平面上，只是各自的原点和度量单位不一样。这二者之间的变换如下：利用像素尺寸 $\mathrm{d}x$ 和 $\mathrm{d}y$ 表示单个像素在 x 轴和 y 轴方向上的实际物理尺寸。

如图 2-26 所示，图像像素坐标系原点 O_u 在成像平面左上角，当图像物理坐标系原点在图像像素坐标系下的位置定义为 (u_0, v_0) 时，变换关系可以表示为

$$\begin{cases} u = u_0 + \dfrac{x}{\mathrm{d}x} \\ v = v_0 + \dfrac{y}{\mathrm{d}y} \end{cases} \tag{2-48}$$

整理为齐次坐标形式为

$$\begin{bmatrix} u \\ v \\ 1 \end{bmatrix} = \begin{bmatrix} \dfrac{1}{\mathrm{d}x} & 0 & u_0 \\ 0 & \dfrac{1}{\mathrm{d}y} & v_0 \\ 0 & 0 & 1 \end{bmatrix}\begin{bmatrix} x \\ y \\ 1 \end{bmatrix} \tag{2-49}$$

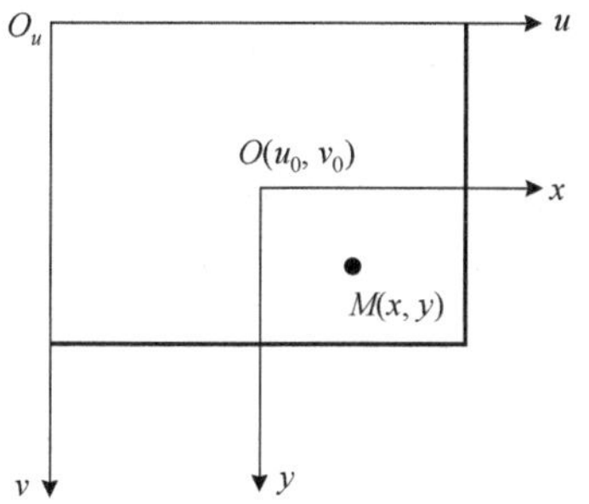

图 2-26　图像物理坐标系和图像像素坐标系位置关系

将上述坐标变换式联立，即可得到

$$z_c\begin{bmatrix}u\\v\\1\end{bmatrix}=\begin{bmatrix}\frac{1}{dx}&0&u_0\\0&\frac{1}{dy}&v_0\\0&0&1\end{bmatrix}\begin{bmatrix}f&0&0&0\\0&f&0&0\\0&0&1&0\end{bmatrix}\begin{bmatrix}\boldsymbol{R}&\boldsymbol{T}\\\boldsymbol{O}^{\mathrm{T}}&1\end{bmatrix}\begin{bmatrix}x_w\\y_w\\z_w\\1\end{bmatrix}$$

$$=\begin{bmatrix}f_x&0&u_0&0\\0&f_y&v_0&0\\0&0&1&0\end{bmatrix}\begin{bmatrix}\boldsymbol{R}&\boldsymbol{T}\\\boldsymbol{O}^{\mathrm{T}}&1\end{bmatrix}\begin{bmatrix}x_w\\y_w\\z_w\\1\end{bmatrix}=\boldsymbol{M}_1\boldsymbol{M}_2\begin{bmatrix}x_w\\y_w\\z_w\\1\end{bmatrix} \tag{2-50}$$

其中，$\boldsymbol{M}_1$ 为摄像机内部参数矩阵，与摄像相自身固有参数有关；$\boldsymbol{M}_2$ 为摄像机外部参数矩阵，与摄像机在空间坐标系中的位姿有关。

内外参数矩阵虽然与摄像机自身固有参数或者位姿有关，但在实际使用中，用户获得的不变参数可能仅有像素尺寸 dx 和 dy（可以从摄像机传感器制造商的数据列表里获得），其他参数则很难准确获得。如何准确地获得摄像机的内参和外参数据，是进行二维图像与三维场景映射及还原的关键，求解这些参数的过程称为摄像机标定。摄像机标定技术的主要思想是给定一组世界坐标系中的已知点（如可用尺寸位置已知的黑白格子标定图），它们的相对坐标已知，而且对应的成像平面坐标也已知，这样依据式(2-50)便可以建立多个方程以求解未知参数。

摄像机采集的图像信息传输给控制系统中枢之后，经过算法决策形成指令发送给执行机构或者输出处理结果。图像信息在摄像机的数据模式下并未直接包括图像特征与机器人系统之间的几何映射过程，通常需要一个标定步骤建立变换关系，从而确定构建摄像机成像几何模型的参数，也就是摄像机标定。此外，只有图像或者处理数据在坐标系下实现完整表达才能形成有价值的信息。

摄像机标定需要确定摄像机的内部参数和外部参数。摄像头在不同的应用环境中可以采用不同的内外参标定方法。可以利用已知结构的物体作为靶标，通过对已知标定点或者几何特征建立图像特征与摄像机参数之间的几何约束关系，推导方程并求解出参数值。这类摄像机标定方法有传统的 Faugeras 法、Tsai 两步法和张正友标定法等。此外，还有通过采集多幅图像的特征点信息建立非线性方程，利用优化算法和智能算法等方式求取参数结果。目前，摄像机标定方法还在不断发展的过程中。

摄像机跟随机械臂运动的眼在手内(eye-in-hand)式手眼系统与眼在手外(eye-to-hand)式手眼系统的差异在于摄像头与机器人的相对位姿关系是否会随着机械臂的运动发生变化。手眼标定将摄像头系统的图像信息变换为机器人坐标系中的表达，以便运算处理成统一坐标系下表达的机器人运动控制指令。目前对机器人手眼标定的解算方法较多，有必要根据不同的应用场景选择或者推导合适的机器人手眼标定方法。

2. 双目立体视觉

从前面分析中可以看出，三维空间中的某一位置点可通过式(2-50)映射到二维成像平面上(已知(x_w, y_w, z_w)和z_c，可求(u,v))，但是反过来，通过图像中的一个点找到它在三维空间中对应的点就很成了一个问题，因为并不知道等式左边的z_c的值，即丢失空间点的深度信息，因此通过二维图像还原三维世界信息存在很大的难度。双目立体视觉是一种模仿人类双眼视觉系统的技术，通过两个视觉传感器(通常是摄像头)来获取环境中的立体图像信息，从而实现深度感知和三维重建。

在图 2-27 中设两个摄像机的摄像中心分别为OO'。对三维空间内的点P进行观测。再设点P在左、右图中的像分别为p、p'。如果能判明p和p'属于场景内同一个点P的像，那么从视线Op和Op'的交点即可求出点P的三维位置。由此可知，立体视觉就是由左、右图像点$p \leftrightarrow p'$的对应关系复原场景三维信息的技术。为了计算出这个交点，必须已知两个摄像机之间的几何关系(相对位置和姿态)。

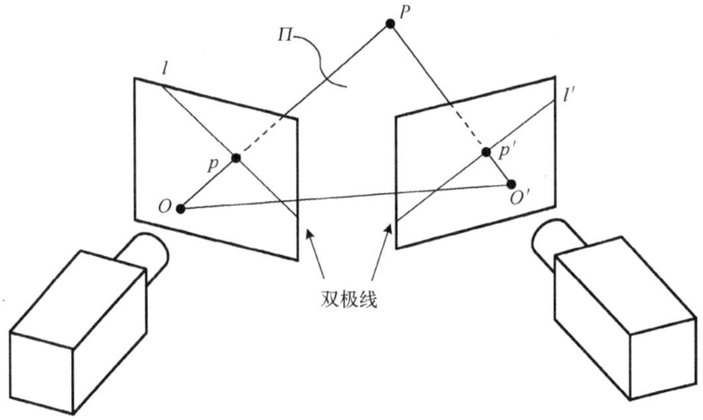

图 2-27　立体视觉原理

1)视差原理

人类的双眼分别观察同一场景时，由于视线角度不同，两只眼睛看到的同一物体位置会有所不同，这种差异称为视差。比如，将手指置于双眼之间，分别开闭左右眼，发现手指不在同一个位置。视差大小与物体距离成正比，可以用来推断物体的距离。利用两个摄像头同时拍摄同一场景，模拟人类双眼的视觉。通过比较两个摄像头拍摄的图像，可以计算出不同像素之间的视差，从而确定物体的深度信息。

假设在理想条件下，两个相同的摄像机光轴平行且位于同一平面，那么深度值的推导公式只涉及简单的三角形相似知识，容易理解。图 2-28 所示为基于视差原理进行双目立体视觉三维测量的示意图。

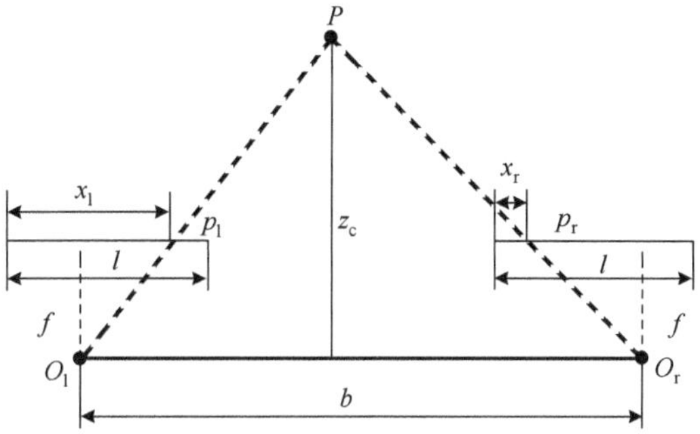

图 2-28　基于视差原理进行双目立体视觉三维测量

图 2-28 中 b 为两个摄像机的投影中心的连线的距离，称为基线；三维空间中任意一点 P 在左摄像机的成像点为 p_l，在右摄像机的成像点为 p_r，z_c 为 P 点到基线的距离，即三维空间点 P 的深度值。根据光的直线传播的原理可知，三维空间点 P 就是两个摄像机的投影中心点与成像点连线的交点。线段 x_l 和 x_r 分别是左右摄像机成像点到成像平面左侧的距离，则点 P 在左右摄像机的视差可以定义如下：

$$d = |x_l - x_r| \tag{2-51}$$

两个成像点 p_l 和 p_r 之间的距离为

$$|p_l p_r| = b - \left(x_l - \frac{l}{2}\right) - \left(\frac{l}{2} - x_r\right) = b - (x_l - x_r) \tag{2-52}$$

根据几何关系可以得到

$$\frac{b - (x_l - x_r)}{z_c - f} = \frac{b}{z_c} \tag{2-53}$$

整理可得

$$z_c = \frac{bf}{x_l - x_r} \tag{2-54}$$

当点 P 在三维空间中移动时，点 P 在左右摄像机上的成像位置也会改变，从而视差也会发生相应变化，由式(2-54)可知，视差与三维空间中的点到投影中心平面的距离成反比，视差越大，可以探测的深度越小。

2) 三维坐标计算

图 2-29 所示为双目立体视觉系统的成像原理示意图，假设 P 点 (x_c, y_c, z_c) 为在左侧摄像机坐标系下的坐标值。

图 2-29 中 (x_l, y_l)、(x_r, y_r) 分别为左、右成像点的图像物理坐标，z_c 为 P 点到基线的距离，可以根据视差原理进行计算得到，那么在理想条件下可以得到

$$\begin{cases} \dfrac{x_l}{f} = \dfrac{x_c}{z_c} \\ \dfrac{y_l}{f} = \dfrac{y_c}{z_c} \end{cases} \rightarrow$$

$$\begin{cases} x_c = \dfrac{x_1}{f} z_c = \dfrac{x_1}{f} \dfrac{bf}{x_1 - x_r} \\ y_c = \dfrac{y_1}{f} z_c = \dfrac{y_1}{f} \dfrac{bf}{x_1 - x_r} \end{cases} \tag{2-55}$$

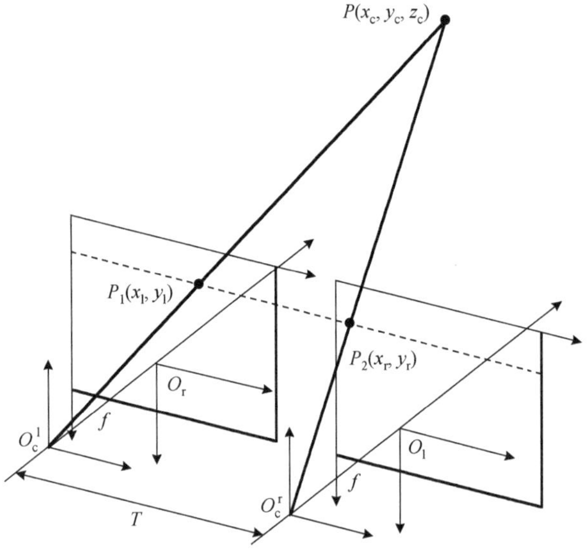

图 2-29　双目立体视觉系统成像原理

当左右摄像机光轴平行放置时，根据三维空间中任意一点在不同图像上的视差以及摄像机的参数，即可知该点的在左摄像机坐标系中的坐标，同理也可以计算出在右摄像机坐标系中的坐标。最后根据变换矩阵即可计算出该点在世界坐标系下的坐标，实现三维重建。

3. 立体匹配

在立体视觉中，最大的问题是如何由给定的图像找出对应点。由前面所述可知，在基于视差原理进行深度计算前，需要找到同一空间点在两个像平面上的投影点。但实际应用中，并不知道左右摄像机中哪两个点是对应点。获得双目图像中点的对应关系称为立体匹配，这是获得深度图像的关键步骤。对于左图中的一个像素，如何确定该点在右图中的位置?

(1) 极线约束。如图 2-27 所示，考虑由 O 、O' 、P 三个点定义的平面 Π ，假设 Π 与两个摄像机成像平面的交线分别为 l 、l'，可以看到 p 和 p' 分别在 l 和 l' 上。因此，为了从右图中寻找 p 点的对应点 p'，只要在 O 、O' 、P 三个点构成的平面与右摄像机成像平面的交线 l' 上搜索即可，这样就实现搜索范围从二维图像到一维直线，这种方法称为极线约束(epipolar constraint)，而 l 和 l' 称为极线(epipolar line)。

上述极线约束关系可以表达为

$$ {}^2\tilde{\boldsymbol{P}}^{\mathrm{T}} \boldsymbol{F} {}^1\tilde{\boldsymbol{P}} = 0 \tag{2-56}$$

其中，${}^1\tilde{\boldsymbol{P}}$ 为 p 齐次形式的图像点坐标；$\boldsymbol{F}$ 为三阶矩阵，由摄像机参数和两个摄像机相对位姿决定，称为基本矩阵，可以通过多个已知匹配点估计；${}^2\tilde{\boldsymbol{P}}$ 为 p' 齐次形式的图像点坐标。

把式(2-56)后两项组合为

$$\boldsymbol{l}_{\mathrm{r}} = \boldsymbol{F}^{1}\tilde{\boldsymbol{P}} \tag{2-57}$$

这是右极线的直线方程，而图 2-27 中的 p' 必须位于该直线上，即满足：

$$^{2}\tilde{\boldsymbol{P}}^{\mathrm{T}}\boldsymbol{l}_{\mathrm{r}} = 0 \tag{2-58}$$

上述示例是在理想条件下对左图中的一个点，沿着在右图中水平极线方向寻找和它最匹配的像素。但在实际操作时，进行像素匹配会发现几个问题。

①实际上要保证两个摄像机完全共面且参数一致十分困难，并且计算过程中存在误差累积，导致左图中的点在右图的对应点不一定恰好在极线上，而是在极线附近，因此搜索范围要适当放宽。

②单个像素的比较鲁棒性很差，容易受到视角不同和光照变化等因素的影响。

(2)特征匹配。一幅图像中总存在着独特的像素，这些像素可以认为就是这幅图像的特征，称为特征点。特征匹配是计算机视觉领域中的一项重要任务，它的目标是在不同图像或场景中找到对应的特征点或特征描述子，从而实现图像间的匹配和配准。首先，从图像中提取出具有代表性的特征点。常用的特征点包括 SIFT(尺度不变特征变换)点、SURF(加速稳健特征)点、ORB(oriented FAST and rotated BRIEF)点、Harris 角点等。对于每个特征点，计算其描述子，以便将其与其他图像中的特征进行比较和匹配。描述子通常是一个向量，表示特征点的局部特征信息。使用匹配算法(如最近邻匹配、最近邻匹配算法(NN)、最近邻搜索(NNS)等)，比较图像中的特征点或特征描述子，找到最佳的匹配对。然后通过筛选方法(如比率测试、几何一致性验证等)，筛选出可靠的匹配对，去除错误的匹配。最后使用匹配对进行图像配准、目标识别等应用。匹配对可以用于计算图像间的几何变换参数，实现图像的配准和重叠，也可以用于目标检测和跟踪等任务中。

(3)区域匹配。区域匹配法考虑了像素周围邻域的性质，考虑两幅图像中具有相似特性的区域(最简单的方法是考虑区域的灰度)，通过考察两个区域的相关程度来判断区域中点的对应性。考虑点的邻域性质时，常借助模板(也称为窗口)来描述。例如，当给定第一幅图像中的一个点，而需要在第二幅图像中搜索与其对应的点时，可提取以第一幅图像中的点为中心的邻域作为模板，将其在第二幅图像上平移并计算与各个位置邻域的相关值，根据相关值确定是否匹配。如果匹配，则认为第二幅图像中匹配位置的点与第一幅图像中的点构成对应点对。可取相关值最大处为匹配处，也可先给定一个值，将满足相关值大于阈值的点提取出来，再根据一些其他因素从中选择，这也称为基于滑动窗口的图像匹配方法。相关值的度量有很多种方法，如误差平方和(sum of squared differences, SSD)法，左右图中两个窗口越相关，SSD 越小。

从前面的内容可知，双目立体视觉系统深度测量过程主要分为以下步骤。

①需要对双目摄像机进行标定，得到两个摄像机的内外参数矩阵。

②根据标定结果对原始图像进行校正，校正后的两幅图像位于同一平面且互相平行。

③对校正后的两幅图像进行像素匹配。

④根据匹配结果计算每个像素的深度，从而获得深度图。

微课

本 章 小 结

本章介绍了机器人传感器的基础知识，重点阐述了传感器的基本特性及其在机器人系统中的应用。首先，探讨了传感器的基本特性，包括其静态特性、动态特性及标定。接着，在介绍机器人内外部传感技术时，详细讲解了机器人本体传感技术、力触觉传感技术、视觉传感技术，这些技术是机器人实现智能感知、与环境互动的核心手段。通过本章的学习，读者对各类传感器及其在机器人应用中的作用有了更深的理解，为进一步研究机器人共融交互技术奠定了基础。

课 后 习 题

1．某传感器给定准确度为 2%FS，满量程输出为 50mV，求可能出现的最大误差δ(以 mV 计)。当传感器使用在满量程的 1/2 和 1/8 时，计算可能产生的百分误差。由计算结果能得出什么结论?

2．有一个传感器，其微分方程为$30\mathrm{d}y/\mathrm{d}t+3y=0.15x$，其中$y$为输出电压(mV)，$x$为输入温度(℃)，试求该传感器的时间常数$\tau$和静态灵敏度$k$。

3．脉冲盘式编码器是如何实现辨向的?

4．假设表面电容式触滑传感器导电层是边长 10cm 的正方形(忽略电极的宽度)，手指接触点的位置为(x,y)。若电极 1 流出的电流为$I_1=2\mathrm{mA}$，电极 2 流出的电流为$I_2=3\mathrm{mA}$，电极 3 流出的电流为$I_3=1\mathrm{mA}$，计算接触点位置(x,y)。

5．某摄像机的图像传感器尺寸为 36 mm × 24 mm，分辨率为 6000 像素 × 4000 像素。摄像机的焦距为 50mm。

(1)计算该摄像机的像素尺寸(每个像素的宽度和高度)；

(2)若拍摄一物体，该物体在成像平面上的大小为 30mm×20mm，计算该物体在图像中的像素大小；

(3)该摄像机拍摄一物体时，物体的实际高度为 1.8m，物体在图像中的高度为 1200 像素，计算物体与摄像机之间的距离。

6．实现立体匹配的方法有哪些?

第 3 章　人与机器人共融交互技术

本章将针对人与机器人共融交互技术进行介绍，主要包括人与机器人共融交互概念、人与机器人共融交互框架、人机物理交互、人机交互设备、虚拟现实/增强现实/混合现实交互技术、机器视觉与人机交互技术、生物信号识别与人机交互技术、语音识别与人机交互技术。本章对人机交互技术涵盖的相关技术进行全面的回顾，对不同交互技术面临的问题、解决方案以及未来发展趋势进行了阐述。

3.1　人与机器人共融交互概念

随着科技的飞速发展，机器人技术已经渗透到人们生活的方方面面。从工厂自动化到医疗辅助，再到家庭服务，机器人正逐步成为日常生活的重要伙伴。而在这个过程中，人与机器人之间的交互(human-robot interaction, HRI)显得尤为重要。HRI 是人类与机器人之间通过某种方式进行的信息交换和相互影响，这种交互可以是有意识的、有目的的，也可以是无意识的、间接的。HRI 是计算机科学、人文科学、社会科学、传感器技术和机器人技术等多学科多领域交叉研究，通过人类与机器人之间的相互作用来理解、识别和评估机器人系统，旨在探索人类与机器人之间最佳的交互方式，以提高机器人的工作效率，增强人类使用机器人的体验，实现人机共生。因此，HRI 的核心是交互科学，但不能简单地将人类视为已知的实体。研究人类在 HRI 中的行为对于确立人机协作的规范至关重要。Asimov 提出的机器人三原则如图 3-1 所示。由此可见，HRI 的设计也应遵从“以人为中心”的设计理念。

图 3-1　机器人三原则

人与机器人的交互属于人机共融交互范畴，根据不同研究领域，人机交互技术通常有三种不同的描述。广义上讲，人机交互通常指人与机器之间的交互(HMI)，本质上是人与计算机的交互(human-computer interaction, HCI)，在机器人领域则是指人与机器人的交互(HRI)。

1. 人与机器人共融交互

HRI 可以大致分为两种，即物理层面的人与机器人共融交互(physical HRI, pHRI)和认知层面的人与机器人共融交互(cognitive HRI, cHRI)。“物理”在 pHRI 中允许机器人(配备传感器，通过控制、交互和运动规划)与人类进行身体上的交互。pHRI 研究可以进一步细分为协调、协作和合作类型的交互。cHRI 通过建立恰当的算法和准确的模型，促进了机器人的系统设计。cHRI 中的模型可以进一步细分为三种类型，即用于互动的人体模型、用于互动的机器人模型以及用于 HRI 的模型。

2. 人与计算机交互

HCI 以前主要通过键盘和鼠标实现，如今已经出现语音、字符和姿态识别，图形交互，多触控以及其他多种交互方式。在 HCI 中，人们只需与计算机进行交互。因此，移动带来的设计挑战和机器人多类型传感器信息融合与运动控制在 HCI 中是不存在的。

3. HRI 与 HCI 的关系

机器人内置了各种类型的电机，具有复杂、动态的控制系统，整体结构采用不同材料制成，在不断变化的现实环境中移动，并且外形类似于生物体(人类、其他动物等)，具有自主性和认知能力，因此从人类的角度来看，计算机和机器人完全是两个事物。在设计和评估协作交互式机器人时，不能直接应用 HCI 技术。在动态特性方面，典型的 HCI 假设计算机行为大部分是确定性的，而 HRI 中机器人平台配备了物理传感器，其可能会损坏或性能下降。在交互环境方面，巡检机器人可能需要在恶劣条件下运行，如灰尘、嘈杂和光线不足，环境也可能是动态的。搜索和救援机器人在执行任务时可能会遇到更多的建筑物或隧道坍塌。另外，与机器人共融交互的用户也可能与机器人在同一个地点，所以 HRI 可能需要在错综复杂的环境中进行。因此，理解 HRI 和 HCI 技术对于设计更好的互动机器人将非常有帮助。HRI 的理论研究、范例、框架可以用于了解、指导、设计或改进 HCI 技术或开发新方法，以开发更优秀的机器人共融交互技术。在 HRI 研发过程中，HCI 技术为其提供技术支撑。

3.2　人与机器人共融交互框架

3.2.1　HRI 设计的概念模型

HRI 大致可划分为两类方法，即“以机器人为中心的 HRI”和“以人为中心的 HRI”。以机器人为中心的 HRI 侧重于如何使机器人能够有效地感知、认知和在任何环境中运行，以实现更好地与人类交互。以人为中心的 HRI 侧重于用户如何观察和响应机器人，而不是机器人如何认知适应人类。在人与机器人共融交互技术中，人类和机器人都是系统的组成部分，需要系统地从人类和机器人的角度进行评估，以建立一个更优、更高效的 HRI 系统。

概念模型是对一个事物或系统的一种抽象表达方式。在 HRI 领域，概念模型指的是人们在使用机器人时建立的关于该系统的认知模型，这个模型可以帮助人们理解和使用系统。概念模型分为浅层模型和深层模型，即用户对系统的浅层理解和深层理解。浅层理解即界面的外观和操作方式，深层理解即系统内部的操作方式和逻辑关系。在设计 HRI 系统时，需要建立一个符合用户思维的概念模型，从而提升用户体验和系统的易用性。因此，机器人专家需要深入了解用户需求，开展用户调查和用户研究，了解用户习惯和思维方式。Donald Norman 在《设计心理学》中提出的 Norman 模型就用于在认知工程和人机交互领域描述人类与复杂系统的互动过程。在 HRI 领域同样可以借鉴该模型。该模型将交互设计分为两个阶段，分别是执行阶段和评估阶段，如图 3-2 所示。执行阶段包括：目标，以高层次的方式思考用户想要实现的目标是什么；意图，更具体地考虑什么能够实现这一目标；动作描述，机器人动作规划；执行，机器人实际执行动作。评估阶段则包括：感知，用户必须根据规定的动作和执行情况来评估发生了什么；解释，在感知机器人状态后，用户必须利用对机器人的了解来解释发生了什么；评估，用户将机器人(由用户感知和解释)与意图进行比较，决定是否正在取得进展以及下一步需要采取什么行动。

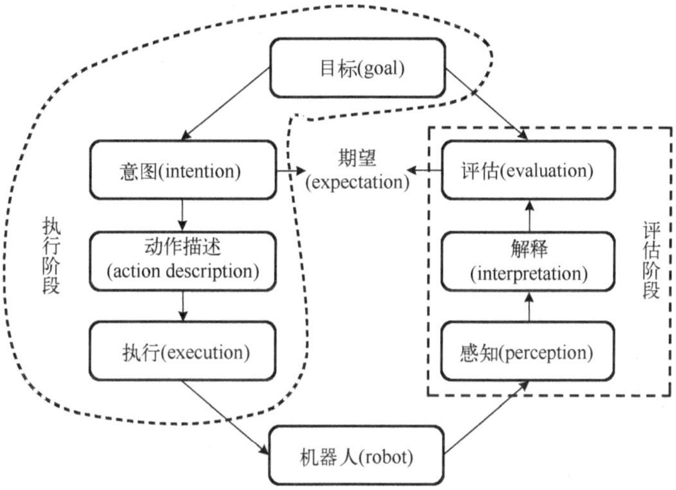

图 3-2　Norman 模型

Norman 模型也存在两个问题：执行鸿沟和评估鸿沟。执行鸿沟是指用户意图与机器人允许操作之间的不匹配。评估鸿沟是指机器人表达与用户期望之间的不匹配。用户可能指定不完善的目标，或者不知道如何指定特定操作，或者无法找到交互对象，这导致了执行鸿沟。机器人提供不恰当或误导性的反馈可能会导致用户对机器人状态进行错误解释，从而产生评估鸿沟。

3.2.2　HRI 框架

在认识了以人为中心的 HRI 后，站在以机器人为中心的角度设计如何适应人类的 HRI 框架。HRI 框架是一种有组织的方法，为机器人专家提供了一个平台，以系统化的方式处理特定领域的任务。交互框架的设计要保证用户能够方便快捷地完成所需操作，同时也要考虑人的心理因素，如记忆、认知、情感等。

图 3-3 展示了一个 HRI 框架，包括六个模块。第一个是域分析模块，包括 HRI 的概念设

计、实例化、角色选择、传感器选择等。第二个是输入模块，包括机器人多类型传感器、数据融合及信息提取。第三个是 HRI 的核心模块，负责完成所有处理任务，包括任务模型、交互模型、评价与反馈、学习与处理以及控制信号。第四个是评价模块，用于评估 HRI 的有效性，包括评价指标以及误差计算。第五个是通信模块，包括数据的发送和接收以及相关通信策略。第六个是输出模块，包括关节运动输出、语音输出和显示输出等。

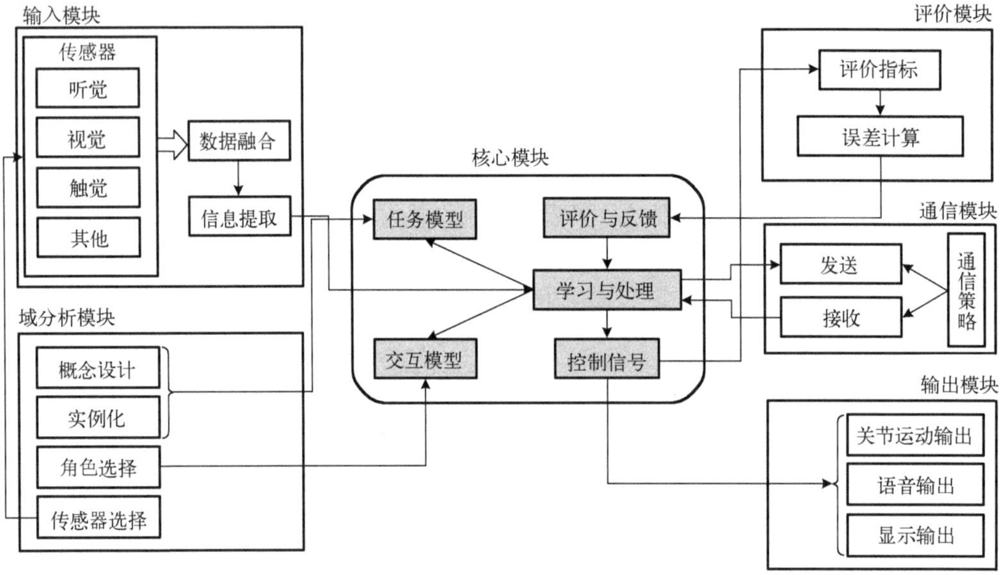

图 3-3　以机器人为中心的 HRI 框架

3.2.3　HRI 的评价指标

HRI 设计的第一步就是确定核心任务，并根据核心任务设计出评价指标。评价指标可以评估机器人任务完成是否高效，也可以指导人机交互的设计。HRI 的主要评价指标如下。

1. 任务完成能力

任务完成能力是对机器人任务实际执行情况的一个衡量标准，不同任务类型的机器人有不同的任务完成能力。比如，对于物流机器人，在驾驶和导航的任务下，认为任务完成能力是“从 A 点到 B 点所需的时间”。在室内服务机器人的搜索任务中，可以测量找到所有目标所需时间或在给定时间内发现的目标数量；在安防机器人的攻击任务中，可能需要测量目标被破坏和损失数量。

2. 独立时间

独立时间是当机器人被用户忽略时，机器人完成任务的能力随着时间的推移而下降的程度。通常情况下，任务完成能力和独立时间之间存在如图 3-4 所示的双点曲线。该曲线显示机器人当前的任务完成能力随独立时间下降。例如，对于开放空间的导航问题，可以将当前任务完成能力定义为机器人朝着目标前进的能力。随着用户忽视它的时间越久，自主前进的能力就会越差。定义机器人最低任务完成能力为阈值，便得到如图 3-4 所示的双点曲线。在有些情况下，机器人的任务完成能力不是随着时间渐变下降的，而是“完全能”与“完全不能”这两者之间的“0”和“1”的关系，因此曲线变为图3-4中的实线，但是并不影响后续的模型分析。因为如果假设机器人出现故障的概率符合高斯分布，则从整体来看，多机器人协作的情况下，整体效能仍然会符合图3-4中的双点曲线。

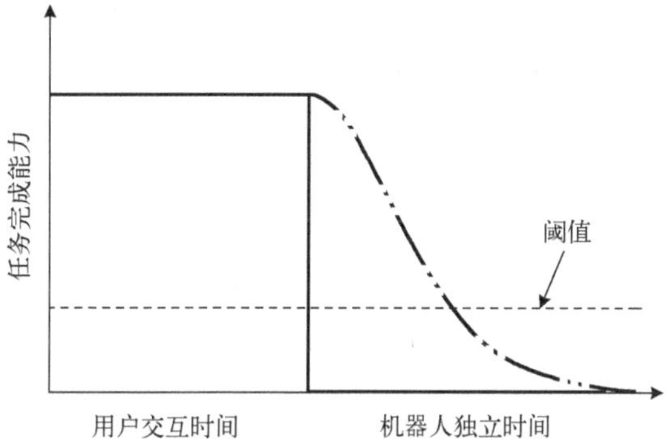

图3-4　机器人任务完成能力随独立时间的变化

3. 任务复杂度

这个指标比较简单，以巡逻机器人为例，在一个复杂道路上，行人较多的环境下巡逻机器人会面临高任务复杂度。在一个封闭场合中，在路障较少的情况下巡逻，任务复杂度就会降低。在实际任务场景中，传感器错误，或其他车辆障碍物，以及不平坦地形都可能导致任务复杂度增加，图3-5显示随着任务复杂度的提升以及机器人独立时间的增加，机器人的任务完成能力显著下降。

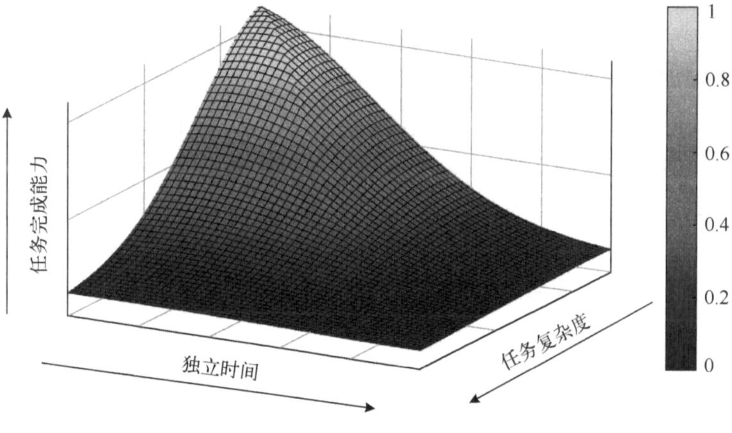

图3-5　机器人任务完成能力与独立时间和任务复杂度之间的关系

4. 独立能力

当引入任务复杂度这个概念后，会发现单独评估独立时间是没有意义的，于是引入独立能力这个概念，图3-5中展示了独立能力的曲面。如果一个机器人团队的技术很好，如环境感知能力强、机械结构不易宕机、轮式自控覆盖路形广，则可以有效提高机器人的“独立能力”。如何在团队的技术能力边界内有效地利用独立能力完成更多复杂任务是需要着重考虑的。

5. 注意力效力

由于设计机器人的目的是降低人类用户的注意力，所以就需要引入注意力效力的概念。对于注意力效力(robot attention demand, RAD)，可以理解为为了完成一个任务，用户对机器人的管理成本的性价比，即

$$\mathrm{RAD}=\frac{\mathrm{IE}}{\mathrm{IE}+\mathrm{NT}} \tag{3-1}$$

其中，IE 表示交互成本，简单来说是用户为了让机器人继续完成任务，每次在机器人的任务完成能力降低到阈值以下时，对机器人进行辅助或任务修正的操作成本，也就是交互所需要的时间；NT 表示独立时间。

整体上，为了降低对人类注意力的需求，机器人共融交互设计过程中应想尽办法降低交互成本或增加独立时间。例如，在执行巡逻任务时，如果机器人能够对危险情况做出准确判断并能自主避障，则机器人的独立能力越强。当机器人遇到多传感器输入时，如果系统理解用户所需哪种信息，第一时间回传用户所需要的信息，则交互成本会降低。类似地，如果机器人能在用户进行判断时给出辅助决策的建议或选项，则交互成本也会降低。

3.3　人机物理交互

传统的机器人，如在汽车工业中使用的机器人，可能会对工人构成危险，因此这类机器人在作业的时候通常是与工人保持空间隔离的。以往人机交互主要集中在开发安全策略，以便在靠近人类的情况下使用机器人，而不是与人类直接接触。例如，通过机器视觉检测到的人类的存在和位置可以用来确定机器人移动的安全区域，从而避免碰撞。人机物理交互则是人与机器人直接发生接触，或通过物体间接发生接触，如共同搬运一个大型物体。为了更好地判断如何安全有效地协助人类操作员，机器人可以实施预测性辅助行为，而不仅仅是采取反应性行为，例如，通过推断人的运动意图来引导他们移动到达目标。这种意图可以通过观察操作员在交互过程中的运动来推断，还可以结合有关正在执行任务的先前知识。在人机物理交互任务中，交互力、运动和电生理活动等感知线索可以提供关于人类意图的信息，这些信息是无法通过视觉信息观察到的。

3.3.1　人-机器人控制动力学

人机物理交互控制方法倾向于为人类和机器人分配固定的领导者和跟随者角色(如遥操作)，或者为用户提供一个固定的环境(如机器人辅助的身体训练)，这个过程中，需要人类学习机器人控制方案并适应它，机器人也需要通过触觉感知获得的知识来调整其控制方式。通过理解人类用户的控制并使用适宜的控制理论或机器学习算法，机器人可以制定适当的物理交互策略，以平衡各自的优势来分配工作。人机物理交互控制可以通过下面的动态模型来描述：

$$\boldsymbol{u}+\boldsymbol{u}_{\mathrm{h}}=f(\boldsymbol{x},\dot{\boldsymbol{x}},\ddot{\boldsymbol{x}}) \tag{3-2}$$

该模型表达了机器人控制命令 $\boldsymbol{u}$ 和人类运动命令 $\boldsymbol{u}_{\mathrm{h}}$ 驱动任务动态 $f(\boldsymbol{x},\dot{\boldsymbol{x}},\ddot{\boldsymbol{x}})$，其中 $\boldsymbol{x}$ 是位置向量，所有变量都是时间的函数。根据不同交互场景，$\boldsymbol{x}$ 可以表示合作搬运任务中的物体位置、遥操作中远程机器人的位置，或外骨骼的关节角度。

假设机器人控制包括前馈和反馈部分：

$$\boldsymbol{u}(t)=\boldsymbol{v}(t)+\boldsymbol{w}(t) \tag{3-3}$$

式中，t 表示时间。前馈部分 $\boldsymbol{v}$ 利用通过学习或识别获得的系统先验知识来补偿(通常是非线性的)任务动态。反馈部分 $\boldsymbol{w}$ 则利用对控制性能的在线评估以适当的方式对意外情况做出反应：

$$\boldsymbol{w}(t)=\boldsymbol{K}\boldsymbol{e}(t)+\boldsymbol{B}\boldsymbol{e}(t) \tag{3-4}$$

$$\boldsymbol{e}(t)=\boldsymbol{x}^{*}(t)-\boldsymbol{x}(t) \tag{3-5}$$

其中，$\boldsymbol{x}^{*}$是运动目标(期望的位置或轨迹)；$\boldsymbol{K}$ 和 $\boldsymbol{B}$ 是对应于刚度和黏性的反馈增益矩阵，通过更新反馈增益矩阵来应对系统中的不确定性。式(3-3)描述了由前馈和反馈部分构成的机器人控制一般表达形式，在不同条件下和不同系统中会有不同的表达形式。

人类控制也可以采用类似方式建模：

$$\boldsymbol{u}_{\mathrm{h}}(t)=\boldsymbol{v}_{\mathrm{h}}(t)+\boldsymbol{w}_{\mathrm{h}}(t) \tag{3-6}$$

$$\boldsymbol{w}_{\mathrm{h}}(t)=\boldsymbol{K}_{\mathrm{h}}(u_{\mathrm{h}})\boldsymbol{e}_{\mathrm{h}}(t)+\boldsymbol{B}_{\mathrm{h}}(u_{\mathrm{h}})\dot{\boldsymbol{e}}_{\mathrm{h}}(t) \tag{3-7}$$

$$\boldsymbol{e}_{\mathrm{h}}(t)=\boldsymbol{x}_{\mathrm{h}}^{*}(t)+\boldsymbol{x}(t) \tag{3-8}$$

这种情况下，$\boldsymbol{w}_{\mathrm{h}}$ 对应因肌肉机械特性和反射而引起的相对于规划轨迹的扰动的黏弹性响应，其中刚度 $\boldsymbol{K}_{\mathrm{h}}(u_{\mathrm{h}})$ 和黏性 $\boldsymbol{B}_{\mathrm{h}}(u_{\mathrm{h}})$ 随着运动幅度的增加而增大。

机器人应如何考虑人类用户的运动信息并与其共享控制？例如，在外骨骼控制的情况下，可能希望通过提供较小的阻力来实现“透明”的交互，或者沿着用户规划运动方向提供辅助。相反，为了避免接触到重要区域，外科手术机器人可能需要主动控制，以保持工具远离这些区域。

3.3.2　人类意图估计

如果机器人不考虑人类，而人类也不考虑机器人，二者就处于一种共同活动的关系中。通过共同活动进行的互动可能会很好地运行，特别是当机器人和人类执行独立的任务时，然而，当机器人和人类在同一任务上以非协调的方式工作时，可能导致机器人低效地互动、不稳定甚至失败。因此，对于接触式机器人来说，考虑互动过程中用户的动力学至关重要。为了与人类操作员协作，机器人应该预测人类运动或控制，在人机物理交互领域称为意图估计。

人机物理交互建模和控制相关的人类意图估计主要有三种。

(1)运动意图估计：从运动学和动力学中推断运动意图，例如，推断预期的运动目标，以便机器人能够积极引导人类朝目标前进。

(2)动作意图估计：从离散动作集中推断动作意图，例如，根据肌电图信号确定适当的假肢抓取方式。

(3) 任务意图估计，例如，在了解整体目标任务的情况下，机器人可以提供与人类当前预期动作相矛盾的纠正动作，可用于康复机器人应用场景中。

1. 运动意图估计

运动意图估计涉及对人类运动的某种假设和/或使用某种状态估计技术，通常是在相对较短的时间范围内对当前运动的前馈预测，目的是直接调整机器人控制动态，以更好地适应人机物理交互。

针对接触式机器人运动意图估计，可以通过传感器测量交互力/力矩 u_{h}，根据 3.3.1 节的模型，人类控制输入可以通过虚拟增益和表示运动意图的虚拟人类目标 $\boldsymbol{x}_{\mathrm{h}}^{*}$ 来定义：

$$\boldsymbol{w}_{\mathrm{h}} = -\boldsymbol{K}_{\mathrm{h}}(\boldsymbol{x} - \boldsymbol{x}_{\mathrm{h}}^{*}) - \boldsymbol{B}_{\mathrm{h}}\dot{x} \tag{3-9}$$

式中，虚拟增益矩阵 $\boldsymbol{K}_{\mathrm{h}}$ 和 $\boldsymbol{B}_{\mathrm{h}}$ 可以通过人类神经机械模型进行测量或计算，该模型是利用平均人群数据得到的，以匹配机器人控制增益。$\boldsymbol{x}_{\mathrm{h}}^{*}$ 可以通过这个方程使用线性二次估计(LQE)来估计。

2. 动作意图估计

动作意图估计可以用于调节人机物理交互的类型，通过对人类用户的观察提供一个离散的动作集合，让机器人进行选择，旨在实现更复杂和特定任务的交互，仅考虑运动意图估计中的交互动力学是无法实现这一目标的。这种意图估计形式通常关注比运动意图估计更长的时间范围，并且通常需要更高层次的逻辑。

机器学习技术可用来实现预期动作的分类。这可能涉及使用与主要任务不直接相关的传感技术，但提供了人类与机器人之间的通信途径。例如，使用多层感知器处理肱二头肌和肱三头肌的肌电图信号，以在协作提升任务中产生离散的“向上移动”和“向下移动”控制信号，使机器人与人类进行交互提升完物体。

3. 任务意图估计

任务意图估计可以为机器人伙伴提供其需完成的整体任务或目标的先验知识，从而促进更复杂的人机交互。与运动或动作意图估计中考虑下一个时刻的运动或动作不同，任务意图估计可能考虑一个完整的预期轨迹，表示机器人与合作伙伴复现的目标行为。

任务的表达可以简单地是一个已知且固定的轨迹，但通常要求机器人学习一种可以适应不同条件的任务表达。已有大量的研究详细说明了如何学习这样的表达，以使机器人能够执行新任务。这里提供了一个总体概述，并描述了如何将这些表达用于人机物理交互中的意图估计。学习任务主要是学习一种策略，建立从观察到的状态 x_{s} 和上下文 s 到动作 a 之间的映射：

$$\pi : (s, x_{\mathrm{s}}) \to a \tag{3-10}$$

在机器人任务意图估计的背景下，这些输出动作可以表示不同级别的动作，从低级任务动作，如直接的运动指令、运动目标或系统增益，到这些低级任务动作的完整轨迹 τ，或抽象的高级任务动作，表示执行某些任务序列的一系列轨迹，如“捡起杯子”。策略可以是确定的，$a = \pi(s, x_{\mathrm{s}})$，也可以是随机的，其中动作是从基于当前状态和上下文的策略分布中抽

取的，$a \sim \pi[a|(s,x_s)]$。目前常用的人机物理交互控制方法是行为克隆和强化学习。

1) 行为克隆

行为克隆描述了机器人使用输入的观察状态数据样本和相应输出动作直接生成状态与动作之间的映射的方法，如式(3-10)所述。通过与人类合作伙伴的物理交互提供任务的标记数据集的系统中，行为克隆也可以被描述为从示范中学习的系统。假设有一个包含 N 个示范的数据集 D。示范数据集由 N 条轨迹 τ、上下文 s，以及可选的奖励信号 r 组成，即 $\boldsymbol{D}=\{(\tau_i,s_i,r_i)\}_{i=1}^{N}$，其中奖励信号指定了在目标任务背景下观察到的轨迹的性能。每条轨迹由特征序列定义，$\boldsymbol{\tau}=\{\phi_0,\cdots,\phi_T\}$，表示系统在每个时间节点的状态。从人类提供的示范中学习策略的一个常见假设是，观察到的人类提供的特征代表真实的目标策略，即专家策略。机器人的学习目标是最小化观察到的专家特征分布 $q(\phi)$ 和从学习者策略观察到的特征分布 $p(\phi)$ 之间的差异：

$$\pi^*=\arg\min D[q(\phi),p(\phi)] \tag{3-11}$$

其中，D 是专家与学习者特征分布之间的一种相似性度量，学习者的策略通常是通过某种监督学习方法来学习。遵循该范式并且在机器人学习系统中常用的一个模型是高斯混合模型(GMM)。GMM 是一种通用的概率学习方法，它将数据集编码为输入和输出状态之间的联合分布 $p(x,y)$，通过高斯混合回归从联合分布中生成动作，该回归计算给定输入向量的输出条件分布 $p(y|x)$。虽然行为克隆通常不涉及学习代理在未演示区域生成新数据(在强化学习中存在这种情况)，但已经有许多方法表达任务中的潜在不变性，以便学习的模型使机器人能够在以前未观察到的任务条件下生成有效的轨迹。基于 GMM 表达的另一个优势是编码的协方差数据可以用于以任务导向的方式调节机器人的阻抗。这些方法已应用于多种接触式机器人任务，包括协作物体移动，将人类之间的演示转换为人机协作任务策略。另一种常见方法是使用运动基元(movement primitive, MP)来表示机器人任务，而不是采用概率方法。特别地，动态运动基元(dynamic movement primitive, DMP)通过单次演示将任务编码为动态系统，使机器人能够从当前状态收敛到指定的目标状态。任务特定的轨迹通过学习的强制函数融入动态系统，该强制函数旨在精确再现提供的演示。在接触式机器人领域，DMP 的应用实例包括物体交接任务和用于稳健外骨骼控制的人类运动预测建模。

2) 强化学习

尽管提升行为克隆的泛化能力方面有许多进展，但这些监督学习方法通常在偏离示范条件的情况下并不稳健。强化学习(reinforcement learning, RL)提供了另一种任务学习范式，使机器人能够在环境动态未知的情况下学习用于序列决策过程的策略。RL 涉及机器人利用当前策略与环境进行交互，收集状态观察结果和可能的奖励，直到达到某个终止条件或状态。

与行为克隆方法的一个关键区别在于，这一过程可以在没有任何关于必须执行的任务的数据提供给机器人的情况下实现。相反，机器人可以在任务空间中执行探索性动作，以发现最优策略。尽管在深度学习领域，感知和学习状态表达方面已经取得了重大进展，从而增强了 RL，但在真实世界人机交互中，纯探索式数据收集所涉及的费用和风险是将 RL 部署到现实机器人中的一个显著瓶颈。

为了加速学习并通过离线学习减小策略搜索空间，可以将任务演示纳入学习过程，该方法称为逆强化学习。学习过程并不是直接学习状态与动作之间的映射，而是试图推断演示者的奖励函数，以便机器人学习出一种能够通过探索更有效地泛化的策略。除了降低计算成本外，这还可以减少与纯无结构探索方法相关的风险，后者用于确定必须与环境或人类合作伙伴接触的机器人的任务策略。任务相关数据的可用性对于有效的强化学习至关重要。在现实世界中对任务策略的纯探索通常不可行，因为所需的样本数量庞大，并且随机策略探索存在安全隐患。比逆强化学习更有效地解决这一问题的关键研究领域包括模拟到现实的迁移学习，以及少样本学习。在模拟到现实的迁移学习中，目标是在模拟环境中学习策略(在模拟环境中数据成本低且探索安全)，然后将该策略转移到现实机器人系统中进行部署。实际上，由于模拟与现实世界任务环境之间的差距，这一过程面临许多挑战。少样本学习旨在通过利用为先前学习的相似任务所学到的策略，解决在现实世界中部署机器人执行新任务的挑战。

4. 交互学习

在接触式机器人任务学习中，无论是基于行为克隆的方法还是基于强化学习的方法，人类操作员通常都应作为参考，因此在学习过程中其扮演主导角色。通过人机交互界面使用增量方法来修改重复动作，以产生更准确、更流畅的动作。许多任务学习方法可以利用与人类操作员的物理交互，通过在行为克隆过程中直接推动或拉动接触式机器人沿着期望的任务轨迹运动来转移和完善专家演示。

物理交互可以让人类在强化学习过程中提供在线纠正动作，还可以直接纳入人类与机器人共同学习新任务时发生的共适应。在学习与人类合作伙伴互动的控制策略时，如果忽视人类的适应性，可能会导致任务分布中出现协变量偏移，使得所学模型无法有效估计人类的意图。在考虑必须与人类合作伙伴直接互动并涉及其中的学习过程时，还有一些方面需要注意。首先，由于数据是通过与人类合作伙伴在真实世界互动收集的，因此数据收集是一个昂贵的过程。这导致需要在有限数据下有效学习的方法。其次，人类表现出广泛的物理特性，这可能使得为物理交互确定合适的控制命令变得困难，特别是在数据收集受限的情况下。研究表明，人口层面的人类运动学模型可能表现不佳，因此需要模型个性化。

3.3.3 机器人控制适应

基于前面的讨论中可识别的人类用户控制元素，机器人可以根据一种交互策略来调整其控制。利用 3.2.1 节中的建模方法，这种控制适应可以在机器人的运动目标、控制输入或控制增益上实现，定义一种人机交互行为：

$$\xi = \xi_0 + (1-\lambda)\xi_{\mathrm{h}}, \quad \lambda \geqslant 0 \tag{3-12}$$

式中，(ξ,ξ_{h}) 可以表示机器人和人类的运动目标 (x^*,x_{h}^*)、控制输入 (u,u_{h}) 或者控制增益 $([\boldsymbol{K},\boldsymbol{B}],[\boldsymbol{K}_{\mathrm{h}},\boldsymbol{B}_{\mathrm{h}}])$； ξ_0 为额定参数。如图 3-6 所示，连续变化参数 λ 可以描述典型交互行为。$\lambda=0$ 对应辅助(assistance)，如下肢外骨骼为人提供行走辅助；$\lambda=1$ 对应共同活动(co-activity)，如协作机器人提携物体以便人能够水平移动物体；$0<\lambda<1$ 对应合作(cooperation)，如机器人与人合作移动桌子；$\lambda>1$ 对应竞争(competition)，如当检测到障碍物时方向盘向人类驾驶员提供阻力。例如，在图 3-6 中的负载共享任务中，当 ξ 代表运动目标时，竞争指的是人类和机器人的目标方向相反的情况，辅助指的是人类和机器人的目标相同的情况，而合作和共同活动则是处于竞争和辅助之间的情况。

(a) 辅助 $\lambda=0$　(b) 合作 $0<\lambda<1$　(c) 共同活动 $\lambda=1$　(d) 竞争 $\lambda>1$

图 3-6　参数 λ 描述的典型人机交互行为

1. 机器人目标适应

1) 竞争

竞争主要表现在当机器人目标 $\boldsymbol{x}^*$ 与人类目标 $\boldsymbol{x}_{\mathrm{h}}^*$ 方向相反时，例如，康复机器人考虑到人类的表现，可能会通过放大人类的运动误差来故意挑战人类，以提高物理治疗的效果。此外，如果能够预测人类的运动或行为，机器人可以规划其运动，以便及时对人类监督的情况做出纠正反应。

2) 辅助

人机交互研究工作中通常都假设人类比机器人具有更好的感知和决策能力，因此人类应该占据主导地位。通过使用阻抗控制，将机器人的刚度设置为零，使机器人成为被动的跟随者。为了使机器人能够主动跟随人类用户，可以将机器人的目标 $\boldsymbol{x}^*$ 设置为人类的目标，即

$$\boldsymbol{x}^* = \boldsymbol{x}_{\mathrm{h}}^* \tag{3-13}$$

对应式(3-12)中，$\xi_0=0$，$\lambda=0$，需要估计 $\boldsymbol{x}_{\mathrm{h}}^*$。在控制领域，一般采用自适应控制和迭代学习控制估计 $\boldsymbol{x}_{\mathrm{h}}^*$ 并调整 $\boldsymbol{x}^*$，而机器学习领域则使用概率模型来编码 $\boldsymbol{x}_{\mathrm{h}}^*$ 并解码以调整 $\boldsymbol{x}^*$。这两种方法具有互补的优势：控制理论中的建模具有更直观的物理意义，并且可以严格分析系统性能；而机器学习方法则考虑了系统中不可避免的不确定性，在人机交互系统中尤为重要。

3) 合作

当机器人和人类有不同的目标时，需要考虑机器人与人类之间的主导权切换问题。然而，探索主导(对应于竞争或共同活动)和顺应(通过辅助行为实现)之间的中间行为的研究较少。有研究基于任务和系统状态，持续根据 $\boldsymbol{x}_{\mathrm{h}}^*$ 调整 $\boldsymbol{x}^*$，实现从竞争、合作到辅助的过渡。也有研究通过调整控制器 $\boldsymbol{u}_r$ 来实现合作。

4) 共同活动

共同活动是指人类与机器人在共享的物理或虚拟空间中，通过互补协作共同完成任务的过程。其核心在于结合人类的创造力、决策力与机器人的精确性、高效性，实现“1+1>2”的协同效应。这个过程中人类的目标 $\boldsymbol{x}_{\mathrm{h}}^*$ 与机器人的目标 $\boldsymbol{x}^*$ 可能既不相同也不相反，但都是为了完成任务而执行各自的目标。

2. 机器人控制适应

许多早期的研究工作都使用调整控制器策略来解决机器人辅助手术中的安全问题。机器

人控制器$u=u_0$（在式(3-12)中设置λ=1）是基于任务和环境的知识设计的，而不一定考虑人类合作伙伴的行为，例如，以力场形式存在的虚拟夹具可以避开危险区域（通过排斥力）或引导运动（通过吸引力）。

在式(3-2)中，u可以根据u_h进行调整，以调节机器人和人类之间的交互。例如，为了提高人类用户的负载能力或减少他们自身负载，外骨骼可以提供助力或扭矩（在式(3-12)中（ξ,ξ_0,ξ_h）表示为控制输入（u,u_0,u_h），设置$u_0=0$且$1>\lambda>0$）：

$$u=(1-\lambda)u_h \tag{3-14}$$

根据u_h调整u可以实现动态角色分配。研究表明，在减少人类努力和任务完成时间方面，自适应角色策略优于恒定角色策略，尽管人类用户更喜欢恒定角色策略。当没有人类输入时，机器人会尝试达成自己的目标，而当人类干预时，它会放弃自己的主导地位，将其让给人类合作伙伴。

在可以评估机器人执行任务置信度$0\leqslant\alpha\leqslant1$的系统中，可以使用高阶逻辑来调制主动成分（对应于已知部分）和被动成分（对应于未知部分）之间的指令，从而得出名义控制器方程：

$$u_0=\alpha u_a+(1-\alpha)u_p \tag{3-15}$$

主动成分u_a可以实现为机器人沿规划轨迹运动的弹性引导，而被动成分u_p则作为阻尼屈服于外部动力并稳定系统。

3. 机器人增益适应

1）交互稳定性

许多早期关于机器人增益调整的研究都关注人机交互的稳定性，因为稳定性对于确保人在环路系统中的安全至关重要。无源性是保证交互稳定性广泛采用的标准，基于此，机器人使用具有固定机器人增益的阻抗模型进行控制。这种保守的控制器使机器人表现为被动的跟随者，并且通常会增加人类用户的负载。许多研究提出调整机器人增益的方法，以在确保交互稳定性的同时减少人类用户负载。常用的方法是在低速时增加机器人的阻尼以确保稳定性，并在高速时减小阻尼以降低机器人对人类的阻碍。但调整是根据人力变化和估计人类手臂刚度触发的。在了解一些关于人类增益$\boldsymbol{K}_h$的知识后，可以更新机器人增益以保证互补稳定性。使用估计的交互刚度（对应于人类增益），利用李雅普诺夫理论（Lyapunov theory）研究人机交互稳定性，然后调整机器人阻尼参数以确保稳定性。

机器人扮演没有运动目标的跟随者角色，将式(3-3)中的反馈控制器简化为$w=\boldsymbol{B}\dot{x}$，这个只有阻尼项的控制器使机器人表现得像“制动”一样消耗系统能量。虽然这样有助于确保系统稳定性，但会增加人类用户的负载。通过拥有自己的运动目标，机器人可以提供各种应用中所需的丰富交互行为，从而为如何调节$\boldsymbol{K}$和$\boldsymbol{K}_h$之间的关系提供更多选择。

2）辅助

辅助类型的人机物理交互可以通过在式(3-12)中（ξ,ξ_0,ξ_h）表示为增益（$\boldsymbol{K},\boldsymbol{K}_0,\boldsymbol{K}_h$），设置$\boldsymbol{K}_0=\boldsymbol{0}$和$\lambda=0$来描述，即

$$\boldsymbol{K}=\boldsymbol{K}_h \tag{3-16}$$

这表明机器人具有与人类相似的控制增益。这种交互的一个直接应用是将人类操作员的

可变阻抗传递给机器人，以便它可以复制操作员的运动。在沿同一方向协作操纵物体时，将机器人的阻抗设置为与人类合作伙伴相同，以实现运动同步，并使物体负载在人和机器人之间平均分配。

3) 竞争与互补

竞争类型的人机物理交互可以通过在式(3-12)中(ξ,ξ_0,ξ_h)表示为增益($\boldsymbol{K},\boldsymbol{K}_0,\boldsymbol{K}_h$)设置$\lambda=2$来描述：

$$\boldsymbol{K}=\boldsymbol{K}_0-\boldsymbol{K}_h \tag{3-17}$$

其中，$\boldsymbol{K}_0$是对应于任务规范的预定义矩阵。如果$\boldsymbol{K}_0$覆盖了$\boldsymbol{K}_h$，机器人要么为人类提供互补协助，要么与他们竞争。需要考虑任务目标已知和未知两种情况。

在任务目标已知的情况下，如在物理康复中，期望机器人能够提供人类合作伙伴完成任务所需的力的补充。在这种情况下，没有必要明确定义$\boldsymbol{K}_0$，可以使用任务目标的误差来间接评估人类的表现。因此，当人类无法完成任务时，可以增大机器人的增益或阻抗参数，否则就减小它们。这种控制策略与自适应控制和迭代学习控制密切相关。也有可能将$\boldsymbol{K}_0$预定义为能够实现已知任务目标的控制增益。在一种极端情况下，如果人类用户的增益$\boldsymbol{K}_h=\boldsymbol{0}$，根据式(3-17)，机器人将提供足够的驱动力$\boldsymbol{K}=\boldsymbol{K}_0$来完成任务；在另一种相反的情况下，如果$\boldsymbol{K}_h=\boldsymbol{K}_0$，机器人将不提供任何驱动力，即$\boldsymbol{K}=\boldsymbol{0}$。此外，如果$\boldsymbol{K}_h>\boldsymbol{K}_0$，当$\boldsymbol{K}<\boldsymbol{0}$时，机器人将阻碍人类的动作。在这种康复应用中，机器人和人类的运动目标与任务目标相同，即$\boldsymbol{x}_t=\boldsymbol{x}^*=\boldsymbol{x}_h^*$。在$\boldsymbol{x}^*\neq\boldsymbol{x}_h^*$的情况下，研究者使用式(3-17)中的准则来适应机器人在各种应用中的主导作用。在人机握手的研究中，使用隐马尔可夫模型基于人类肢体参数来判断人类合作伙伴是处于被动状态还是主动状态：如果人类合作伙伴处于被动状态，则机器人增益设置为高值以跟随其自身的参考轨迹；否则设置为低值以使机器人跟随人类的引导。在协作锯切任务中，使用肌电图信号估计人类合作伙伴的手臂刚度，并根据式(3-17)调整机器人的刚度以提供互补协助。

在任务目标未知的情况下，机器人的决策可能变得复杂。在协同操作任务中，在没有人类干预的常规情况下，机器人阻抗被调整为高值，而当人类合作伙伴想要接管主导权以微调机器人路径或处理意外情况(如避障)时，机器人阻抗会自动降低。这意味着在发生冲突时，机器人将主导权让给人类。这基于一个假设，即人类的决策应该优先，但在某些情况下这可能值得商榷。例如，在汽车自动驾驶模式下，当机器人感知到人类用户未看到的障碍物时，它应该接管主导权。值得注意的是，当机器人和人类有不同的运动目标时，竞争行为是固有的，但根据人类参数调整$\boldsymbol{K}$来增强竞争的研究相对较少，值得进一步研究。

4) 根据$\boldsymbol{x}_h^*$或u_h调整$\boldsymbol{K}$

有些任务并没有规定与$\boldsymbol{K}_h$的关系，而是根据$\boldsymbol{x}_h^*$或u_h以启发式的方式调整$\boldsymbol{K}$。例如，机器人的阻尼参数根据人类施加力的导数进行调整，以使交互更加透明。通过示范学习建立了一个概率任务模型，并由机器人用于预测协作任务中的人类行为。人类交互力用作预测人类行为与实际行为之间不一致的指标，并据此调整机器人的控制增益，以使其要么遵循自身的参考轨迹，要么顺应人类合作伙伴。

3.3.4　交互控制

前面介绍了基于触觉感知的人类运动意图估计，以单边方式使接触式机器人的控制适应人类用户。然而人类具备自动适应动态环境的能力，当然也可以适应与接触式机器人的物理交互。当人类执行如协作搬运和操作物体等连续动作时，会持续交换感官信息以适应其控制并提高表现。如何考虑这些人类的运动适应？接触式机器人能否像交互的人类一样与用户进行交互和共同适应？后续将介绍近年来为解决这些问题而开发的技术。

图 3-7 总结了人类和机器人之间的感觉运动交互，并指明了如何利用运动意图和适应来开发双边交互控制。下标 h 表示与人类操作员相关的变量。x_s 为依赖于任务的状态向量，用于反馈控制。ξ^* 表示依赖于任务的估计合作伙伴目标状态。$\hat{\xi}^*$ 则表示估计状态目标，用于建立合作伙伴之间的互动。人与机器人在共享环境中执行命令 u。

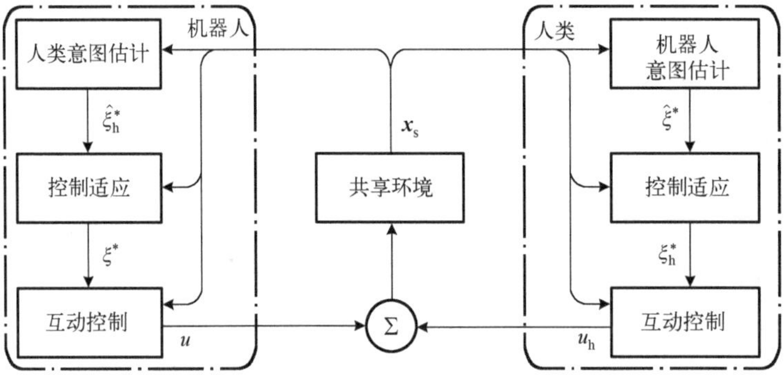

图 3-7　人机交互中的意图估计、互动控制和控制适应

如图 3-7 所示，人类与机器人之间的协作受两个(或可能更多)代理之间的交互的双向性质影响。交互箭头连接着机器人、人类和共享环境，表示人类和机器人为了共同的任务目标而进行的同步和双向的动作交换以及实时响应。虽然实现最佳共享性能需要考虑两个反馈回路，但机器人反馈回路受到的关注远远多于人类反馈回路。因此，人机物理交互领域还需要仔细研究人类因素。机器人与人类之间的物理交互对人类行为的影响可以通过自然框架与强制框架的对比来进行正式研究。图 3-7 阐述了这一概念，其中进入人类反馈回路的信号是任务的状态向量。在没有机器人共融交互的情况下，观察到的人类行为将代表人类系统对任务的自然反应。机器人执行器到人类执行器之前的额外交互会改变人类行为。然后，观察到的行为是对任务的自然反应和对机器人的强制反应的总和。

有效的机器人适应需要根据特定的任务，对人类反馈回路的自然反应或强制反应建立充分的模型。一些 pHRI 范式，如人在回路优化，仅对耦合的人机系统行为(强制反应)进行建模；或者在机器人辅助康复等应用中，有必要分离接触人类的自然反应。在运动控制和学习研究中，通过在“捕捉实验”中随机关闭机器人共融交互来测试人类的自然反应。需要更多地关注那些同样评估和监测人类对机器人共融交互反应的方法，尤其是在长时间尺度上，以衡量 pHRI 的成功。

人机交互的成功与否取决于每个主体准确感知交互和协作目标的能力。鉴于人类感知可能不完善，存在个体之间的差异，这种感知的准确性与交互的复杂性成反比。建模人类感知的一个主要挑战在于测量人类如何感知机器人和任务的能力有限。因此，人类利用来自各种感知模式(如视觉、本体感觉、触觉和听觉模式)的信息来解释机器人伙伴的行为和意图的过程仍然难以实现。

人类控制模块负责高级决策以及中枢神经系统对环境输入做出的相应执行。这种受决策制定、适应、运动训练以及期望、信任和注意力水平等认知因素影响的动态反应引入了变异性，这是人类运动促进适应性的一个关键方面。然而，这种变异性也使得机器人难以预测人类行为。

尽管人类具有适应性，但研究人员通常将人类控制模块描述为一个简化和时不变的系统，忽略了人类学习与机器人共融交互的潜力。此外，人类往往被假定为固有最优的。尽管一些工作已经证明了人类在特定情境下的行为最优性，并且人类控制系统已被看作在机器人技术中使用的自适应控制策略，但所有行为的统一成本函数仍然难以捉摸。复杂性的诸多来源——包括影响变量多、人类行为和学习的个体化性质，以及当人类缺乏先前经验和信任时机器人代理引入的复杂性——使得难以找到一个通用的人类控制模型。未来的工作应该分别且整体地解决每个复杂性领域的问题。

1. 感知增强

人类可以根据与执行相同任务的机器人共融交互时获取的触觉信息提高自身视觉感知的准确性。在 3.3.2 节介绍的接触式机器人能够从交互力、共同位置或其他触觉信息中检测用户运动意图。机器人可以将这种触觉信息与其他传感器(如摄像头、超声波)信息相结合，以提高性，能进而为人类用户提供更准确的信息。这种交互控制策略在配备位置和力传感器的人类和机器人共同执行的跟踪任务中得到了实施，其中由于额外的交互信息，该策略表现出了更高的准确性。

2. 博弈论

当两个交互对象(如接触式机器人和人类用户)都能读取对方的运动意图时，它们应如何分配各自的角色与执行力度以完成共同任务？微分博弈论(differential game theory, GT)可用于研究两个交互对象的控制并得出适当的控制策略。虽然人类操作者可能希望按照自己的规划动作来操作机器人，但机器人控制器应能检测到新手或疲劳的操作者，并补偿他们的不足。从数学上讲，机器人将尝试最小化其自身的误差和努力，以及根据人类控制模型计算出的人类估计误差和努力：

$$\begin{cases} C = \int_0^T (\boldsymbol{e}'\boldsymbol{Q}\boldsymbol{e} + u'\boldsymbol{R}u)\mathrm{d}t \\ C_h = \int_0^T (\boldsymbol{e}_\mathrm{h}'\boldsymbol{Q}_\mathrm{h}\boldsymbol{e}_\mathrm{h} + u_\mathrm{h}'\boldsymbol{R}_\mathrm{h}u_\mathrm{h})\mathrm{d}t \end{cases} \tag{3-18}$$

式中，$\boldsymbol{Q}$、$\boldsymbol{Q}_\mathrm{h}$、$\boldsymbol{R}$、$\boldsymbol{R}_\mathrm{h}$是权衡误差与努力成本的权重矩阵。根据约束条件方程(3-2)最小化式(3-18)。这个来自非合作博弈论的方程组决定了纳什均衡。利用从人类方面估计的意图和增益，机器人可以通过进一步调节其控制增益来考虑人类的控制。纳什均衡模拟了人类和机器人不能相互信任的情况。当操作者习惯了机器人的行为并知道它可以协助他们时，交互可能更符合斯塔克尔伯格均衡(Stackelberg equilibrium)，其中人类成为主导者。相应地，首先最小化人类成本C_h，得出一个解决方案，然后最小化机器人成本 C。在人类和机器人同时考虑各自任务的情况下，这个合作博弈可以通过帕累托均衡(Pareto equilibrium)来建模，以权衡人类的跟踪误差和机器人的跟踪误差。

3. 协商理论

根据博弈论概念来指定和分类图 3-6 中的人类和机器人共融交互行为。这种关系在操作过程中可能会根据环境的动态变化、人类的疲劳等因素而发生变化。因此，人类和机器人的关系应通过更高层次的决策过程进行动态修改，该过程允许不同等级的感知信息水平和有限的通信渠道，明确反映决策和推理过程，并且允许迭代直到达成确定协议。这种方式可以通过协商理论实现，该理论为机器人和人类之间提供了一个迭代过程，考虑双方的意图和努力水平，并导致三个步骤的共同适应。首先计算效用成本函数 C、C_{h}，以评估各自的提议 O、O_{h}，并基于此决定接受与否：

$$A[C_{\mathrm{h}}(O_{\mathrm{h}}),C(O)]=\begin{cases}\text{接受} & C(O)\geqslant C_{\mathrm{h}}(O_{\mathrm{h}})\\ \text{拒绝} & C(O)<C_{\mathrm{h}}(O_{\mathrm{h}})\end{cases} \tag{3-19}$$

协商理论中定义了让步(辅助)、针锋相对(合作和共同活动)以及竞争，并且这些概念已用于解决触觉人机交互中的协作和冲突情况，对应图 3-6 中的 $\lambda=0$、$0<\lambda\leqslant 1$ 和 $\lambda>1$ 的情况。

许多人机物理交互的研究工作都将人类合作伙伴视为一个需要识别的系统，而没有考虑人类自身对机器人的适应。这种共同适应会如何影响交互的稳定性？考虑共同适应的新模型是否能改善对人类行为的预测，甚至指导人类学习的调节。目前尚未充分解决如何对人类适应进行建模并将其整合到机器人适应中的问题。相反，人类控制领域的研究人员主要关注人类方面。一些结果已经可以用于设计类似人类的机器人控制策略，但考虑人机共同适应可以带来更多益处，因此值得进一步研究。关于人类用户如何感知与机器人的机械交互的研究仍然相对较少。研究发现操作者更喜欢与具有可预测行为的机器人共融交互，而不是与人类相似的控制甚至与人类本身交互。

3.4　人机交互设备

3.4.1　人机交互方式

人与机器人交互方式主要有以下几种。

1) 基于程序指令的交互

这种交互方式通常表现为用户对计算机上的命令行控制程序，通过输入控制命令来直接控制机器人完成相应的操作，这与计算机交互的方式是一致的。该方式对机器人的可控性极高，但操作过于频繁，且用户需要进行相当程度的学习训练才能熟练地控制。此外，该方式对机器人的控制不直观。该方式主要利用的交互设备就是键盘。

2) 基于图形用户界面的交互

这种交互方式随着计算机图形操作系统(如 Windows 系统)的发展而产生，其使用图形用户界面(GUI)代替抽象的字符命令行，形象生动的图标，使得操作者更方便和快捷地理解各个操作功能，显著降低操作者学习压力和记忆负载。图形用户界面的某个操作往往包含命令行控制中的多条指令，控制的效率更高。该方式主要利用的交互设备就是鼠标或触摸屏。

3) 力反馈手控制器交互

这种交互方式在机器人遥操作系统中加入力反馈控制器，使用与机器人结构相似的控制器直接控制机器人末端的运动，控制器每个关节对应着机器人的一个关节。同时在控制器握持处加入力反馈，可以将检测到的机器人所受的力反馈给操作者，操作者获得机器人的力反馈信息后显著增强机器人操作的临场感和交互性。利用控制器直接控制机器人目前仍然是最基础、使用最普遍的人与机器人交互方式。

4) 语音交互

这种交互方式指用户通过自然语言与机器人进行交互，结合了语音识别、语音理解等技术，主要借助麦克风和扬声器作为交互设备，收集用户语音信号和发送机器人应答语音。

5) 手势交互

这种交互方式指通过捕捉用户的手势动作来实现与机器人的交互，主要的交互设备有摄像头(以视觉方式进行追踪和识别)、数据手套(以穿戴方式感知用户手部动作并进行手势识别)等。例如，Leap Motion 就是一款智能感应设备，通过 3D 深度感应摄像头追踪操作者手部动作，使用中操作者无须接触设备本身，拥有 150°超宽幅的空间视场，可以追踪全部 10 个手指。

6) 生物信号交互

这种交互方式主要是利用脑电图信号或肌电图信号捕捉用户的动作信号并进行识别，转为机器人控制指令发给机器人控制系统。脑电头盔运用非侵入脑电波仪技术，探测人体大脑神经活动时产生的电信号，可用于分析操作者的情绪和感知。

7) 虚拟现实交互

这种交互方式指通过计算机生成一个具有三维立体观感的虚拟世界，可以呈现在用户眼前的虚拟世界随着用户的移动而相对进行移动，完全模拟置身虚拟世界的真实视角变化。

3.4.2 人机交互设备及工作原理

人机交互设备是指人与计算机或其他智能设备之间进行交互的设备。人机交互设备的基本原理因交互信息的不同而不同。常规用于 HCI 的人机交互设备包括键盘、鼠标、触摸屏、语音识别设备、手势识别设备、虚拟现实头盔等，当然这些人机交互设备也可用于 HRI。此外，还有触觉力反馈设备和可穿戴式设备(即直接穿在身上或整合到用户的衣服或配件中的一种便携式设备，如数据手套、智能手表、智能眼镜等)。接下来，将介绍常用的人机交互设备及其工作原理。

1. 三维空间鼠标

三维空间鼠标是用于操作三维对象的一种输入设备，可用于 6 自由度虚拟场景的人机交互。它可以在三个方向上进行移动，从而实现对计算机图像或模型的控制和操作，如图 3-8 所示。它的基本工作原理主要是通过传感器检测鼠标在空间中的位置和方向变化，并将这些变化转为计算机能够理解的信号，从而实现对三维模型或机器人的运动控制。

图 3-8　3Dconnexion SpaceMouse Pro

2. 触觉力反馈设备

触觉力反馈设备主要用于控制机器人运动，并能进行力反馈。目前触觉力反馈设备从构型上可以分为串联型和并联型。

串联型触觉力反馈设备具有结构简单、运动灵活、工作空间大、旋转角度大的优点，但是也不可避免地存在运动惯量大、累积误差大、刚度低、力的动态特性差等缺点。美国 3D Systems 的 Touch-HID 是一款基础级别的触觉设备，通过对用户手部施加力反馈使其感受到机器人作业过程中与目标对象的交互力。该公司的另一款产品 Touch X 能够提供更流畅和较低摩擦力的扩展真实触感。Phantom Premium 1.5 是一款 6 自由度力反馈设备，不但可以沿 x 轴、y 轴和 z 轴进行力反馈，而且还能以 3 个转动自由度的模拟转矩进行力反馈。图 3-9 显示了 3D Systems 推出的三种类型的力反馈设备。

(a) Touch-HID　(b) Touch X　(c) Phantom Premium 1.5

图 3-9　3D Systems 公司推出的力反馈设备

Haption 公司推出了 VIRTUOSE Desktop 6D 和 VIRTUOSE 6D RV，如图 3-10 所示。VIRTUOSE Desktop 6D 是经典的桌面式力反馈设备，它提供 6 个自由度，即对平移和旋转进行力反馈，手柄由 3 个按钮组成，其中 2 个可编程。该设备精度高，同时仍然保持非常小的内存占用。手柄采用标准的 M6 连接器，可以通过任何其他工具方便地进行更改。VIRTUOSE 6D RV 为一款具有大工作空间并在所有 6 个自由度上提供力反馈的触觉设备，适合机械臂的远程运动控制，已经成功地应用于医疗机器人医疗操作以及一些康复应用。

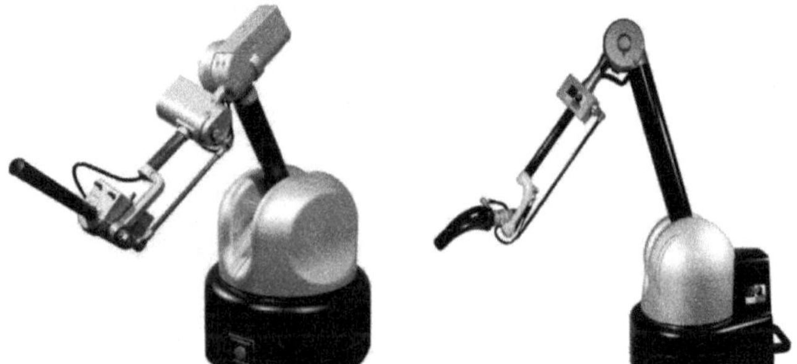

(a) VIRTUOSE Desktop 6D　(b) VIRTUOSE 6D RV

图 3-10　Haption 公司推出的力反馈设备

并联型触觉力反馈设备的优点是刚度好、惯量低、高反向驱动性、可以传递较大的力和力矩，缺点是工作空间小、运动不够灵活。Force Dimension 公司推出的 Omega 7 和 Sigma 7 如图 3-11 所示，其末端执行器涵盖了人类手部的自然运动范围，具有夹持功能。全重力补偿和无漂移校准相结合有助于提高使用的舒适度和准确性。

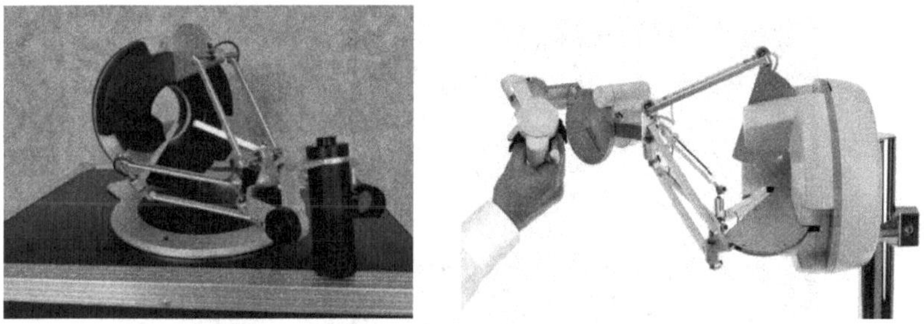

(a) Omega 7　　(b) Sigma 7

图 3-11　Force Dimension 公司推出的力反馈设备

3. 数据手套

数据手套是指通过在手套内置传感器，采集手部运动数据的硬件设备，通常可用于模拟仿真、虚拟现实交互、机器人灵巧手控制。目前，数据手套从传感器技术角度主要分为光学、惯性以及光纤三大类。

光学数据手套一般在手套关节上布置红外反光球，通过外置的多个红外摄像机拍摄捕捉进行定位，如图 3-12 所示。该类数据手套常与光学全身动作捕捉系统配套使用，但是由于手部运动容易被遮挡且手指上红外定位点过于小更容易丢失，所以对摄像机的分辨率和帧率要求较高，成本也同样较高。比较知名的光学数据手套生产厂商有 ART、PhaseSpace 等。

惯性数据手套使用内置陀螺仪和磁力计感应佩戴者手部的动作，如图 3-13 所示，此类数据手套成本低，没有遮挡问题，使用前不需要室内搭建定位场地，基本上可以做到开箱即用。惯性数据手套的主要缺点是对磁场相当敏感，在有外界磁场干扰的情况下(如金属或磁铁)惯性传感器会出现漂移问题。当然现在由于自动滤波技术和信息融合技术的发展以及动作采集软件方面的升级，像 Xsens 和 Manus 这些知名厂商已经可以很好地处理惯性传感器漂移的问题。国内 VRTRIX 和 Handy 等厂商也推出了相关产品。

图 3-12　光学数据手套

图 3-13　惯性数据手套

光纤数据手套采用光纤传感器，一般在每只手套中配备有 18~22 个横向和纵向分布的光纤传感器，这些传感器不会受磁场影响，也不会产生动作的遮挡，所以使用光纤数据手套捕捉手部动作精度高、稳定性和可重复性好。当然，光纤数据手套也是三种类型的手套中成本最高的且售价太过高昂，如 CyberGlove Ⅳ(图 3-14)、5DT 等。

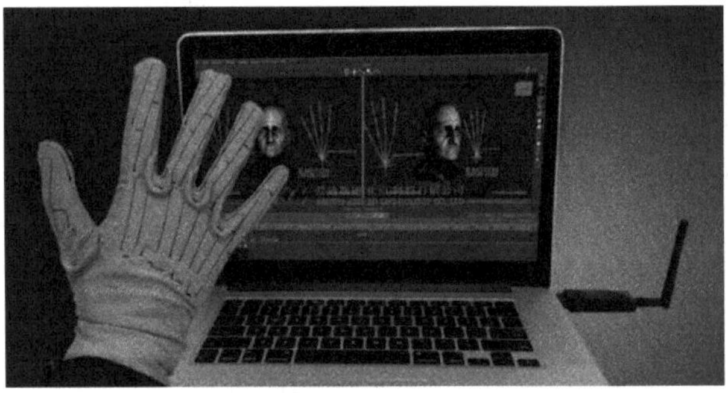

图 3-14　CyberGlove Ⅳ数据手套

3.4.3　人机交互设备的性能评估指标

人机交互设备主要用于感知用户的输入或反馈机器人感知信息，包括位移输入、力反馈。这个过程中位移输入精度和量程、力反馈精度及范围、人机交互系统时延以及交互频率成为人机交互设备的主要性能评估指标。此外，人机工程学也是人机交互设备的一个重要评估指标。

1. 位移辨识精度及运动空间

人类对于位移的辨识精度也存在一定的极限，在明确方向的前提下，人类能辨识的最小空间位移约为 0.6mm，而在没有明确方向的前提下，人类对于最小空间位移的辨识精度则增加至 1.2mm。

运动空间包括自由度、作用空间包络外形以及空间体积，都会影响人机交互设备的任务效果。交互设备能达到的空间范围应包含用户完成任务的空间范围，并且在该运动空间范围内其都是有效的。

2. 力反馈精度及范围

对于一台力交互设备，不仅应包含运动自由度信息，还应包含力反馈自由度信息，分别称为主动自由度和被动自由度，主动自由度数体现了该设备能提供力反馈方向的数量，被动自由度数体现了交互设备末端作用点在用户的驱动下运动的灵活度。

人类能感受到的最小的力反馈可以低至 0.06N，而且在感受力小于 0.5N 的时候，人类对于力的区分度在 15%~27%，当力反馈达到 25~400N 时，人类对力的区分度大致为 7%。

3. 频率

不同类型的交互设备根据感知内容的需求，其频率的要求是不同的，对于视觉反馈设备，更新频率超过 24Hz 时视频流畅度就很高了。对于具有力反馈功能的交互设备而言，若希望用户有临场感，力反馈更新频率需要在 1000Hz 以上。

3.5　虚拟现实/增强现实/混合现实交互技术

HRI 的主要挑战是人机双向信息交流沟通不畅。一方面人们难以预测机器人的能力或意图，另一方面机器人缺乏推理复杂人类行为的能力，导致机器人控制、监督和协作的困难，限制了其应用推广，这就是 Norman 模型的执行鸿沟和评估鸿沟。人类经常在向机器人传达他们的高层目标时遇到问题，即执行鸿沟，而机器人通常提供无效或没有反馈，导致人类无法评估机器人系统的状态，即评估鸿沟。在 HRI 中一个评估鸿沟的例子是机器人运动推断问题，即用户发现难以预测机器人何时、何地以及如何移动，因为机器人未传达足够的信息。机器人的运动规划对用户而言通常是不可见的，即使在要求机器人反馈移动意图的情况下，机器人也可能缺乏像人类队友那样分享运动规划的能力。人机交互领域的大量研究致力于解决这种评估鸿沟，比如，让机器人使用人类启发的交互线索(如凝视、手势)来传达它们的意图，调整机器人轨迹以使其更易读或更富表现力，或使用其他各种手段，如语音指令。尽管这些技术在减少评估鸿沟方面表现出有效性，使机器人运动更加可预测，但常见的约束(如计算、平台、环境)可能会限制它们在实际应用中的可行性。例如，飞行机器人的姿态会阻止它执行手势或凝视，动态或混乱的环境可能会限制机器人改变轨迹以使其更易读，机器人的语音可能会因为在嘈杂环境部署或在嘈杂环境中使用而变得无效。

为了缓解上述问题，HRI 研究人员探索了新的人机交互方法，以多种方式增强了人机交互。

1) 虚拟现实(virtual reality, VR)

VR 是一种通过计算机图形学技术生成的虚拟三维环境，用户可以通过 HMD 完全沉浸在这个环境中。VR 技术为探索 HRI 提供更为安全、灵活和新颖的实验环境。例如，研究人员已经探索如何利用虚拟环境帮助人类学习与机器人的合作，以及如何帮助机器人学习新技能。VR 技术可以减少 HRI 研究的风险，解决空间和经费限制问题，同时可以实现概念机器人在虚拟环境中的验证。此外，VR 技术通过对现实世界的可视化，使遥操作人员能够通过视频流或深度传感器沉浸式直观地观察机器人的真实环境，借助其他交互设备(如头部跟踪、触觉控制器和触觉手套)实现对远程机器人的精确操控。

2) 增强现实(augmented reality, AR)

AR 是一种将计算机生成的虚拟内容叠加到真实环境中的技术。通过 AR 设备(如智能手机和 AR 眼镜)，用户可以在观察现实世界的同时看到附加的信息或效果。AR 技术在人机交互中具有重要潜力，因为它能够轻松传达机器人的意图和行为。研究人员已经利用 AR 技术实现对机器人状态信息的展示，如导航信息(包括航向、目的地和预期轨迹)、外部感知数据(如激光测距仪数据)和内部感知数据(如电池状态信息)。这种虚拟内容可以提高人类在人机协作和遥操作过程中的情境感知，使 HRI 更加流畅、直观、安全和愉悦。

3) 混合现实(mixed reality, MR)

MR 是 VR 和 AR 的结合体，它允许虚拟对象与真实环境进行互动。VR 将用户置于仅由合成图像组成的虚拟环境中，而仅由真实图像组成的环境是基于现实场景的。MR 就是虚拟和真实环境之间的中间地带。与 AR 相比，MR 中的虚拟对象更加逼真，并且能够与真实环境中的对象进行更加自然的交互。

VR、AR 和 MR 的结合体，即 VAM，让用户在共享的物理环境中更流畅、更自然地与机器人共融交互，让 HRI 研究人员以一种新的方式全方位地评估机器人共融交互的安全性，摆脱对昂贵实体机器人的依赖。VAM 技术还可以使 HRI 研究人员利用 HMD 采集的用户身体、头部和凝视跟踪记录数据分析人机交互过程并对 HRI 技术进行优化。

3.5.1 VAM 显示设备

3D 显示技术和硬件的进步为探索将 VAM 作为增强 HRI 的交互媒介创造了空间。目前，VAM 显示设备和 VAM-HRI 接口范式已经成功地运用于机器人共融交互技术。VAM 显示设备可以让用户沉浸在完全合成的世界中，或者将现实世界和合成世界融合在一起。VAM-HRI 接口可以通过各种显示硬件实现。以下是常见 VAM 显示设备类型介绍。

1. 2D 显示器

2D 显示器提供了一种在真实图像或视频源上叠加增强现实合成图像的手段。由于传统显示器固有的 2D 特性，用户在这些显示器上无法体验深度信息，而且用户被限制在计算机终端。平板电脑与 2D 显示器类似，可以在实时摄像头视频中添加增强现实合成图像，如图 3-15 所示。平板电脑具有便携性且提供触摸交互，允许用户在用户和/或机器人的环境中可视化虚拟对象和数据。

图 3-15　平板电脑上运行的 ARKit 应用

2. 3D 显示器

3D 显示器显示类似于上述的 2D 显示器显示，不同之处在于用户可以对场景进行立体深度感知，是适用于双目视觉的桌面 VR 范式的扩展。立体眼镜通过两次渲染场景来实现，每只眼睛一次，然后以这样的方式对图像进行编码和过滤，使每幅图像只能被用户的一只眼睛看到。这种过滤通过特殊的眼镜实现，眼镜的镜片设计为选择性地通过匹配显示器产生的两种编码之一。这些编码方式通常分为被动、主动和自动立体。被动和主动编码之间的区别取决于眼镜是否是电动的：被动编码是色谱和偏振，主动编码是时间。裸眼立体显示器是不需要眼镜，因为它在空间上进行编码，眼睛之间的物理距离足以过滤图像。例如，联想推出的 ThinkVision 27 3D 显示器（图 3-16）可提供 2D/3D 兼容性，搭载实时眼球追踪功能，实现无缝 3D 效果。

3. HMD

HMD 是头戴式 3D 立体显示器（图 3-17），可让用户完全沉浸在虚拟现实或增强现实环境中。近年来，HMD 技术的进步使用户不仅可以通过头部动作控制显示器，还可以通过手部和身体动作控制，从而使用户可以在没有任何限制的情况下自由地在虚拟环境中自然地行走。

图 3-16　联想 ThinkVision 27 3D 显示器

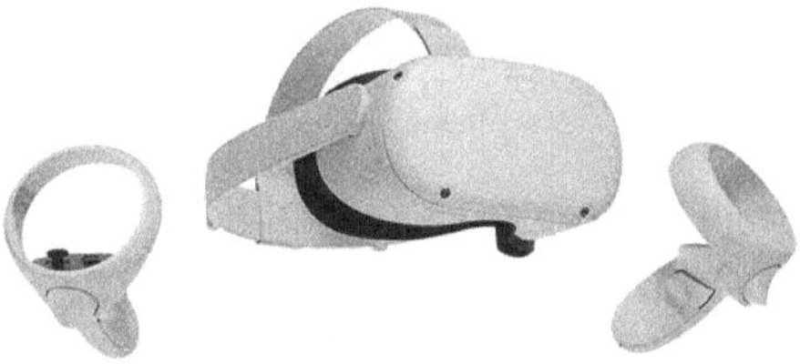

(a) Meta Quest 2

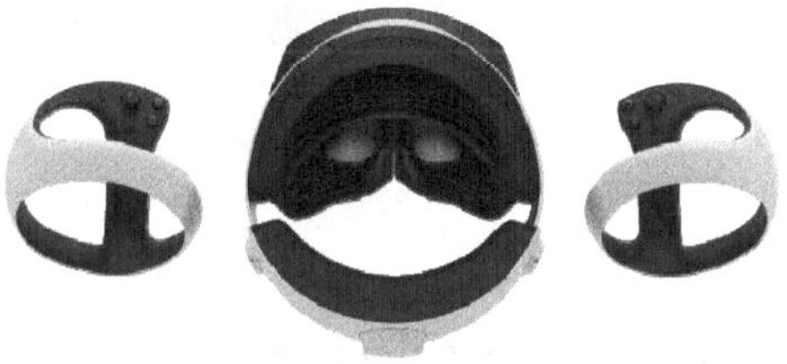

(b) Sony PlayStation VR2

(c) HTC Vive Pro 2

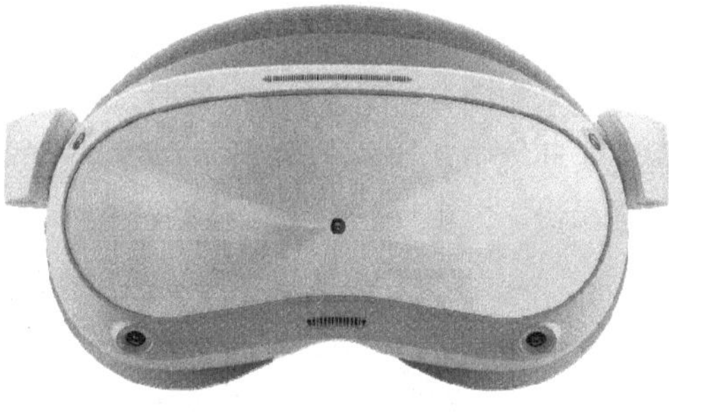

(d) PICO 4Pro

图 3-17　主流 VR HMD

光学透视 HMD 通过透明镜片呈现 AR，允许用户看到的虚拟图像情境叠加在现实世界上，如图 3-18 所示。类似于平板电脑，高度便携的光学透视 HMD 允许用户自由浏览环境；与平板电脑不同的是，这种探索可以作为一种无须使用双手的体验进行。当前的光学透视 HMD 技术虚拟图像的观看范围有限，在强光下很容易被淡化。

视频透视 HMD 通过在 VR HMD 的前部安装立体摄像头，将来自外部真实世界的视频图像传输到 HMD 内的双镜头。视频信号可以在摄像头和镜头之间拦截，从而允许将虚拟图像添加到捕获的图像帧中。这种显示 AR 图像的过程使这些 HMD 显示器能够在光线明亮的环境中显示 AR 图像。

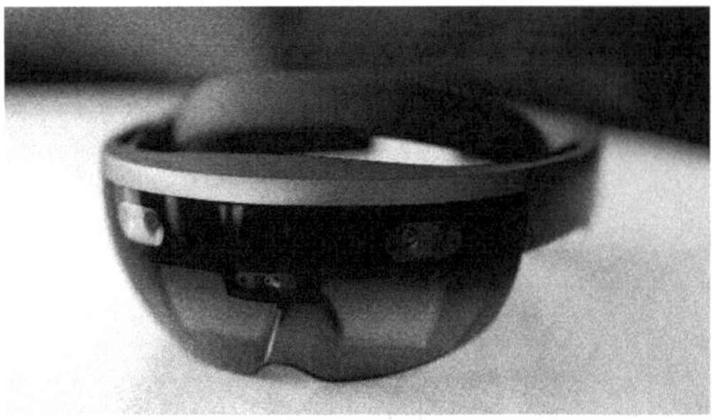

(a) HoloLens2

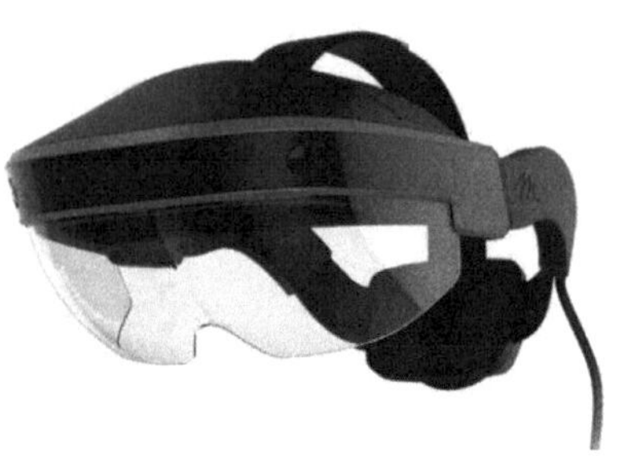

(b) Meta2

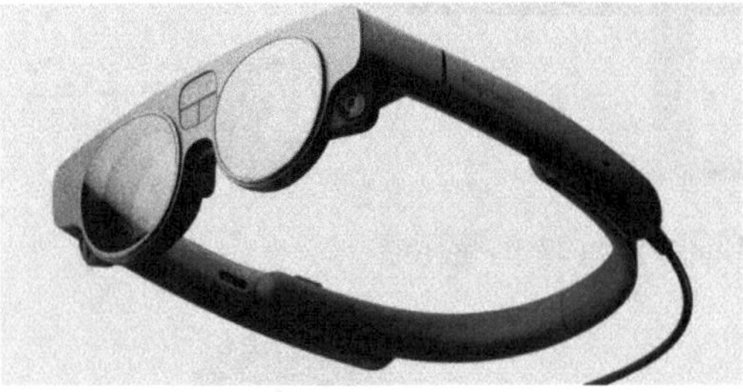

(c) Magic Leap2

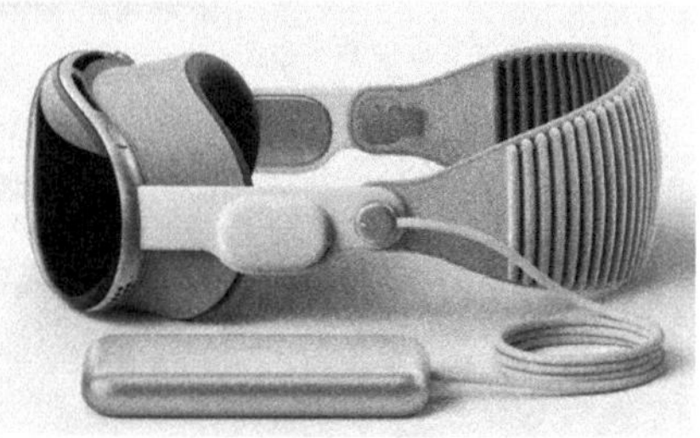

(d) Vision Pro

图 3-18　主流 AR/MR HMD

4. CAVE（cave automatic virtual environments）

CAVE 是一种沉浸式虚拟现实显示系统，是一种基于多通道视景同步技术、三维空间整形校正方法、立体显示技术的房间式可视协同环境，可提供一个同房间大小的四面（或六面）立方体投影显示空间，当配合 3D 眼镜时，环境的墙壁会显示 3D 图像，让用户沉浸在虚拟现实或增强现实环境中，如图 3-19 所示。CAVE 允许多名用户体验虚拟现实或增强现实环境，但它们价格昂贵、局限性强且无法移动。

图 3-19　可容纳多人交互的 CAVE

3.5.2　VAM-HRI 接口的设计范式

尽管 VAM-HRI 仍然是一个相对新兴的领域，但已经出现了利用 VAM 设计并实现机器人共融交互的高级范式。接下来，将介绍几种 VAM-HRI 接口的设计范式。

1) 直接 HMD 遥操作界面

直接 HMD 遥操作界面使用户能够通过沉浸式的 3D 立体视觉从远程机器人的“眼睛”看世界，尤其是当用户的头部运动与机器人头部运动一对一映射时，用户会感觉自己置身在远程机器人环境中。这种以第一视角的直接 HMD 遥操作交互方式能显著提升机器人遥操作任务执行效率。如果利用 AR 技术将虚拟信息叠加到视频流上，则会进一步提升任务执行效率。然而，直接 HMD 遥操作界面存在一个显著的缺点，即源自用户本体感知系统的误解以及当前网络技术固有的通信延迟。当远程机器人移动而本地用户不动时，用户的本体感知系统会接收到冲突的提示(视觉提示显示移动与未检测到身体移动)，从而引起用户不适。为了减轻这种影响，在 VAM-HRI 领域的研究中出现了两种 HMD 遥操作界面范式：虚拟控制室和网络物理界面。在这两种界面范式中，用户的眼睛状态与机器人系统状态解耦，以减轻本体感知冲突引起的不适。通过将用户置于增强的虚拟环境中，虚拟空间中的虚拟摄像机可以跟随用户自由移动。这种解耦方法有助于减轻由通信/硬件延迟和/或用户头部运动与机器人头部运动之间的不完美映射造成的不适感。此外，在虚拟环境中呈现机器人远程环境的三维重建(通常使用密集的点云)，以向操作者提供机器人环境。远程机器人虚拟模型也被添加到虚拟环境中，位置与真实远程环境中的位置相同。该虚拟机器人模仿远程机器人的状态和动作。用户还可以使用虚拟机器人向远程机器人发送命令以可视化远程机器人的状态和动作。

2) VAM-HRI 界面 3D 命令序列

使用 VAM-HRI 界面控制机器人的范式包括直接操作、环境标记和数字孪生。需要注意的是，这些范式并非相互排斥，可以单独或结合使用。

直接操作范式中，利用传统的方法直接控制机器人，并利用物理或虚拟的 3D 平移和/或旋转输入接口，向机器人发送遥操作命令。物理输入设备的直接操作包括身体/头部跟踪器。虚拟控制器可以作为现有物理输入设备的表示(如杠杆、把手、操纵杆等)，也可以利用不受物理限制的新颖设计，如浮动控制球体。

环境标记范式中，用户通过向机器人的环境添加虚拟注释来发送命令。这些环境相关的注释包括路径点、轨迹以及可操作对象的预期位姿。这些注释可以是简单的单个命令，也可以连接/组合在一起形成一系列命令或复杂的单一命令。

数字孪生范式中，命令序列是通过操作数字孪生生成的，数字孪生是机器人、物体或环境在虚拟环境中的复制品。例如，在具有数字孪生机器人的情况下，用户可以按下数字孪生机器人上的虚拟按钮，此时，真实机器人会做出响应。此外，通过直接操作数字孪生机器人(手臂、身体等)，可以实现机器人遥操作，真实机器人会模仿数字孪生机器人采取的动作(例如，机器人按照数字孪生机器人采取的运动轨迹移动自身，或将其末端执行器移动到数字孪生机器人采取的最终位置)。对真实物体的操作方式类似，但在这种情况下，机器人会模仿用户对相关真实物体数字孪生的操作。

3.5.3 VAM-HRI 虚拟设计元素

VAM-HRI 虚拟设计元素是基于 VAM 的可视化元素，以一种新的或替代性的方式与机器人互动。虚拟设计元素主要可以分为以下类别：虚拟实体、机器人状态可视化和机器人理解可视化。

1. 虚拟实体

在虚拟环境中添加机器人或物体等虚拟实体的可视化。这些虚拟设计元素作为可视化辅助工具、输入设备或现实实体的模拟，也可以采取数字孪生的形式，与用户和/或机器人环境中的物理实体直接关联。下面将详细介绍虚拟实体的三种类型。

1) 虚拟机器人

虚拟机器人向用户提供机器人可视化元素，可以作为视觉检查工具，也可以具有完整的运动学模型，允许与用户进行复杂的交互。虚拟机器人可分为三类：可视化机器人、模拟机器人和数字孪生机器人。可视化机器人通常是指可以完全或部分地描述机器人 3D 形态的模型，增强用户对远程机器人的当前状态或运动规划的理解，允许用户更好地评估机器人如何在环境中运动以及是否能够成功到达目标位置而不会发生碰撞，但不允许用户与机器人模型进行任何双向交互。模拟机器人则不与特定的物理机器人相关联，而是在虚拟环境中评估物理机器人的独立机器人模拟。当使用物理机器人不理想时，如机器人硬件不可用、不安全、电池寿命有限，或反复操作会导致物理损耗(如样本效率较低的学习算法和/或交互研究所需的情况)，模拟机器人可以替代物理机器人进行任务操作模拟。例如，在 HRI 对人类不可行或存在危险的情况下(如在大型工业机器人附近工作、在零重力环境中测试太空探索机器人等)便可采用模拟机器人对比进行评估。模拟机器人也可以用于用户培训，避免因用户操作不熟练而造成机器人硬件损坏，还可以通过虚拟到现实世界的迁移学习技术来训练物理机器人。数字孪生机器人与物理机器人协同工作，为用户提供一种沉浸式的虚拟机器人，用户可以与其进行交互，以替代真实的物理机器人。通过与数字孪生机器人进行交互，用户可以更好地预测他们的操作将如何影响系统，并预见物理机器人在模仿数字孪生机器人所采取的动作时的最终位置和姿态。例如，数字孪生机器人与物理机器人之间的映射包括即时复制(物理机器人立即移动到与数字孪生机器人的位置/姿态相匹配)、延迟复制(物理机器人在设定的一段时间后移动到与数字孪生机器人的位置/姿态相匹配)、确认复制(物理机器人在用户触发时移动到与数字孪生机器人的位置/姿态相匹配)以及更多面向规划的系统，例如，使用数字孪生机器人为物理机器人任务规划路径点或动作。

2) 虚拟控制器

虚拟控制器允许开发者在不采购或设计实际硬件的情况下，快速进行原型设计和评估各种机器人输入接口和设计，这种设计空间的开放性使得机器人设计变得更加灵活和富有创新性。设计师可以突破物理限制，创造出具有独特功能和外观的控制器，以提供更加直观、自然和高效的交互方式。这些控制器不仅提升了用户体验，还为机器人技术的发展带来了新的可能性。虚拟控制器可以是 2D 或 3D 的，可以是用户锚定的(如 AR 平板上的 2D 按钮，无论显示指向何处，其都保持静态位置)或环境锚定的(如固定在机器人底盘上的虚拟 3D 手柄)。例如，虚拟控制器可以是旋转或滑动环面，允许用户通过操作旋转或滑动环面来发送复杂的指令，虚拟控制器也可以是浮动控制球，允许用户通过操作浮动控制球来实现对机器人的精确移动控制。这些控制器可以与 VAM 环境中的其他元素无缝集成，为用户提供更加沉浸式的体验。虚拟控制器还有助于加速机器人接口的开发和评估过程。由于它们可以在虚拟环境中轻松创建和修改，设计师可以快速迭代和测试不同的设计方案，以减少开发时间和成本，使机器人共融交互技术能够更快地应用于实际场景中。虚拟控制器通过模拟 3D 物理输入设备的交互开创新的设计空间，为机器人共融交互设计带来了革命性的变化，不仅丰富了用户的交互体验，还为机器人共融交互技术的发展和应用开辟了新的道路。

3) 环境类虚拟实体

环境类虚拟实体包含了基于 VAM 的用户或机器人环境中实体的可视化表示。例如，虚拟实体可以用于模拟代理、物体，这些实体在机器人的当前开发环境中并不实际存在，但在机器人部署时将物理存在(例如，在实验室环境中进行模拟测试，以模拟机器人在实际环境中可能遇到的状况，因为机器人无法区分模拟的虚拟物体和真实物体)。此外，这些虚拟设计元素还可以用于模拟机器人如何与这些物体进行交互。这些虚拟实体通常在调试/评估机器人系统时增强了机器人与开发人员之间的交互，使开发人员无须使用真实的代理/地形来测试系统。

2. 机器人状态可视化

机器人状态可视化研究专注于使操作者能够快速、轻松地评估机器人当前状态的元素。机器人状态可视化可分为内部和外部状态的可视化。

1) 机器人内部状态可视化

机器人内部状态可视化虚拟效果设计用于传达内部传感器的数据(如电池电量、机器人温度、车轮速度)。将这些信息更易于提供给用户，可能有助于提高情境意识，并防止机器人在执行关键任务时耗尽电量或过快地通过环境危险区域等。机器人内部状态可视化虚拟效果设计还用于显示关于传感器和执行器的状态数据，例如，传感器是否准备好收集数据或执行器是否准备好工作，如果没有准备好，原因是什么(例如，传感器是否断开连接、执行器是否出现故障)。此类信息可能有助于改进调试，并防止机器人像黑盒子一样运行，使用户不清楚机器人未按预期工作的原因。

2) 机器人外部状态可视化

机器人外部状态可视化虚拟效果设计通过提供有关机器人当前位置和姿态的信息来传达机器人的外部状态(机器人所感知到的状态)。这些虚拟效果设计可以采取不同的形式，如文本显示的数值关节角度、状态可视化虚拟机器人的 3D 模型，或锚定在机器人关节上的虚拟轴线的渲染。通过空间可视化虚拟机器人显示被遮挡的机器人轮廓，或在墙或门的另一侧显示虚拟指示器，以顶部向下的雷达式显示器显示用户和机器人的位置，或作为屏幕外的指示器，来引导用户注意当前视野之外的机器人。

3. 机器人理解可视化

机器人理解可视化传达了机器人对其环境、实体或任务的认知。基于环境的机器人理解可视化虚拟效果设计向用户传达机器人对其环境的认知，包括从何处收集环境信息、已经收集了哪些环境信息，以及机器人从这些信息中推断出了什么。基于实体的机器人理解可视化虚拟效果设计传达机器人对实体(即对象，如人类、另一个机器人等)的了解，如实体的位置、实体的身份以及实体所持有的属性。基于任务的机器人理解可视化虚拟效果设计展示机器人对其当前或计划中的任务的理解，包括移动到哪里、如何移动、对哪些物体进行操作以及如何对这些物体进行操作。这些虚拟设计元素还可以传达关于一般任务理解的信息，如任务状态和结果。虚拟效果设计可以直接覆盖在机器人的环境中。例如，地板上呈现的视觉轨迹样条可以绕过墙壁，这不仅表明机器人看到了墙壁，还表明机器人的运动规划将避开墙壁。

3.6 机器视觉与人机交互技术

3.6.1 机器视觉基础原理

计算机视觉(computer vision, CV)对于机器人更好地理解真实世界并与真实世界互动至关重要，使机器人可以根据视觉信息做出相关的动作和决策。CV中常见的传感器包括RGB摄像机，它通过捕捉RGB光线来创建世界的彩色表示，从而提供环境详细信息。利用视觉信息理解世界可以模拟人类感知世界的方式，当分享细节、物体和任务相关信息时，为人类和机器人之间创建共同的语言和理解。计算机视觉涉及的技术包括目标检测(确定目标在场景中的位置)、目标分类(确定图像中的目标是什么)以及目标分割(将图像中的哪些像素归类为目标区域)。

机器视觉(machine vision)则是机器人学和CV的交叉领域，通过提供关于人类状态、动作、意图和交流的丰富而连续的信息，使机器人能够感知、理解和响应人类。机器视觉涉及视觉传感器和相关算法，将原始图像转换为机器人的控制信号。换句话说，任何用于指导机器人执行特定动作的计算机视觉技术都可以视为机器视觉。得益于CV领域的进步，如大规模数据集、计算能力、复杂算法和科学方法，机器视觉已经开始成为机器人与人类互动并提供帮助的关键感知渠道，对于机器人智能地与环境互动具有重要作用。

机器视觉系统主要分为三部分：机器、视觉和系统。机器负责机械运动和控制；视觉通过光源、镜头、摄像机、图像采集卡等来实现；系统主要是指软件。光源作为机器视觉系统输入的重要部件，影响成像质量和效果。由于没有通用的机器视觉光源设备，所以针对每个特定的应用实例，要选择相应的视觉光源，以达到最佳效果。常见的光源有环形光源、低角度光源、背光源、条形光源、同轴光源、冷光源、点光源、线型光源和平行光源等。镜头在机器视觉系统中主要负责光束调制，并完成信号传递。镜头类型包括标准、远心、广角、近摄和远摄等，一般根据摄像机接口、拍摄物距、拍摄范围、传感器尺寸、畸变允许范围、缩放倍数、焦距和光圈等进行选择。摄像机在机器视觉系统中最本质的功能是将光信号转换为电信号。图像采集卡虽然只是机器视觉系统的一个部件，但也同样非常重要。

除了常规的RGB摄像机以外，目前机器人上常采用的视觉设备是微软公司推出的Kinect系列产品，它能够获取场景的不同模态图像，包括RGB图和场景相对摄像机的深度图。Kinect V1使用结构光方法来估计场景的深度。该设备包含近红外(NIR)激光投影仪和一个NIR摄像机。NIR激光投影仪向场景发送固定且已知的点阵图案。NIR摄像机捕获场景中物体表面上的变形点阵图案，然后使用三角测量技术来估算深度。Kinect V2采用基于飞行时间(time of flight, ToF)的方法计算深度信息，即通过测量激光光线从投影仪到场景传播的往返时间来计算深度信息。ToF以实时方式提供深度信息，并且易于捕捉人体动作以进行人机交互中的动作识别。此外，英特尔公司推出的RealSense系列传感器也具有相同的功能。

HRI主要关注人类与机器人之间的互动性，通常涉及创建一个能够识别和应对人类行为复杂性的机器人系统。为了使机器人的行为符合社会规范，机器人需要能够感知、理解和响应人类的状态、动作、意图和情感。机器视觉技术可用于创建新的交互方法并改进当前的人机交互过程。交互范式发展趋势是自然交互，基本理念是用户不必依赖额外的设备作为输入或输出手段即可以像真实交互设备一样操作机器人系统。基于视觉的人机交互技术就是一种典型的自然交互方式，其主要研究范畴是识别人类的动作、表情等信息，感知这类信息中传递的人类指令，主要包括基于视觉的人体动作识别和预测、基于视觉的手势识别、基于视觉的面部表情识别。

3.6.2　基于视觉的人体动作识别和预测

人类动作特别是涉及全身和四肢的运动以及与环境的互动，包含了人类意图、目标和心理状态等丰富信息。理解人类动作行为是机器人在HRI中需要拥有的最重要的社交技能之一。人类动作行为的理解是一种复杂的认知功能，由复杂的认知机制执行。这种机制可以分解为三个主要组成部分，包括行为识别、意图理解和叙事理解。有些人类动作行为是有目标的，即通过执行一个或一系列动作来完成一个目标。理解这些动作对于预测动作的效果或结果至关重要。通过评估在特定情境或环境约束下人类的行为将导致的最终状态，来推断个体的行为目标。该系统观察到动作映射到人类对行为的运动表征上，可能由镜像神经元系统的直接匹配过程完成。根据直接匹配假说，对一个人动作目标的预测高度依赖于机器人的行为词汇和知识，进行动作预测的另一个线索来自情感或注意力信息。

在计算视觉领域，基于视觉的人体动作识别和预测是两个重要的研究领域。动作识别是从包含完整动作执行的视频中识别出人类的动作。动作预测是根据时间上不完整的视频数据推测人类的动作。动作识别和动作预测的主要区别在于何时做出决策。研究人员一直在努力创建一种智能系统，模仿人类识别复杂环境中人类复杂动作的能力。对于机器人来说，视频中的动作只是一个像素矩阵。机器人并不知道如何将这些像素转换为有效的动作表达，以及如何从该动作表达中推断人类的动作。这两个问题被视为动作表达和动作分类。动作表达基本上是将一个动作视频转换成一个特征向量或一系列特征向量，而动作分类则是从这个向量中推断出一个行为标签。近年来，深度神经网络将这两个问题统一到端到端网络框架中，进一步提高了整体的分类性能。

人体动作识别的技术原理主要分为两个部分：人体骨架提取和动作识别。首先，人体骨架提取使用视频或深度数据捕捉人体的动作，然后使用图像处理算法，如骨架提取算法、颜色分割、背景减除等，从图像中提取人体骨架信息。骨架信息包括人体关键点和连接关键点的边。其次，动作识别使用机器学习或深度学习算法，对提取的人体骨架信息进行识别。

1. 动作识别的机器学习方法

1) 动作表达

动作识别中的首要问题是如何在视频中表示一个动作。视频中的人类行为在动作速度、摄像机视角、外观和姿势变化等方面各不相同，使得动作表达成为一个极具挑战性的问题。优秀的动作表达方法应该计算高效并有效地表征行为，最大化不同动作之间的差异以最小化动作分类错误。动作表达的目标是将行为视频转换为特征向量，提取人类行为的代表性和区分性信息，并最小化变化，从而提高识别性能。动作特征可分为全局特征和局部特征，接下来将对此进行讨论。

全局特征：视频中的人类行为在三维空间中生成了一个时空形状。这个时空形状既编码了不同时间点上的人体姿势的空间信息，也编码了人体的动态信息。全局特征捕捉整个主体的运动信息，为动作识别提供丰富且富有特现力的运动信息。然而，全局特征往往对噪声敏感且易受杂乱背景的无关信息干扰。除了计算形状进行动作表征外，还可以从视频中计算运动信息。光流算法是典型的运动估计方法，可以检测连续两帧中物体的运动。

局部特征：描述了人在时空区域中的局部运动，仅用于识别具有显著运动信息的局部区域，因此可以克服全局特征存在的问题，因为区域内的运动信息比周围区域更具信息量和显著性。基于时空兴趣点(STIP)的方法是最重要的局部特征之一。对视频应用时空可分离的高斯核，以获得其响应函数，从而在空间和时间维度上找到大的运动变化。仅在空间维度上应用2D高斯核，而在时间维度上应用1D Gabor滤波器。在每个兴趣点周围，提取原始像素值、梯度和光流特征，并将它们连接成一个长向量。对该向量应用主成分分析以降低维度，然后使用 k 均值聚类算法创建这些特征向量的码本，并为视频生成一个向量表征。时空兴趣点仅捕获短时间的信息，无法捕获长时间的信息。特征轨迹是长时间跟踪这些兴趣点并描述其运动属性的变化的直接方法。

2) 动作分类

在完成动作特征提取后，应从样本中训练动作分类器，以确定各种动作类别的边界。动作分类方法大致可以分为以下几类。

直接分类方法：将动作视频总结为一个特征向量，然后直接使用现成的分类器，如支持向量机、k-最近邻(k-NN)等，将该向量分类到动作类别中。在这些方法中，动作动态是以整体方式通过动作形状或词袋模型来表征的，词袋模型通过视觉词的直方图来捕捉局部运动模式。

序列方法：使用序列状态模型，如隐马尔可夫模型(HMM)、条件随机场(CRF)和结构支持向量机(SSVM)等，来捕捉人体动作姿势的时间演变。

时空方法：考虑局部特征之间的时空相关性以及兴趣点全局时空分布的潜在有价值信息。

流形学习方法：人类动作视频可以通过人体轮廓时间变化来描述。这些轮廓表达通常是高维的，为了解决这个问题，流形学习方法首先对轮廓表达进行降维，并将其嵌入到非线性低维动态形状流形上。尽管这些方法在动作识别方面往往表现出非常高的性能，但它们严重依赖于清晰的人体轮廓，而其在现实场景中可能难以获得。

层次化方法：词袋模型已证明对背景噪声具有鲁棒性，但可能不足以在存在大量外观和姿势变化的情况下描述动作。此外，由于低级特征与高级动作之间存在较大的语义鸿沟，它们可能无法很好地表示动作。为了解决这两个问题，层次化方法可以学习额外一层的表示，并期望更好地抽象低级特征以进行分类。层次化方法从低级特征中学习中层特征，然后将这些特征用于识别任务。学到的中层特征可以被认为是从用于训练的同一数据库中发现的知识或由专家指定的知识。

特征融合方法：融合视频中的多种类型特征是动作识别中一种流行且有效的方法。由于这些特征是从相同的视觉输入生成的，因此它们是相互关联的。然而，这种相互关系很复杂，需要在融合方法中加以考虑。

2. 动作识别的深度学习方法

尽管全局和局部特征取得了巨大成功，但这些手工设计的特征需要耗费大量人力和专业知识来开发有效的特征提取方法。此外，这些特征通常在大规模数据集上的泛化能力并不强。近年来，由于深度学习技术具有强大的特征学习能力，且泛化能力很强，因此利用深度学习技术进行特征学习越来越受到关注。深度神经网络在动作识别方面的成功也归因于网络规模扩大到数千万个参数和大规模标记数据集。最近的深度神经网络在各种动作数据集上取得了很高的识别性能。

近年来，深度学习技术学习的动作特征已得到广泛研究。动作识别深度神经网络设计主要有两种形式：卷积操作和时间建模，这导致了几种不同的网络类型。

卷积操作是深度神经网络中用于动作识别的基本组件之一，它使用核矩阵聚合小空间(或时空)邻域内的像素值。二维卷积是深度神经网络中的基本操作，因此直接在视频帧上使用二维卷积。由于视频中呈现多帧，因此三维卷积更直观地捕捉短时间内的时间动态。常见的三维卷积网络(3D ConvNets)使用三维卷积直接创建时空数据的层次表达，但是三维卷积网络比二维卷积网络有更多的参数，因此训练更困难。此外，三维卷积网络无法享受 ImageNet 这样的大规模二维图像数据库预训练的模型。

一般来说，时间建模大致有三种方法。第一种方法是对连续几帧直接应用三维卷积，三维卷积核中的时间维度将捕捉这些帧中的时间动态。这种方法的局限性之一是它们可能无法重用在大规模图像数据集上预训练的二维卷积网络。第二种方法是通过使用多个分支建模时间动态。网络中的一个分支称为 FlowNet，在光流帧上进行训练，光流帧本质上捕捉相邻两帧中的运动信息。然而，这种方法在很大程度上忽略了视频的长期时间结构。第三种方法是使用时间池化或聚合来捕捉视频中的时间信息。聚合可以通过在二维卷积网络顶部使用 LSTM 模型来完成。

人体动作识别被定义为识别人类动作或活动。对于人体动作识别，机器人可以根据人体动作做出决策，例如，在何时向人提供椅子以供休息，或者在发现有人摔倒时询问是否需要呼叫救护车，或者在有人向机器人递送瓶子时做出响应。人体动作识别技术可用于帮助机器人预测人类的动作，如走路、吃饭和吸烟，以及在摄像头视野被遮挡后推断剩余的动作序列。此外，人体动作识别还可以用于预测共享工作空间中的人类动作，例如，通过识别使用锤子或伸手拿杯子等动作来避免工具使用过程中的碰撞。人体动作识别还允许机器人检测其他身体动作(如摇头、挥手)，然后执行相应的行为跟踪人的手或头的连续位置。这还包括更严格的身体动作，例如，人类进行体育活动时，机器人可以对人类锻炼的姿势质量给予反馈。其他体育活动示例包括记录姿势计数，并在人挥手时发出改变锻炼状态的信号，以及通过动作识别对人类示范者的动作进行响应。在更实际的应用环境中，动作识别用于检测服务机器人的行走能力，以便能够引导具有不同行动能力(例如，使用轮椅、拐杖或步行器)的人到达合适的入口。特别地，运动分析有助于机器人跟踪人的位置，以便为不同移动能力水平的用户调整辅助机器人步行运动。人体动作还可以用作控制信号，例如，通过手臂的上下、左右或圆周运动来控制机器人前进、后退、左转和右转，或用手势来表示“跟我来”或“再见”的指令。

3. 动作预测方法

动作预测方法可分为短期预测和长期预测。

短期预测专注于持续时间较短的动作视频，这些视频通常持续几秒，如 UCF-101 和 Sports-1M 数据集中的动作视频。该方法的目标是基于时间上不完整的动作视频推断动作标签。给定一个包含 t 帧的不完整动作视频 $x_{1:t}$，即 $x_{1:t}=\{f_1,f_2,\cdots,f_t\}$，目标是推断动作标签 $y:x_{1:t}\to y$。该不完整动作视频 $x_{1:t}$ 为单一完整动作视频 $x_{1:T}$ 的起始部分。大多数短期预测方法都是基于图 3-20 中描述的问题进行建模。为了模拟序列数据的到达情况，一个包含 T 帧的完整视频 x 划分成 K=10 个片段。每个片段包含 T/K 帧，不同视频的长度 T 可能不同，从而导致其片段长度也不同。对于长度为 T 的视频，其第 k（$k\in\{1,2,\cdots,K\}$）个片段包含从第 $(k-1)\cdot\dfrac{T}{K}+1$ 帧到第 $\dfrac{kT}{K}$ 帧。时间上部分视频或部分观察 $x^{(k)}$ 被定义为视频的前 k 个片段组成的时序子序列。部分视频 $x^{(k)}$ 的进度水平 g 定义为部分视频中包含的片段数量 $x^{(k)}$：$g=k$。部分视频 $x^{(k)}$ 的观察比例 r 为 $\dfrac{k}{K}$。短期预测方法旨在识别未完成的动作视频。

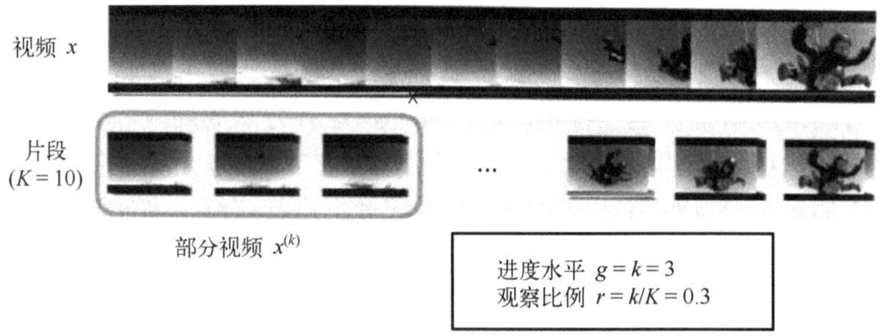

图 3-20　短期预测

长期预测是基于当前观察到的人类动作来推断未来的动作，是对动作转换进行建模，因此关注持续时间为几分钟的长视频。换句话说，这个方法预测的是未来将要发生的动作。给定一个动作视频 x_a，可以是一个完整或不完整的动作执行视频，目标是推断出下一个动作 x_b。在这里，x_a 和 x_b 是两个相互独立、语义上有意义且时间上相关联的动作。在实践中，有些类型的动作包含多个基本动作模式并展现出复杂的时间顺序，如做一道菜。这些复杂动作的长度比短期动作要长。长期动作的预测正日益受到关注，因为它使机器人能够理解“将要发生什么”，包括人类复杂动作的最终目标以及个体在不久的将来可能采取的动作。然而，由于人类未来动作存在极大的不确定性，长期预测极具挑战性。认知科学表明，上下文信息对于理解动作至关重要，因为动作通常是在特定场景下的特定物体交互中发生的。因此，为了实现准确的长期预测，有必要将交互物体与人类动作一起考虑。这种先验知识为动作预测提供有价值的线索：“现在正在发生什么?”和“接下来将要发生什么?”同时，利用交互物体也可以限制潜在动作的搜索空间。例如，如果观察到一个人“拿起杯子”的动作，那么这个人接下来很可能会“喝饮料”，而不是“接电话”。因此，动作和物体之间的上下文约束可以减小预测动作的搜索空间，提升动作预测的准确性和鲁棒性。

3.6.3　基于视觉的手势识别

手势是指为指示、传达消息或发送消息而做的手部动作，是利用人手的运动进行非语言交流的方式。手势的表达形式有很大变化，可以反映某种动作，也可以传达实际意义。手势识别旨在建立一个能够识别人类手势用于数据传输或命令控制的系统，使机器人能够根据用户的手势做出相应的反应以完成用户指定的任务，这个过程需要检测人类手部运动并将其转化为机器人能够执行的命令。

手势识别方法根据所采用传感器类型分为基于视觉的手势识别方法和基于接触式的手势识别方法。基于视觉的手势识别主要是利用 RGB 传感器或 RGB-D 传感器(如 Kinect、RealSense 等)获取手部图像信息，然后采用计算机视觉方法对手势进行识别。基于接触式的手势识别则是采用穿戴式设备固定在用户的手部以收集手指和手掌位置、运动和轨迹数据，然后根据这些数据对手势进行识别。常见的穿戴式设备主要有：①数据手套，可以测量手掌和手指的位置、加速度、弯曲角度等；②肌电图信号设备，可以测量人体肌肉电信号脉冲，解码生物信号用于检测手指的运动；③其他设备，如机械、电磁或者触觉设备，反馈手部运动位置信息。与基于接触式的手势识别方法相比，基于视觉的手势识别方法传感器成本低，无须被试者穿戴设备，只需广泛使用的摄像机即可，使交互过程更自然，但是基于视觉的手势识别方法容易受到周围环境的影响，包括光照、遮挡等因素。

基于视觉的手势识别方法根据手势模态大体上可分为静态手势识别和动态手势识别，动态手势在复杂程度和包含的信息量方面要远高于静态手势，已经成为近些年手势识别技术领域的主流研究方向。静态手势识别是对从背景中分割出的手势进行特征提取，并按照提取出的特征进行分类，而动态手势识别则是按照预定的语义对一定长度序列的手势组合，结合时间与空间特征进行分类。近几年流行的动态手势识别方法按照特征的获取方式可以分为基于机器学习的方法和基于深度学习的方法。

1. 基于机器学习的方法

基于机器学习的动态手势识别方法包括支持向量机(support vector machine, SVM)、动态时间规整(dynamic time warping, DTW)以及隐马尔可夫模型(hidden Markov model, HMM)等。SVM 方法是一种典型的二分类模型，其核心思想是在特征空间内寻找一条最优的“线”，使得两类对象尽可能地分布在这条“线”的两侧。在面对多分类问题时，SVM 一般通过构建多层次特征进行二分类迭代，将样本分为多类或将样本映射到更高维度的空间，寻找超平面进行分类。DTW 方法是一种时间相关序列相似度比对度量方法，在相似度比较、模式识别等多种问题中广泛应用。DTW 方法具有时间上下文处理能力以及可扩展性，较适合处理动态手势识别问题。HMM 是一种典型的关于时间可变序列的概率统计模型，适合用于动态目标的识别。

2. 基于深度学习的方法

基于深度学习的方法根据所采用的神经网络类型不同，分为卷积神经网络、图神经网络以及循环神经网络方法。对于动态手势识别而言，神经网络需要考虑丰富的帧间信息，传统的二维神经网络在这方面有所欠缺，近年来能够将时间信息纳入网络结构的方法大体上有双分支网络与三维卷积神经网络。图神经网络是一种用于处理图结构数据的深度学习架构，手掌的骨架图是天然的拓扑图，非常契合图神经网络的结构。循环神经网络也是动态手势识别常用的网络结构，循环神经网络最显著的特点在于其内部的环状结构，这些连接隐藏层的环状结构使得信息能够在网络中循环，能够对序列中紧密相连数据的相关性进行处理，从而实现对序列信息的存储与处理，与动态手势识别的多帧序列相吻合。此外，注意力机制，包括自注意力机制、时间注意力机制和空间注意力机制，引入深度神经网络允许模型对输入序列的不同部分分配不同的权重，使网络更专注于手势识别最相关的信息。

3.6.4　基于视觉的面部表情识别

机器人的应用不仅仅局限在工厂和工业场景中，人们越来越需要并希望机器人以协作机器人或辅助机器人的角色与人类共享空间，作为人们生活中的家庭助手分担家庭生活中面临的各种任务。感知社交能力是此类机器人人机交互中的一个重要方面，用户希望机器人更加拟人化，并使人机交互更像人际交互，机器人需要能够理解人类感情并对这些人类感情做出适当的反应。情感对 HRI 是关键的，在所有的互动中，7%的情感信息通过语言传达，38%通过语调传达，55%则通过面部表情传达。这使得面部表情成为一种不可或缺的情感交流方式。面部表情是通过面部肌肉的运动产生的，能够传达深层次的非语言交流信号，可以表达一个人在谈话中的状态，通过面部表情反馈可以建立人机之间的融洽关系。因此，基于视觉的面部表情识别(facial expression recognition, FER)成为 HRI 领域的研究热点。

FER 在很大程度上受到光照、姿势、背景和源图像的摄像机视角以及遮挡的影响。早期 FER 包括以下几个步骤：人脸检测、预处理、特征提取和表情分类，如图 3-21 所示。在机器学习方法中，OpenCV，Dlib 和 AdaBoost 都提供了人脸检测功能。在预处理阶段，通常应用灰度转换、图像归一化、图像增强(如翻转、缩放、旋转等)。在特征提取阶段，则常用局部二值模式(LBP)、方向梯度直方图(HOG)等特征提取算子。此外，面部动作单元(AU)(如眉毛、眼睛、鼻子和嘴等)提取对于面部表情识别也具有重要作用。然后进行表情分类，主要是对六种普遍认知的情绪(快乐、悲伤、厌恶、愤怒、恐惧和惊讶)进行分类，可以采用 SVM、KNN、HMM。随着人工智能技术的快速发展，预处理后的图像直接输入到深度神经网络(如 CNN、RNN、GAN 等)中以预测表情分类。

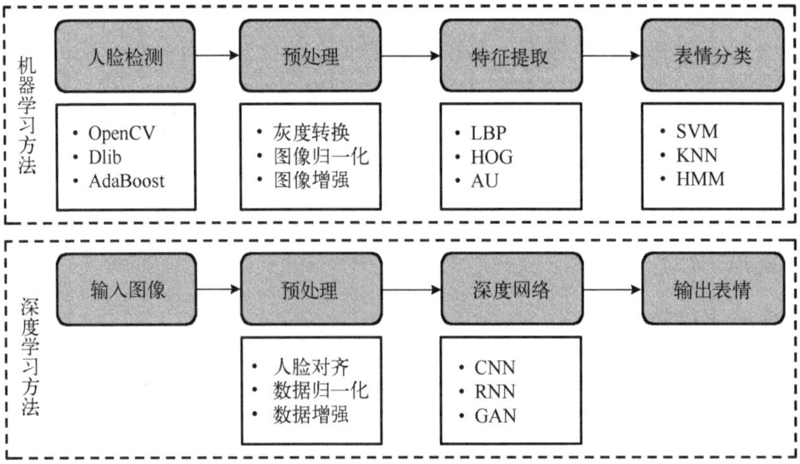

图 3-21　面部表情识别方法

机器人不仅需要能够识别人类的情绪，还需要能够通过面部表情来产生情绪。机器人能够以手动编码或自动化的方式生成面部表情。手动编码是指通过以期望的方式控制机器人的眼睛和嘴来编码面部表情，而自动化则是指使用机器学习技术自动学习情绪。机器人的面部表情有静态和动态两种生成方式。在静态方式中，机器人头部一般由多个舵机组成，分别用于控制其注视方向、颈部、眼皮和嘴唇等，能够做出基本面部表情。与手工编码技术不同的是，自动面部表情生成是通过神经网络或强化学习来生成面部表情。自动面部表情生成需要先识别人类的情感，并将识别到的情感映射到情感生成空间，最后，机器人会在情感生成空间中与人类情感同步地表达自己的感情。当人类改变自己的情感时，机器人也会与人类情感同步，从而在人与机器人之间建立持续的沟通。研究发现，当存在情感同步时，被试者会对机器人感到更加舒适，并与机器人进行更多的交流。

在面部表情生成方面，机器人可以通过控制眼睛、嘴和颈部来做出某些基本面部表情。然而，由于机器人面部自由度数量有限，它们无法像人类一样做出那么多表情。虽然机器人能够通过手动编码眼睛和嘴的运动来展示面部表情，但关于让机器人学习自动展示其面部表情的研究较少。

HRI 不仅关注机械功能或接收指令，还关注不同功能的集成，使机器人能够自主地与人类相处。在服务机器人领域，赋予其情感和社交能力已成为当下备受瞩目的新兴研究方向。在人类的日常交流中，面部表情、肢体语言和言语均是至关重要的关键要素。仿人机器人致力于对这些要素进行深度模仿，力求实现更为自然且富有情感的交互方式，进而寻求与人类的紧密合作。在情感机器人领域，情感检测至关重要，因为在人类生活中，情感因素会直接对交流过程中的决策和性能产生影响。这方面的成功从根本上取决于机器人反馈和表达的正确实施。机器人的表达是通过一个反馈过程来实现的，这个过程类似于人类交互，涉及持续收集信息以促进交互，从而能够为特定情境制定适当的响应。情绪形成一个连续的范围，并且可以有不同的程度。如果一个人不太开心，他就会少笑一点；同样，如果一个人非常开心，他的笑容会更多。这些少笑或多笑就是表情识别，亦即应该能够识别的不仅仅是情绪，还有情绪的程度。在大多数现有研究中，机器人对每种情绪只使用一种配置来表达，应该能以不同的程度表达情绪。

3.7　生物信号识别与人机交互技术

人机接口(human machine interface, HMI)也可以利用生物信号在人体与机器人之间建立实时同步通信。

3.7.1　生物信号基础

生物信号通常是指生物体内或体表产生的各种电信号，如心电图(electrocardiogram，ECG)信号、脑电图(electroencephalogram，EEG)信号、肌电图(electromyogram，EMG)信号、眼动信号、血氧信号、磁共振信号等，这些信号通过记录心、脑、肌肉、神经等器官或部位的电、磁、光或声等物理量，反映人体内部的活动和状态。将这些信号转化为与机器人共融交互的指令，即可实现人机交互。

生物信号的基本特征包括：①多样性，生物信号的种类繁多；②时序性，生物信号具有时间序列特征，可以对生物过程的变化进行监测和分析；③特异性，生物信号的传递和解析具有特异性，不同类型的生物信号只能被特定的受体所识别和响应；④传播性，生物信号可以在生物体内沿神经、血管、细胞膜等不同途径传播；⑤调节性，生物信号可以调节生物体内的代谢、生长、分化等多种生理过程。此外，生物信号具有非线性、非平稳、低频低幅的特点，并且容易受到外界噪声和生物体自身信号的干扰。

生物信号的采集需要使用专门的生物信号采集设备，如生理信号采集仪。采集方式主要有侵入式和非侵入式两种，侵入式采集通常需要将电极植入生物体内，如 Neuralink；而非侵入式采集则通过贴在体表的电极来获取信号，如肌电图信号采集和脑电图采集。

1. 肌电图信号

理解从神经系统到肌肉的激活信号机制，并从 EMG 信号中提取有关神经系统对运动控制的信息至关重要。人体各种运动是通过人体不同肌肉群收缩实现的。肌肉作为一种可收缩的软组织，分为骨骼肌、平滑肌和心肌。骨骼肌可通过神经系统的控制实现自主收缩，产生人体动作；而平滑肌和心肌的收缩则是本能无意识的，不受人体的自主控制。人体的运动单元是神经肌肉系统的基本功能单位，由运动神经元和受运动神经元的轴突支配的肌肉纤维组成。运动神经元位于脊髓腹角或脑干，接收来自神经系统各个部分的感觉和下行冲动。每个运动神经元的轴突通过脊髓腹根或脑干中的脑神经离开脊髓，并通过周围神经投射到目标肌肉和它所支配的肌肉纤维。由运动神经元产生的肌肉纤维动作电位可以通过 EMG 记录进行检测。

表面肌电图(surface electromyogram, sEMG)信号是在肌肉收缩期间产生的动作电位的代数求和；它沿着肌纤维传递，并通过肌肉、脂肪和皮肤进行滤波。sEMG 信号在皮肤表面显示出时间和空间的叠加效应，因此在一定程度上反映了神经肌肉活动水平。这些信号的典型幅值在 0~5mV 内，其能量主要集中在 10~150Hz 内；然而，它们显示出强烈的随机性和不稳定性。sEMG 信号通常是在肢体运动前 30~150ms 生成的。尽管 sEMG 信号具有显著的非平稳特性，但它们也具有较大的检测空间和良好的重复性，并且可以使用非侵入性电极贴片在皮肤表面进行检测。

传统上，sEMG 信号检测是在肌肉上方放置两个独立电极，通过这种方式检测到的信号的幅值和频谱特性高度依赖于电极对沿肌肉纤维路径的位置、电极间距离以及电极对大小。目前的方法主要是采用一维或二维电极阵列来同时检测多个通道，可以提供模拟瞬时单极表面电位分布的空间采样图像或映射，或其空间滤波版本(如单差分)，或者 EMG 特性的空间采样图像或映射，如幅值或频谱指标(如平均或中值频率)。采用多通道方法可以提高信号质量、减少干扰和噪声、捕捉肌肉活动的细微变化以及更全面地了解肌肉的功能状态。

2. 脑电图信号

脑电图(EEG)信号是脑神经组织的电生理活动在大脑皮层表面的总体反映。大脑活动时的电信号的变化活动数据可以形成脑电图。脑电图反映的是大量神经细胞活动的总和。单个神经细胞产生的脑电图信号十分微弱，因此在大脑皮层上可以产生多个频率不同振幅的脑电图信号。这些脑电活动的振荡性描述了不同的大脑状态。

大脑皮层电活动的两种主要形式为自发电位活动和诱发电位活动。自发电位活动指的是人自主地在不同情绪状态下，表现出对应的脑电波频率波动。而诱发电位需通过外部刺激产生。目前多数学者认为突触后电位是脑电的主要组成成分。脑电图信号按照频率分类如表 3-1 所示。

表 3-1　脑电图信号的分类

脑电图信号种类		频率/Hz	幅值/μV	特性
Delta（δ）		0.5~3	20~200	属于"无意识层面"的波。 是在非常快速眼动睡眠第三期时出现的脑电图信号
Theta（θ）		4~7	20~100	属于"潜意识层面"的波。 存有记忆、知觉和情绪；影响态度、期望、信念、行为；深度做梦、深度冥想时产生
Alpha（α）	慢速 α 波	8~9	10~100	临睡前头脑茫茫然的状态；意识逐渐走向模糊
	中速 α 波	9~12		身心轻松而注意力集中
	快速 α 波	12~14		高度警觉的状态
Beta（β）	低 β 波	12.5~16	5~20	身体放松但精神集中
	中 β 波	16.5~20		思考、处理接收到的外界信息
	高 β 波	20.5~28		激动、焦虑
Gamma（γ）		25~100		增强意识和幸福感、减轻压力、冥想
Lambda（λ）		诱发电位		眼睛受光刺激时约 100ms 后诱发电位改变（又称作 P100）
P300		诱发电位		看到或听到脑中想象的东西时约 300ms 后诱发电位改变

脑电图信号的特征如下。

(1) 脑电图信号非常微弱，频率范围为 0.5~50Hz，一般头皮脑电图信号只有 50μV 左右，超过 100μV 的就可以看作噪声。

(2) 脑电图信号是一种随机性很强的非平稳信号。之所以说它随机性强，是因为影响它的因素太多，其规律又尚未被认识。

(3) 脑电图信号是非线性信号。生物组织的调节以及自适应能力必然影响到电生理信号，这使得脑电图信号具有典型的非线性的特点。而传统意义上的信号处理方法都是建立在线性系统理论分析基础之上的，因而分析结果不可避免地丢失了很多原始信号所带的信息。这也是非线性动力学混沌理论发展起来后被迅速运用到脑电图信号的分析研究中的原因。

3.7.2　肌电图信号识别与人机交互技术

由于肌电图信号在运动意图识别方面具有良好的准确性和稳健性，因此被认为是最适合用于 HRI 系统的生理信号之一。通过赋予机器人解读人类运动意图的能力，可以实现人与机器人之间的安全交互。

机器人通常会无法使用与无功能肢体相关的肌肉群的肌电图信号，需要训练其他肌肉群的肌电图信号来帮助完成假肢的运动控制。目前，基于 sEMG 的人机协同智能系统的代表性案例大致分为肌电假肢、康复/外骨骼机器人以及人机协同装配系统等领域。sEMG 已成为机器人领域特别是协作可穿戴机器人中流行的人与机器人共融交互接口。这是因为 sEMG 信号包含大量关于人体肌肉运动和状态的信息，使得人类意图能够转化为机器人输入信号，潜在地提高可穿戴机器人的智能。sEMG 信号作为一种无创检测骨骼肌肉的电活动的信号，由于容易受干扰，应使用高精度采集设备进行放大和滤波。高精度的 sEMG 信号并不适合直接控制可穿戴机器人，因为控制系统必须处理大量信号特征以转换为机器人的控制信号，需要具有高信号采样频率和内存以维持 HRI 硬件的实时性，并且这并不利于 sEMG 信号在可穿戴机器人中的应用。实现基于 sEMG 的 HRI 基本功能需要以下三个步骤：①通过滤波、降噪和特征提取方法处理原始 sEMG 信号；②通过模式识别方法实现人类意图的准确识别；③需要融合多模态信息，如人机交互力、速度和加速度，以实现合理的人机交互控制策略。

1. 肌电图信号的采集和预处理

在人机交互过程中，机器人的控制精度受 sEMG 信号质量的影响很大。使用可靠的采集设备可以有效提升信号的信噪比。为了尽可能保留更多的有用信息，一般将采集频率设置为 500~1000Hz。为了检测 sEMG 信号的最大幅值，建议检测位置为最近神经支配区和肌腱结合处之间的肌肉腹部的中线。电极主要有两种类型：湿电极和干电极。对于湿电极，需要在皮肤和电极之间放置导电胶，从而降低电极和皮肤之间的运动伪影对肌电图信号的干扰。干电极直接放置在皮肤上，没有任何中间凝胶，这使在佩戴时更加舒适。研究表明，湿电极对基础理论研究更为有利，而干电极在实际应用中更受欢迎。电极通道数量的选择取决于与人体肢体运动有关的肌肉数量。选择合适数量的电极通道不仅可以确保足够准确地识别出人体运动意图，还可以减少所需的计算量。近年来，通过对人类神经系统中的 sEMG 信号生成和分解机制的深入研究，出现了基于高密度阵列的 sEMG 信号采集设备。这些设备由多组极性相反的传感器组成，电极间距非常小(通常为 1~8mm)。因此，这些设备可以获得 sEMG 空间拓扑分布特性以及丰富的肌肉活动信息。

总之，要获得高质量的原始肌电图信号，通常需要精确稳定的采集设备和准确的采集过程。精确稳定的采集设备能够有效放大肌电图信号并减少噪声干扰，从而提高所获得信号的质量。高质量的肌电图信号将为后续的模式识别和机器人控制提供坚实的数据基础。

肌电信号采集系统采用差分信号采集模式，每个信号通道需配置三电极系统，包括双电极传感器(正负两路采集)及独立参考电极，用于构建差分运算放大器输入端。参考电极应该放置在骨骼肌肉附近的非相邻肌肉末端部位或靠近目标肌肉群，一个采集电极放置在目标肌肉群的中间，另一个采集电极则安排在目标肌肉群方向上。在采集过程中收集的肌电图信号必然会受到噪声干扰。因此，在进一步应用这些信号之前，需要进行有效的降噪处理。肌电图信号中主要存在三种类型的噪声：第一种噪声是采集设备中电子元件的固有噪声，这种噪声频率分布在 0 到几千赫兹，可以通过使用高质量传感器来最小化；第二种噪声是电力系统的电源频率干扰，这种噪声通常出现在 50Hz 或 60Hz 的特定频率范围内，因此，可以通过基于所在国家或地区交流电频率的陷波滤波器来消除；第三种噪声源于电极、皮肤和放大器之间的相对运动，导致基线漂移，这种噪声频率集中在 0~20Hz 内，可以通过设计滤波器来消除。根据上述的肌电图信号和噪声特性，原始肌电图信号通常使用 10~400Hz 的带通滤波器和陷波滤波器进行滤波，这是最简单直观的滤波形式，可以满足大多数降噪需求，其他方法还包括小波变换、经验模态分解(empirical mode decomposition, EMD)、集合经验模态分解(ensemble empirical mode decomposition, EEMD)、独立成分分析(independent component analysis, ICA)、主成分分析(principal component analysis, PCA)等。小波变换可以有效保留降噪过程中的信号突变和峰值，并可用于多分辨率局部时频分析。EMD 和 EEMD 简化了在小波变换过程中选择母小波和分解层数的烦琐过程。ICA 和 PCA 等滤波方法可用于将各种噪声类型与原始 sEMG 信号分离，并促进有用信号的再现。在实际应用中，应根据具体应用要求选择适当的降噪方法，以实现合适的降噪效果。

2. 肌电图信号特征提取

sEMG 信号具有强烈的非线性特征。要从 sEMG 信号中获取有用信息，通常需要提取特定时间窗口内预处理信号的有效特征。sEMG 包络信号是 HRI 应用中重要的识别标志。sEMG 信号的特征提取主要分为时域、频域和时频域三种。

1）时域特征提取方法

时域特征是原始信号的特征，对应的幅值直接按照时间作为自变量进行计算。在时域中，通常将 sEMG 信号视为一个均值为零、方差随信号强度变化的随机信号。sEMG 信号的典型时域特征主要包括均方根（RMS）、积分肌电图（iEMG）、过零点（ZC）、波形长度（WL）、方差（VAR）和平均绝对值（MAV）。在这些特征中，RMS 和 iEMG 不仅反映了 sEMG 信号在时域中的幅值变化，还反映了肌肉的生物力学性能和运动过程中肌肉能量的变化。因此，RMS 和 iEMG 常常用来代表肌肉激活的强度和人体运动状态，计算公式如下：

$$\mathrm{RMS} = \left(\frac{1}{T}\int_{t}^{t+T} x^2(t)\mathrm{d}t\right)^2 \tag{3-20}$$

$$\mathrm{iEMG} = \int_{t}^{t+T} |x(t)|\,\mathrm{d}t \tag{3-21}$$

式中，$x(t)$ 表示 t 时刻采样电压；T 表示采样周期。

2）频域特征提取方法

频域特征是通过将快速傅里叶变换（FFT）应用于原始 sEMG 信号获得的频谱或功率谱（PS）特征，从而直接观察信号的频带分布。常用的 sEMG 频域特征包括功率谱（PS）、平均频率（MNF）、平均功率频率（MPF）、中位频率（MF）、频率比（FR）和自回归系数（AR）。为了定量描述 sEMG 信号的频谱和 PS 特征，通常使用两个频域指标，即中位频率（MF）F_{median} 和平均功率频率（MPF）F_{mean}，计算公式如下：

$$\int_{f_1}^{F_{\text{median}}} \mathrm{PS}(f)\mathrm{d}f = \int_{F_{\text{median}}}^{f_2} \mathrm{PS}(f)\mathrm{d}f \tag{3-22}$$

$$F_{\text{mean}} = \frac{\int_{f_1}^{f_2} f\cdot \mathrm{PS}(f)\cdot \mathrm{d}f}{\int_{f_1}^{f_2} \mathrm{PS}(f)\cdot \mathrm{d}f} \tag{3-23}$$

式中，$\mathrm{PS}(f)$ 为通过傅里叶变换得到的 sEMG 功率谱；f_1 和 f_2 分别为 sEMG 频带的最小频率和最大频率。

3）时频域特征提取方法

类似于估计肌肉疲劳状态，通常需要同时分析 sEMG 信号的时域和频域特征，以获取有关肌肉生理变化的综合信息。传统的 sEMG 分析方法在时域和频域描述中仅描述时域特征或仅描述频域特征；然而，时频域特征提取方法可以克服这一限制。目前，sEMG 信号的可用时频域特征提取方法主要包括短时傅里叶变换（STFT）、Wigner-Ville 变换（WVT）和小波变换。

除了上述的 sEMG 特征提取方法，还有其他信号特征提取方法可用，如参数模型方法和非线性动力学。虽然这些方法各有优势，但通常具有较高的计算复杂性。在实际应用中，研究人员必须考虑现有问题的特定需求，选择合理的特征提取方法。

3. 人运动意图识别

人类运动意图识别是基于 sEMG 的 HRI 系统中的重要任务。对操作者运动意图的准确和快速感知是 HRIS 实现自然高效存在的必要基础。目前，基于 sEMG 信号的人类运动意图识别研究可以分为两种主要方法：离散运动分类、连续关节运动估计。

1) 离散运动分类

离散运动分类用于基于 sEMG 信号预测人体特定姿势，对运动范围没有严格要求。离散运动分类可定义为一种模式分类问题，通常使用监督学习来训练分类器。为了实现准确的离散运动分类，通常需要以下步骤：首先，在与感兴趣运动相关的 sEMG 信号上进行特征提取；其次，基于提取的特征样本离线训练运动分类器；然后，使用训练好的分类器识别不同运动类型；最后，将识别的运动分类结果作为控制机器人运动的输入。在这些步骤中，sEMG 特征的提取是影响运动识别准确性的重要因素。如上所述，sEMG 特征包括时域特征、频域特征、时频域特征和非线性动态特征。离散运动分类模型包括线性判别分析、多层感知器、高斯混合模型和支持向量机。

在实际应用中，使用大量的 sEMG 传感器会导致用户体验不佳，容易引起电极移位、信号丢失和其他各种问题。最近的研究中，基于高密度传感器构建了 sEMG 图像，应用深度学习算法来识别这些 sEMG 图像，从而实现了离散运动分类的准确实施。在康复医疗中，基于 sEMG 信号的离散运动分类主要应用于截肢者，而在这种情况下，将缺乏可供获取的相应肌肉生理信号。因此，截肢者虚拟运动分类方法在 sEMG 信号分类的实际应用中尤为重要。

2) 连续关节运动估计

离散运动分类少数离散肢体运动，应用预测结果控制机器人，机器人无法完成人类连续平滑运动，而保证机器人运动连续匹配是实现机器人安全控制的前提，因此通过 sEMG 估计连续关节运动成为肌电研究的新热点。利用 sEMG 估计连续关节运动，通常先由 sEMG 提取肌肉活跃度或信号包络信息，而需要估计的运动量包括关节力矩、角速度、角度等，估计结果可以作为参考输入控制机器人。

连续关节运动估计可以采用生物力学模型法。生物力学模型法是结合肌肉生理学建立以 sEMG 为输入的关节动力学模型，进而计算关节力矩、角速度、角度等连续量。该方法的优点是建立的模型能够解释运动产生的过程。引用最多的肌肉力学模型是 Hill 模型，它是一种生理现象学模型，其中含有多个无法直接测量的生理参数，因此有效的参数辨识方法必不可少。其有助于从微观的角度，即肌肉组织的角度，揭示运动产生的机制。20 世纪 40 年代，Hill 首次提出了经典的肌肉力学模型，为肌肉力学的发展奠定了基础。Buchanan 等提出了一种基于 Hill 肌肉力学模型的人类上肢正向动力学模型，以帮助中风和脑瘫引起的肌肉痉挛症状的残疾患者控制基于 sEMG 的假手运动。

3.7.3　脑电图信号识别与人机交互技术

脑机接口(brain-computer interface, BCI)逐渐用于人与机器人的交互中。BCI 可以实现人脑和机器人之间的信息传递，它可以帮助人类利用机器人与外界沟通。无创 BCI 的信噪比低于侵入式 BCI，但由于其操作简单以及更安全可靠，具有更大的应用价值。这项技术在为老年人或残疾患者提供日常生活帮助方面具有巨大的潜力。该系统的关键问题在于通过解码 EEG 来识别人类的精神活动。与其他 BCI 应用相比，如基于 BCI 的文字拼写，通过 EEG 控制机器人系统更具挑战，因为必须实时考虑周围环境的反馈、机器人的运动学和动力学以及机器人的控制架构和行为。本节首先介绍意念控制机器人的发展历程，其次讨论基于 EEG 的脑信号模型，包括 SSVEP、ERP、MI，随后介绍解码 EEG 的常用方法，即预处理、特征提取和特征分类。

1. 意念控制机器人的发展历程

目前用于脑活动测量的方法有以下几种：脑磁图(MEG)、近红外光谱(NIRS)、电皮层图(ECoG)、功能磁共振成像(fMRI)和脑电图(EEG)。BCI 为无法通过常规途径和计算机进行通信的用户创建了额外的通信渠道。BCI 系统分为两类：侵入式和非侵入式。在侵入式 BCI 系统中，微电极阵列被永久植入大脑皮层，脑信号是从单个脑细胞组或多个神经元的活动中记录的。在 2000 年，Nicolelis 成功地在猴子上实现了侵入式 BMI，通过操作操纵杆来重建其手臂运动以获取食物。这种基于开环的 BMI 系统升级未在猴子上测试闭环运动控制。猴子能够通过视觉反馈控制机器人手臂的运动，通过视频屏幕上移动的光标来抓取物体。在人类实验方面，Hochberg 等展示了两名长期四肢瘫痪患者利用神经接口系统控制机械臂执行伸手和抓取动作的能力。参与者在没有明确训练的情况下在空间内控制机械臂及手部运动，使用一组来自 96 通道的微电极阵列记录局部运动皮层神经元解码的信号。侵入式 BCI 系统主要用于恢复特殊感觉，如视觉感知，以及为瘫痪患者恢复运动功能。神经信号的质量相对较高，因为微电极阵列直接植入大脑灰质皮层。侵入式BCI系统的缺点是容易引起免疫反应和瘢痕，这很可能导致神经信号的退化和消失。

与侵入式 BCI 系统记录皮层内神经元活动有所不同，非侵入式 BCI 系统从头皮记录大脑脑电活动。因此，非侵入式 BCI 系统具有易用性、便携性、成本低以及对人体的损伤较小的特点，被广泛应用。目前常用的 EEG 信号采集设备包括奥地利 g.tec 公司生产的一系列产品，如 g.USBamp、g.BSamp 和 g.BCIsys，美国 BlackRock Microsystems 公司生产的 Cerebus，澳大利亚 Compumedics Neuroscan 公司生产的具有 64 通道、128 通道和 256 通道的一系列产品，如 SynAmps 2，美国 Emotiv Systems 公司生产的无线 Emotiv EPOC 及荷兰 ANT Neuro 公司生产的 ANT-Neuro，加拿大 Thought Technology 公司的 FlexComp Infiniti System 等。最常用的脑机接口操作系统是 BCI2000，因为它具有高度灵活和可互换的特点，特别是可以单独或与任何脑信号、信号处理方法、输出设备和操作协议结合使用。

根据大脑活动模式，基于 EEG 的 BCI 系统被分为四种不同类型：事件相关去同步/同步(ERD/ERS)、稳态视觉诱发电位(SSVEP)、事件相关电位(ERP)和慢皮层电位(SCP)。在 BCI 基于认知模型应用于控制机器人方面，脑-机器人交互(brain-robot interface, BRI)变得越来越受欢迎。BRI 系统是一个闭环控制系统，将大脑信号与周围信息反馈结合起来使用。解码大脑活动信号生成控制指令，使机器人执行操作员想要完成的任务。机器人必须向操作员提供周围环境的反馈，帮助做出正确的决策。因此，一个 BRI 系统的理想设置通常包括唤起源(用于 SSVEP 或 ERP)，以生成特定大脑信号，以及信号采集设备、数据分析系统和控制对象，其中信号生成和数据分析最具挑战性。越来越多的研究人员将注意力集中在发现新的唤起机制和测试新的解码算法。

2. 基于 EEG 的脑信号模型

1) SSVEP

SSVEP 是由视觉刺激产生的 EEG 信号。从视网膜光感受器开始，视觉首先传播到视觉区域，然后传播到大脑的其他部分。在呈现视觉刺激后，可以在视觉区域记录到感觉诱发电位(SEP)和视觉诱发电位(VEP)。由短暂刺激引发的 VEP 通常是视觉系统的瞬时响应。瞬态诱发电位是系统对输入的突然变化(跳跃或步进)的响应。

SSVEP 是对外部周期性刺激的持续状态生理反应，在不触发高级视觉信息处理的情况下，产生于初级的视觉皮质。由于 SSVEP 产生在枕叶脑电图电极(包括 Oz、O1 和 O2)，相关区域具有最强的功率，虽然不同人群使用的电极有所不同，但主要包括 Oz、O1、O2、Pz、P3、P4 以及枕叶附近的电极(图 3-22)。SSVEP 唤起的频率范围广泛，从 1Hz 到 90Hz，而稳态电位在 10Hz、20Hz、40Hz 和 80Hz 左右表现出明显的共振现象。最常用的频率范围在 4~60Hz。在 SSVEP 唤起方面，重复的视觉刺激主要利用简单的方形闪烁、棋盘格、光栅和发光二极管。

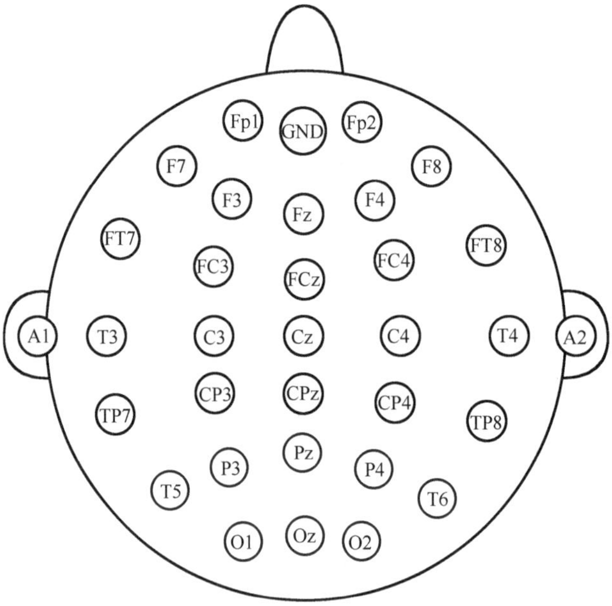

图 3-22　脑电图帽上的电极分布图

基于 SSVEP 的 BCI 允许用户通过眼睛注视来选择目标。用户将注意力集中在目标上，BCI 通过 SSVEP 特征分析识别目标。将 BCI 视为通信通道，基于 SSVEP 的 BCI 可以根据特定的刺激序列调制分为三类：时间调制 VEP(*t*-VEP)BCI、频率调制 VEP(*f*-VEP)BCI 和伪随机码调制 VEP(*c*-VEP)BCI。对不同刺激序列做出反应的 VEP 在某些领域应当是正交或近似正交的，以确保可靠地识别目标。在 *t*-VEP BCI 中，不同目标的闪烁序列在时间上是正交的。也就是说，不同目标的闪烁序列要么严格不重叠，要么是随机的。在 *f*-VEP BCI 中，每个目标以唯一频率闪烁，生成具有与其基频及谐波相同频率的周期性诱发响应序列。在 *c*-VEP BCI 中，使用随机序列，每个目标闪烁的 On 和 Off 状态持续时间由伪随机序列决定。信号调制可以优化信息传输速率，编码调制提供了更高的通信速度。

为了诱发 SSVEP，必须向用户呈现 RVS。RVS 可以通过交替的图案在计算机屏幕上呈现。如图 3-23 所示，交替的图案主要包括单个图形刺激和图案颠倒刺激。单个图形刺激可以是矩形、正方形、箭头或机器人图片，可以在计算机屏幕上呈现，并以指定速率从背景中出现和消失。图案颠倒刺激可以是经由图形图案的振荡交替呈现的棋盘格或光栅。它们由至少两组图案组成，以每秒指定的次数交替。外部光源能以任何频率闪烁，图形图案只能以特定频率闪烁，因为计算机屏幕刷新率的限制。

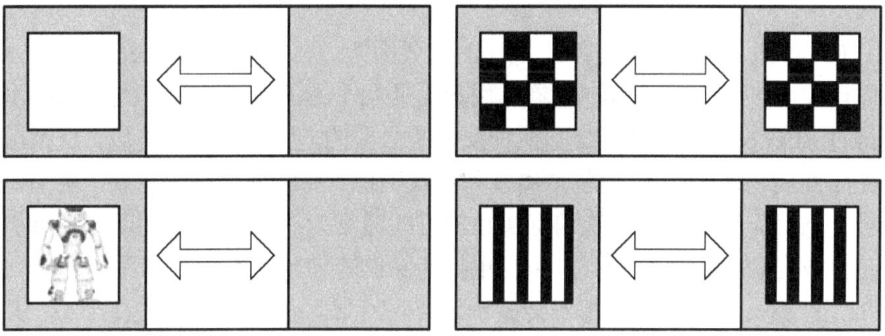

(a) 单个图形刺激　　(b) 图案颠倒刺激

图 3-23　图形图案刺激方式

2）ERP

当特定刺激作用于大脑感觉系统或某种精神因素发生时，会产生 ERP。随后，针对刺激的出现或消失，会引发 ERP。经典 ERP 包括几种正负波，如 N1、P2、N2 和 P3(即 P300)，根据出现的顺序和极性来划分。N1 与注意力相关，P2 与刺激编码相关，N2 与“响应选择”或“相应激活”相关，P3 与“情景更新”或“情景封闭”相关。作为“外源性成分”，P1、N1 和 P2 容易受到物理刺激特性的影响，而作为“内源性成分”，N2 和 P3 不受物理刺激特性的影响。

1965 年，Sutton 等发现在意想不到的事件(视觉、听觉等)出现后约 300ms 内出现正向波动电位。Smith 等根据电位的极性和相对固定的潜伏期，将其命名为“P300 电位”。当一组视觉刺激以随机顺序出现时，P300 电位在中线中央顶波区域的 Pz、Fz 和 Cz 通道中显著诱导，并且潜伏期在 300~800ms 变化。因此，ERP 中最常用的电极主要位于中线中央顶波区域，如 Fz、Cz、Pz、Oz 及其周围区域。P300 成分的幅值相对较高，为 5~20μV，在单一刺激而无叠加的 EEG 中可以找到，因此其在各类应用中具有广泛应用。

3）MI

运动想象(motor imagery, MI)可以看作对运动行为的精神预演，没有任何明显的运动输出。广泛认可的是，对动作的精神想象涉及编程和准备动作所涉及的相关的脑区/功能。Pfurtscheller和Neuper展示了对右手或左手的自主动作想象与计划的独立区别；最显著的EEG变化出现在相应的主要感觉运动皮层上。例如，在想象右手或左手运动时，可以在对侧手区域找到类似的ERD，并且在同侧手区域找到ERS。传统上，人类EEG记录的是频谱功率的瞬态增加和减少，分别称为事件相关同步ERS和去同步(ERD)。这两种现象与事件同步，但不与相位同步。长期研究发现，运动会引起EEG中的特定频率变化，例如，在自主或被动运动期间，可以在μ(8~13Hz)和β(14~30Hz)频带中观察到频谱功率的变化。

在运动的明显执行过程中，最初对侧 ERD 会发展成双侧分布，而在心理模拟过程中，这种 ERD 主要限制在对侧半球。这意味着当被试者想象单侧手部运动时，对侧半球 μ 和中央 β 节律的抑制更为显著，而实际执行此类运动时则相对较弱。这些ERD现象被用作MI中的分类基础。最具代表性的MI-ERD现象是通过想象左手、右手和脚的运动产生的，在主运动皮层(M1)上分布，相应的区域位于C3、C4和Cz的脑电图电极上，这些也是MI中使用最多的电极。

在MI中，产生EEG信号是BCI成功的重要因素。与SSVEP或ERP不同，MI需要更长的训练周期才能产生 ERD/ERS 现象。用户需要几个月的训练才能达到理想的水平，为了让用户获得对EEG反应的自我控制，某种反馈是必要的，至少在最初阶段，反馈可以加快学习过程并提高性能。MI训练过程包括离线和在线训练。离线训练至关重要，用于调整用户的脑电图信号并训练识别算法。单次训练实验的时间通常为9s。在实验期间，计算机屏幕上会显示一个随机方向(左或右)的箭头，用户根据箭头的方向想象左手或右手的运动。在一个实验的最初2s，计算机屏幕上什么都不会显示。当t=2s时，会出现一个注视十字，并伴有短促的嘟嘟声。从t=(3~9)s，用户被要求执行MI任务，同时屏幕上显示带有左或右方向的注视十字。然后，使用几次训练数据来实验生成识别算法的模型。生成训练模型将被存储用于识别在线训练。

3. EEG解码方法

BCI系统成功运行的关键因素之一是处理大脑信号的方法，大致流程包括预处理、特征提取和特征分类。至于各类大脑信号诱发机制，本部分选择上述常用的范式(SSVEP、P300、MI)作为总结大脑信号处理方法的对象。

1) 预处理

BCI中的预处理方法主要包括频域滤波和空间滤波。频域滤波中最常用的方法是带通滤波器和陷波滤波器，可以提取与刺激频率中的特征信号，并消除噪声和伪迹。这些滤波器是根据相关信号的频域特征设计的。通常，带通滤波器的频率范围是根据刺激频率或其谐波而设计的。而陷波滤波器用于消除电力线干扰。空间滤波技术可以通过处理多通道的脑信号数据来扩大脑信号响应的信噪比。与单级或双极系统的信号不同，来自多通道的信号受噪声影响较小。空间滤波技术也可以用于特征提取，方法包括最小能量组合(MEC)、典型相关分析(CCA)、公共平均参考(CAR)、主成分分析(PCA)、独立成分分析(ICA)和自相关(AC)。MEC 用于尽可能消除干扰信号。CCA 是研究两组原始数据之间整体线性相关关系的多元统计方法。对于 CAR 方法，所有电极的平均值从感兴趣的通道中减去，使脑电图记录几乎无参考。PCA 用于将信号分解为大脑活动的响应部分，以降低原始数据的维度。ICA 通常用于从 EEG 数据中分离与运动相关的独立成分。AC 增强弱 EEG 信号，减少噪声，并使其适合分析。

2) 特征提取

特征提取是信号处理的关键，在整个 BCI 系统中具有重要作用。在不同的脑电图范式中使用不同方法。常用的特征提取方法包括傅里叶变换(Fourier transform, FT)、小波变换(wavelet transform, WT)、希尔伯特-黄变换(Hilbert-Huang transform, HHT)、独立成分分析(independent component analysis, ICA)、共空间模式(Common Spatial Pattern, CSP)等。

3) 特征分类

脑电图信号中的非平稳性是普遍存在的，在基于 EEG 的 BCI 中尤为明显。因此，分类器的稳定性是在各种范式中辨别目标的重要因素。总体而言，简单通常是最好的选择，因此建议尽可能使用线性方法。线性分类器通常比非线性分类器更稳健，因为线性分类器具有较少的参数需要调整，因此不太容易过拟合。但在某些应用中，非线性分类器可以提供更好的结果，特别是处理复杂和/或其他非常庞大的数据集时。

多分类器的组合也可以用来解决 BCI 中的特征分类问题。多分类器组合的性能可能胜过单个分类器。在 BCI 应用中有许多分类器组合策略，如 Boosting、Voting 和 Stacking。典型的 BRI 系统有基于 BCI 的轮椅控制、机械臂控制、无人机控制以及人形机器人控制，其中人形机器人的控制是最具挑战的，因为人形机器人拥有复杂的机械运动学和动力学特性。

3.8　语音识别与人机交互技术

对话作为人类交流的一种自然方式，应用于 HRI 中有助于将机器人整合到人类社会中。然而，挑战不仅仅在于需要理解会话如何运作以及如何在任务合作上具有实际知识的语言理解，还在于机器人必须能够解释和生成展示意图的行为，以保持对话连贯或做出终止。最大的挑战就是机器人如何将人类的语言转化为可理解的表达式。

3.8.1　语音识别的基础知识

1. 语音信号的特性

通过语音传递信息是人类最重要、最有效、最常用和最方便的交换信息形式。语言是人类特有的功能。声音是人类常用的工具，是相互传递信息最主要的手段。因此，语音信号是人类思想沟通和感情交流最主要的途径，也成为 HRI 的主要方式之一。语音信号主要有以下特点：①在频域内，语音信号的频谱分量主要集中在 300~3400Hz 内；②在时域内，语音信号具有“短时性”的特点，即总体上，语音信号为非平稳时变信号，但在短时间(10~30ms)内保持平稳。

语音主要分为浊音和清音。浊音：发声时声带振动，短时能量大，短时平均幅值大，短时过零率低。清音：发声时声带不振动，短时能量小，短时平均幅值小，短时过零率高。

2. 语音信号的预处理

预加重与去加重：受口唇辐射的影响，功率谱随频率的增加而减少，语音的能量主要集中在低频部分，高频部分信噪比较低，为了抵消这种不利影响，需要对语音信号进行预加重和去加重处理。

分帧加窗：对语音信号需要分帧加窗处理后进行短时分析，使得每一帧语音信号的长度一般为 10~30ms。在实际处理过程中，为了保证语音的连续性且充分利用帧与帧之间的相关性，使得帧与帧之间平滑过渡，需要使用交叠分段的方法。

3. 特征提取与建模

一般原始语音信号较为复杂，若直接将其作为输入，需要进行预处理。

(1) 短时过零率，即一帧语音信号波形穿过横轴的次数。由于清音过零率较高，浊音过零率较低，故短时过零率是区分清音和浊音的有效参数。短时过零率具体定义如下：

$$Z_n = \frac{1}{2}\sum_{m=0}^{N-2} |\operatorname{sgn}[x_n(m)] - \operatorname{sgn}[x_n(m-1)]| \tag{3-24}$$

式中，$x_n(m)$ 表示短帧信号；N 表示帧长；$\operatorname{sgn}[\cdot]$ 表示符号函数。对一段语音信号分帧加窗后求出其所有帧的短时过零率。

(2) 短时平均幅值，是语音信号能量大小的特征，由于其包络与原始信号包络十分相似，常用于语音识别、语音活动检测(voice activity detection, VDA)判断等领域。短时平均幅度具体定义如下：

$$M_n = \sum_{m=0}^{N-1} |x_n(m)| \tag{3-25}$$

(3) 基音周期，发浊音时，声带振动语音信号在时域上有明显的周期性，声带振动频率称为基音频率，相应的周期称为基音周期，这一参数广泛用在语音识别、说话人确认、语音合成、男女声辨识等领域。目前常用的基音检测方法可以分为两大类：基于事件的检测方法，主要通过对声门闭合时刻进行定位来估计基音周期，主要有小波变换法和希尔伯特变换法；非基于事件的检测方法，主要利用语音的短时平稳性，将语音分为短时语音段，然后对每一段进行求解，主要有自相关函数法、平均幅值差函数法和倒谱法。

(4) 共振峰频率，人说话时声带振动，产生准周期脉冲激励，当激励进入声道时，受声道影响，会引起共振，产生一组共振频率，称为共振峰频率。目前，共振峰的常用检测方法有倒谱法、线性预测法。

(5) 梅尔频率倒谱系数，人耳能听到的声音高低与频率不成正比，人耳对 1000Hz 以下的声音的感知能力与频率大致呈线性关系，对 1000Hz 及以上的声音的感知能力与频率大致呈对数关系。梅尔频率倒谱系数是基于人耳听觉特性提出来的，它与频率呈非线性对应关系。

3.8.2 语音识别技术

语音识别技术也称为自动语音识别(automatic speech recognition, ASR)，其目标是将人类语音中的词汇内容转换为计算机可读的输入，如二进制码或字符序列，从而可用 HRI。ASR

系统构建过程整体上包括两大部分：训练和识别。训练是指预先收集语音进行信号处理和知识挖掘，获取语音识别系统所需要的“声学模型”和“语言模型”；识别是对用户实时语音进行自动识别。识别过程通常又可分为“前端”和“后端”两大模块：“前端”的主要作用是进行端点检测(去除多余的静音和非说话声)、降噪、特征提取等；“后端”的主要作用是利用训练好的“声学模型”和“语言模型”对用户语音的特征向量进行统计模式识别，得到其包含的文字信息。此外，“后端”模块还存在一个“自适应”的反馈模块，可以用于对用户的语音进行自学习，从而对“声学模型”和“语言模型”进行必要的校正，进一步提高识别的准确率。

1. 传统语音识别技术

语音识别过程大致分为两步：

(1) 对语音信号提取特定的声学特征，然后对声学特征进行“学习”，或者说是“训练”，即建立识别基本单元的声学模型和进行语言文法分析的语言模型；

(2) 根据识别系统的类型选择能够满足要求的识别方法，采用语音分析方法分析出这种识别方法所要求的语音特征参数，按照一定的准则和测度与系统模型进行比较，通过判决得出识别结果。

设一段语音信号进经过特征提取得到的特征向量序列为 $\boldsymbol{X}=\{\boldsymbol{x}_1,\boldsymbol{x}_2,\cdots,\boldsymbol{x}_N\}$，其中 $\boldsymbol{x}_i$ 是一帧的特征向量，$i=1,2,\cdots,N$，N 为特征向量的数目。该段语音对应的文本序列设为 $\boldsymbol{W}=\{w_1,w_2,\cdots,w_M\}$，其中 w_i 为基本组成单元，如音素、单词、字符，$i=1,2,\cdots,M$，M 为文本序列的维度。从贝叶斯角度，语音识别的目标是从所有可能产生特征向量序列 $\boldsymbol{X}$ 的文本序列中找到概率最大的 $\boldsymbol{W}^*$，可以表示为式(3-26)的优化问题：

$$\boldsymbol{W}^*=\arg\max_{\boldsymbol{W}} P(\boldsymbol{W}\mid\boldsymbol{X})=\arg\max_{\boldsymbol{W}}\frac{(P(\boldsymbol{X}\mid\boldsymbol{W})P(\boldsymbol{W}))}{P(\boldsymbol{X})}=\arg\max_{\boldsymbol{W}}\ P(\boldsymbol{X}\mid\boldsymbol{W})P(\boldsymbol{W}) \tag{3-26}$$

由式(3-26)可知，要找到最可能的文本序列，必须使两个概率 $P(\boldsymbol{X}\mid\boldsymbol{W})$ 和 $P(\boldsymbol{W})$ 的乘积最大。其中，$P(\boldsymbol{X}\mid\boldsymbol{W})$ 为条件概率，由声学模型决定；$P(\boldsymbol{W})$ 为先验概率，由语言模型决定。声学模型和语言模型对语音信号的表示越精准，得到的语音系统效果越准确。

2. 基于深度学习的语音识别技术

传统的语音识别由多个模块组成，彼此独立训练，但各个子模块的训练目标不一致，容易产生误差累积，使得子模块的最优解并不一定是全局最优解。针对这个问题，学者提出基于深度学习的端到端语音识别模型，直接对式(3-26)中的概率 $P(\boldsymbol{W}|\boldsymbol{X})$ 进行建模，将输入的语音波形(或特征向量序列)直接转换成单词、字符序列。端到端的语音识别将声学模型、语言模型、发音词典等模块容纳至一个系统，通过训练直接优化最终目标，如词错误率、字错误率，极大地简化了整个建模过程。目前端到端的语音识别主要有基于连接时序分类和基于注意力机制两类方法及其改进方法。

3. 语音识别技术的评价指标

目前，ASR 技术已广泛应用于智能家居、智能客服、虚拟助手等多个场景，当然也可应用于 HRI 中，那么如何评价 ASR 的性能？尤其是识别准确性。

1) 字正确率

字正确率又称识别正确率，是评价 ASR 识别准确性的一个重要指标。它表示 ASR 系统识别出的文本中，正确识别出的字数占总字数的比例。然而，在中文环境中，更常用字错误率来评价，因为中文的最小单位是汉字而非英文的字母。

2) 词错误率

词错误率(word error rate, WER)是评价 ASR 的另一个重要指标，它考虑了三种类型的错误：删除错误、插入错误和替换错误。删除错误，ASR 系统未能识别出参考文本中的某些字；插入错误，ASR 系统在识别结果中插入参考文本中不存在的字；替换错误，ASR 系统将参考文本中的某些字错误地识别为另一个字。词错误率的计算公式为

$$\mathrm{WER}=\frac{n_{\mathrm{d}}+n_{\mathrm{i}}+n_{\mathrm{s}}}{N} \tag{3-27}$$

其中，N 表示参考文本(即正确文本)的总字数；n_{d} 表示参考文本中未能识别的文字数量；n_{i} 表示插入参考文本中不存在的文字数量；n_{s} 表示参考文本中误识别的文字数量。WER 越低，表示 ASR 系统的识别准确性越高。

3.8.3　自然语言处理技术

自然语言处理(natural language processing, NLP)是人工智能和语言学领域的一个分支，它涉及计算机和人类(自然)语言之间的相互作用。它的主要目标是让计算机能够理解、解释和生成人类语言的数据。在过去的十年里，NLP 领域经历了大语言模型(large language model, LLM)的出现，使得该领域的进展和创新出现了激增。大语言模型凭借海量数据和复杂的神经网络架构展示了其在理解、生成和操纵人类语言方面的空前能力。从著名的 GPT 到其后继者，这些 LLM 在文本生成、翻译、情感分析和问答等各种任务中展示了它们的能力。随着研究者和开发人员不断拓展可实现的范围，LLM 对各行各业和日常生活的影响变得越来越重要。

1. 自然语言处理的相关概念

NLP 相关的概念包括：

(1) 语言(language)：人类用于沟通的一种结构化系统，可以包括声音、书写符号或手势。

(2) 自然语言(natural language)：自然进化中通过使用和重复，无须有意计划或预谋形成的语言。

(3) 计算语言学(computational linguistics)：语言学和计算机科学之间的跨学科领域。它包括计算机辅助语言学和自然语言处理。前者是利用计算机研究语言的学科，主要为语言学家所实践；后者的研究范围广泛，包括但不限于语言理解(让计算机理解输入的语言)、语言生成(让计算机生成人类可以理解的语言)、机器翻译(将一种语言翻译成另一种语言)、情感分析(分析文本中的情绪倾向)、语音识别和语音合成等。

2. 自然语言处理的技术路线

下面是一个典型的 NLP 技术路线，它展示了文本数据如何经过多个处理阶段来达到深入

理解语句的目的。

(1)句子拆分：将文本分割成单个句子。

(2)分词：按照一定的规范，将连续的字序列重新组合成词序列的过程。

(3)词性标注：确定句子中每个词的词性，如形容词、动词、名词等。

(4)句法分析：主要任务是自动识别句子中包含的句法单位以及这些句法单位相互之间的关系，即句子的结构。通常的做法是：给定一个句子作为输入，利用语言的语法特征作为主要知识源构建一棵短语结构树。

(5)语义理解：NLP 的核心技术之一，它包括对文本的语境、含义、意图和表达方式的理解，通过分析单词和句子的含义，理解文本的主题、情感、意图等信息，实现文本的分类、信息抽取、问答等功能。

(6)情感分析：对带有情感色彩的主观性文本进行分析、处理、归纳和推理的过程，例如，从评价论文中分析用户对“手机”的价格、大小、重量、易用性等属性的情感倾向。

NLP 之所以难，是因为自然语言的复杂性和多样性，例如：①形式与意义的复杂关系，一种形式多种意义(如歧义性或多义性)或多种形式一种意义(如异质性或同义性)；②自然语言中的词汇和表达不总是按照组合的原则工作，比如，“hot dog”并不等于“hot”和“dog”的字面意义相加；③意义的分散性，意义不仅体现在单个词素中，还体现在词汇结构、词序以及语篇上下文中；④语言的多样性，世界上有超过 7000 种语言(不包括方言)，每种语言都有其独特的特点和挑战；⑤专业领域的特定语言，每个知识领域都有其专门的术语和语法，这增加了理解和处理这些领域文本的难度；⑥语体等的多样性，不同的语体(如正式文本、口语、网络语言等)具有不同的表达方式和规则，增加了 NLP 的复杂性。

3. 大语言模型

大语言模型(LLM)指使用大量文本数据训练的深度学习模型，可以生成自然语言文本或理解语言文本的含义。LLM 由于其出色的推理能力和学习能力，具备应对 NLP 挑战的潜力。而 HRI 领域研究的关键在于理解机器人和人类之间的互动性质及社会行为，旨在赋予机器人估计人类意图的能力，以更有效地满足用户任务需求。具备常识的 LLM 可以将模糊的人类语言解释为具体回应，并能处理多模态输入以生成所需输出。LLM 和机器人系统的融合引入了一种变革性的人机交互范式，为机器人提供了出色的自然语言理解和任务执行能力。

机器人如何根据人类的自然语言指令生成高水平任务和低水平运动计划，一直面临着一个难题：人类提供的指令通常含糊不清、不完整，缺乏详细的细节。当下达一个指令时，如“准备早餐”，人类会本能地制定一系列计划，比如，先清理桌子，然后摆放菜肴。然而，对于机器人来说，它需要能够进行常识推理，以将自然语言指令化为动作计划。智能机器人利用具有强大推理能力的 LLM，能够根据自然语言指令生成高水平任务和低水平运动计划。LLM 正在快速进化，例如，ChatGPT 系列已经表明其能够解决 LLM 的主要问题，将社交机器人的应用范围扩大到更广泛的领域。LLM 在人机交互中展示了其在推理和生成方面前所未有的能力。然而，LLM 仍然存在许多艰巨的挑战，如安全和伦理、上下文理解、可伸缩性和可泛化性，必须解决以确保人机交互安全、有效和符合道德。尽管 LLM 与机器人技术的融合为 HRI 领域带来了新纪元，但也需要进行严格的审查、研究和跨学科合作，确保其发展轨迹仍然牢牢根植于以道德、安全和用户为中心的原则之中。随着基于 LLM 的人机交互技术边界的拓展，学术界和工业界应该以负有责任的方式利用其潜力，为未来机器人无缝融入人类社会铺平道路。

大模型时代智能机器人的重要特征包括：丰富的能力和功能模块；快速地模拟和试错，从而进行推理和决策；能够通过通信和记忆实现智能体之间的信息共享；能变换成不同特征的角色，突出和强化某些特征，模拟更多可能的场景更多智能体之间的协作，突破能力边界；经过协作和组合创新出更多的功能；通过与用户或其他智能机器人的交互，快速地理解需求，评估结果并进行优化，提升输出质量。这些特征使大模型驱动的智能机器人共融交互具备以下四方面价值：一是提升系统效率；二是增强用户体验，提供类人的情感价值；三是实现更高级别的自主化和智能化，减轻人类的思维和体力负担；四是创造全新的体验，扩展人类能力，甚至实现“超能力替身”，完成以往不可能完成的任务。基于这些特征和价值，大模型驱动的智能机器人共融交互将成为大模型时代人机交互的新范式。人机交互范式将不再局限于传统的输入、输出方式，而是通过语音、姿势、表情甚至思维等更加智能和自适应的方式，实现个性化和情境化的交互，使得机器人具备类人、超人的认知和行动能力，为人机协作创造新的可能性，从而使得机器人能够更好地适应人类的需求和习惯。新型交互不仅能提升用户和系统的效率、交互的自然性，还可以向用户提供情绪价值。大模型驱动的人机交互范式创新正在引领一场技术革命，将深刻影响人们的工作、生活乃至思维方式。

微课

本章小结

本章回顾了人与机器人共融交互的概念，阐述了人与机器人共融交互的框架，对人机物理交互进行了介绍，列举了人机交互过程中常用的人机交互设备。然后，针对不同人机交互方法和原理分别进行阐述，包括虚拟现实/增强现实/混合现实交互技术、机器视觉与人机交互技术、生物信号识别与人机交互技术、语音识别与人机交互技术。纵观整个人机交互发展的历程，人工智能技术将在提升人机交互性能方面起到重大作用，也是未来发展的重要方向。

课后习题

1. “人与机器人共融交互”与“人与计算机交互”的区别与联系是什么？
2. 人机交互的 Norman 模型是如何定义的？
3. 如何评价人机交互？
4. 人机交互设备有哪些？主要利用哪些信息？
5. 机器视觉在人机交互中的挑战是什么？
6. 生物信号识别在人机交互中的挑战是什么？
7. 语音识别在人机交互中的挑战是什么？
8. 大语言模型对于人机交互技术的发展有什么作用？

第 4 章　机器人与环境共融交互技术

随着智能机器人逐渐走向多场景、多任务应用，其与环境的有效共融成为机器人技术发展的关键之一。机器人与环境共融交互技术是指机器人能够与其周围环境以及人类用户进行有效、自然的互动，且能够适应和融入不同的环境中。这一技术涉及多个领域，本章基于前面的基础内容，针对移动机器人动态环境建模与路径规划、机器人与环境交互动力学及控制、多机器人协作和环境感知等实际问题，从传感器应用以及机器人运动学、动力学和交互控制角度出发，系统地介绍了当前先进的机器人技术与理论，旨在为读者提供一套全面、系统的机器人与环境交互技术框架。

4.1　动态环境建模与路径规划技术

动态环境建模与路径规划技术是指在机器人导航和路径规划过程中，对环境中动态变化的目标、障碍物和其他移动物体进行建模和预测，并根据这些模型制定适应性的路径规划策略。其在智能移动机器人、自动驾驶车辆、无人机等领域具有重要的应用价值。动态环境建模与路径规划技术是实现智能移动机器人和自主导航系统的关键技术之一。通过有效地建模和预测环境中的动态变化，并制定适应性的路径规划策略，可以使机器人能够在复杂的环境中安全、高效地行动，并实现各种任务目标。

4.1.1　环境地图表示方法

环境地图表示方法是指在机器人导航和环境感知过程中，对环境进行建模和表示的不同方式。环境地图表示方法可以影响机器人的定位、导航和决策能力，因此在机器人技术中具有重要意义。以下是几种常见的环境地图表示方法：栅格地图(grid map)、特征地图(feature map)、拓扑地图(topological map)、语义地图(semantic map)。地图能够提供更高层次的环境描述，对于机器人的理解和决策能力有重要意义。

1. 栅格地图

栅格地图在机器人导航中扮演着至关重要的角色，用于帮助机器人理解周围环境并规划安全有效的路径。栅格地图由一个个将环境信息切分的栅格组成，每个栅格都被赋予一个可能值，代表其被占据的概率，如图 4-1 所示。栅格地图的创建不受环境地形的影响，感知数据易于保存和维护，可以通过提高地图分辨率提高信息的精度，更适用于超声波传感器和激光雷达。其缺点是保存数据过多会导致信息更新难度变大，目标识别效果变差。下面是栅格地图在机器人导航中的一般应用流程。

(1) 环境感知：机器人使用各种传感器(如激光雷达、摄像头、超声波传感器等)来感知周围环境。传感器数据包括障碍物位置、地形高度、自由空间等信息。

(2) 地图构建：机器人将传感器数据与栅格地图进行融合，以构建环境地图。栅格地图将环境离散化为一个个单元格，并在每个单元格中记录环境状态信息。例如，单元格可能表示障碍物、自由空间或未知区域等。

(3) 路径规划：基于构建的栅格地图，机器人使用路径规划算法确定到达目标位置的最优路径。路径规划考虑到地图中的障碍物、地形特征以及机器人的运动能力等因素，以确保路径安全且最优。

(4) 局部路径跟踪：一旦确定了全局路径，机器人就需要实时跟踪路径并避开动态障碍物。局部路径跟踪算法使机器人能够根据周围环境实时调整行进路径规划，以避免碰撞并实现精确导航。

(5) 导航执行：机器人根据路径规划和局部路径跟踪结果执行导航任务。它通过控制轮速或舵角等动作来沿着规划好的路径移动，直至到达目标位置。

在机器人导航中，栅格地图的优势在于它提供了一种简单而有效的环境地图表示方法，易于理解和处理。栅格地图可以与各种导航算法结合使用，如 A*算法、D*算法、RRT (rapidly-exploring random tree) 算法等，以实现安全高效的导航。同时，栅格地图还能够适应不同环境和场景的变化，为机器人在复杂环境中的导航提供了可靠的支持。

2. 特征地图

在 SLAM (simultaneous localization and mapping) 中，特征地图用于描述机器人或车辆所感知到的环境特征。图 4-2 所示为一种线特征地图。与传统的栅格地图不同，特征地图不直接表示环境的每个单元格的状态，而是提取环境中的特征点，并使用它们来构建地图。以下是特征地图在 SLAM 中的一般特征和作用。

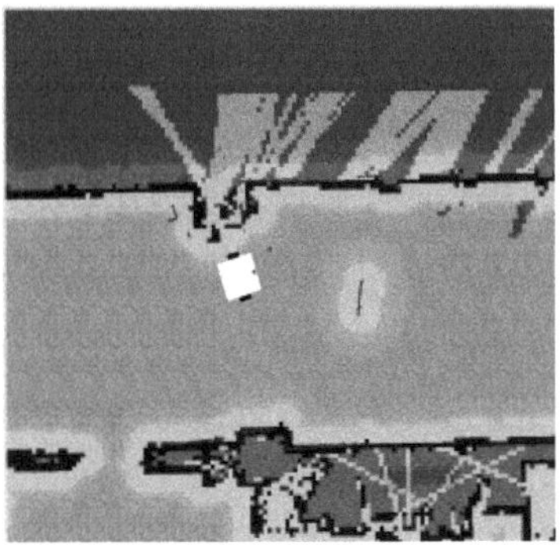

图 4-1　栅格地图

图 4-2　线特征地图

(1) 特征提取：特征地图通过对传感器数据进行特征提取，识别和提取出环境中的显著特征点。这些特征点通常具有稳定的特性，如边缘、角点、线条等，能够在不同的观测中保持一致性。

(2) 特征描述：对于识别出的特征点，特征地图会计算其特征描述子，这些描述子是对特征点周围环境的描述，通常是一组数值或向量，能够描述特征点的外观和特性。

(3) 地图构建：通过对传感器数据提取特征并构建特征地图，机器人或车辆可以将环境特征映射到地图中，从而构建环境地图。这些地图通常表示为一系列特征点及其描述子的集合，而不是直接表示每个单元格的状态。

(4) 定位与匹配：在 SLAM 过程中，特征地图用于机器人或车辆的定位和地图更新。机器人通过观测周围环境中的特征点，并将其与地图中已知的特征点进行匹配，来确定自身的位置和姿态，并更新地图信息。

(5) 环境建模：特征地图能够有效地描述环境中的结构和特性，如建筑物的边缘、房间的角点等。这使得特征地图在环境建模和导航规划中具有重要的作用，能够为机器人提供丰富的环境信息。

(6) 数据压缩：相较于栅格地图，特征地图通常具有更高的数据压缩率。通过仅存储特征点及其描述子，而不是整个环境的每个单元格的状态，特征地图能够显著减少地图数据的存储和传输成本。

总的来说，特征地图在 SLAM 中是一种重要的环境地图表示方法，具有高效、灵活和信息丰富的特点。其缺点是进行数据关联的难度较高，同时难以保证关联的准确性，在广域环境内难以保持高精度的坐标信息。但是它能够有效地描述环境特征，为机器人或车辆的定位、环境建模和导航提供了可靠的支持。

3. 拓扑地图

在 SLAM 中，拓扑地图用于描述环境中的结构和连接关系。与传统的栅格地图和特征地图不同，拓扑地图强调的是环境中不同位置之间的连接和关系，而不是具体的空间布局或特征描述，如图 4-3 所示。以下是拓扑地图在 SLAM 中的一般特征和作用。

(1) 地点表示：拓扑地图将环境中的不同位置抽象为地点，每个地点通常具有唯一的标识符，用于识别和定位。

(2) 连接关系：拓扑地图描述了不同地点之间的连接关系，即它们之间的可达性和路径。这些连接关系通常表示为图的边，反映了环境中的路径或通道。

(3) 地点语义信息：拓扑地图可能包含与地点相关的语义信息，如地点的名称、类别、功能等。这些信息能够提供更丰富的地图描述，帮助机器人理解环境的含义和用途。

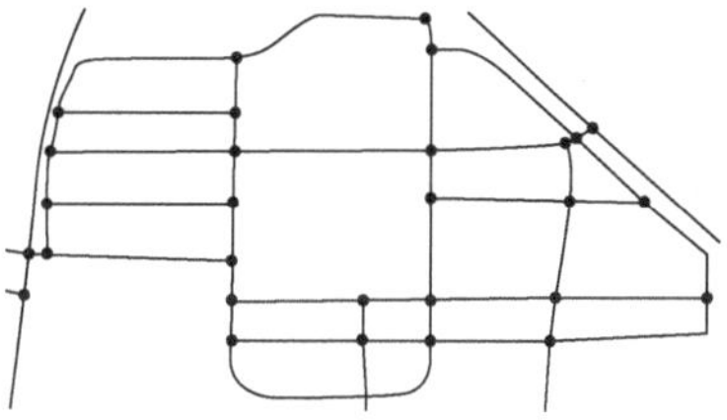

图 4-3　拓扑地图

(4) 导航规划：通过拓扑地图，机器人可以实现基于连接关系的导航规划。它可以根据地点之间的连接关系，规划安全有效的路径，并避开障碍物或不可通行区域。

(5) 高层语义表示：拓扑地图强调环境中的高层结构和语义信息，而不是具体的几何或特征描述。这使得拓扑地图在描述大规模环境、复杂建筑或城市等场景时具有优势。

(6) 动态环境建模：拓扑地图能够适应动态环境的变化，并实时更新地点之间的连接关系。这使得拓扑地图在长时间运行的 SLAM 系统中具有较好的稳健性和鲁棒性。

总的来说，拓扑地图在 SLAM 中是一种重要的环境地图表示方法，强调环境中的结构和连接关系，而不是具体的几何或特征描述。它具有高层次的语义信息和导航规划能力，适用于描述复杂的环境场景，并为机器人的定位、导航和决策提供了重要的支持。

4. 语义地图

在 SLAM 中，语义地图将传统的地图数据与语义信息相结合，从而提供更加丰富和高级别的环境描述。与传统的栅格地图或特征地图不同，语义地图强调的是环境中不同区域的语义含义和功能，如建筑物、房间、道路、交通标志等。以下是语义地图在 SLAM 中的一般特征和作用。

(1) 语义标注：语义地图将地图中的不同区域或地点进行语义标注，为每个区域或地点赋予语义信息，如房间的用途、道路的类型、建筑物的类别等。

(2) 语义分割：在构建语义地图的过程中，通常需要进行语义分割，即将传感器数据分割为不同的语义区域。这可以通过计算机视觉技术或深度学习方法来实现，从而识别出不同的语义类别。

(3) 语义关系建模：语义地图不仅描述了地点之间的空间关系，还描述了它们之间的语义关系。这包括地点之间的语义连接、相对位置关系以及语义上的约束条件等。

(4) 高级导航规划：通过语义地图，机器人可以实现更高级别的导航规划。例如，机器人可以根据地点的语义信息来规划路径，优先选择符合任务需求或用户偏好的语义区域。

(5) 环境理解和交互：语义地图使机器人能够更好地理解和交互环境。例如，在智能家居中，语义地图可以帮助机器人识别不同房间的用途，并执行相应的任务，如清扫、递送物品等。

(6) 智能决策支持：基于语义地图的丰富信息，机器人可以实现更智能的决策支持。例如，在城市环境中，语义地图可以帮助自动驾驶汽车识别交通标志、行人等，并做出安全的驾驶决策。

总的来说，语义地图在 SLAM 中也是一种重要的环境地图表示方法，结合了传统地图数据和丰富的语义信息，为机器人的理解、导航和决策提供了更高级别的支持。语义地图的应用范围涵盖了智能家居、智能交通、智能制造等多个领域，为实现智能化的人机交互和环境感知提供了重要手段。

4.1.2　机器人定位方法

机器人定位是指确定机器人在环境中的位置和姿态。机器人定位是智能机器人导航、路径规划和任务执行的基础，不同的机器人定位方法适用于不同的场景和应用需求，在实际应用中通常根据环境特点、机器人平台、传感器类型等因素进行选择和组合，以实现准确、实时的机器人定位。

1. EKF-SLAM 算法

在 SLAM 中，EKF (extended Kalman filter) 是一种常用的方法，用于同时定位机器人或传感器，以及在构建环境地图的过程中进行状态估计。

机器人位置的更新可以分为预测更新和测量更新两个阶段。第一阶段预测更新将高斯误差模型直接应用于机器人的里程计。第二阶段测量更新由如下的几个步骤组成：

(1) 在观测步骤中，机器人收集实际的激光雷达传感器数据并提取适当的特征，在本节中为线特征；

(2) 机器人根据其在地图中的预测位置生成一个预测的测量，该预测包含机器人期望从其认为其所在的位置(即预测步骤中估计的位置)观察到的特征；

(3) 在匹配步骤中，机器人对观测过程中通过雷达原始数据提取的特征和根据预测位置得到的预测期望特征进行最佳匹配。

(4) 扩展卡尔曼滤波器融合已经匹配的特征的所有信息，更新预测步骤中机器人的概率位置，得到最终的估计位置。

为降低模型复杂度，做出如下假设：机器人平台可以视作一个刚体，外界对机器人产生的干扰噪声符合高斯分布。传感器观测模型描述的是机器人系统所处位姿状态与传感器测量数据之间的相互关系，应用里程计和激光雷达传感器对外界环境进行感知。

一般来说，机器人在某一时刻 t 在世界坐标系 $\{\mathrm{W}\}$ 的位置可以由向量表示为

$$\boldsymbol{x}_t = \begin{bmatrix} x_t \\ y_t \\ \theta_t \end{bmatrix} \tag{4-1}$$

对于差速驱动的移动机器人来说，它的位置可以由已知的初始的位置 $\boldsymbol{x}_{t-1}$ 再加上这段时间内运动的距离估计出来。如果采样时间间隔为 Δt，那么对应的这段时间的位置增量 $(\Delta x;\Delta y;\Delta\theta)$ 可以表示为

$$\Delta x = \Delta s \cos(\theta_{t-1} + \Delta\theta / 2) \tag{4-2}$$

$$\Delta y = \Delta s \sin(\theta_{t-1} + \Delta\theta / 2) \tag{4-3}$$

$$\Delta\theta = \frac{\Delta s_{\mathrm{r}} - \Delta s_{\mathrm{l}}}{b} \tag{4-4}$$

$$\Delta s = \frac{\Delta s_{\mathrm{r}} + \Delta s_{\mathrm{l}}}{2} \tag{4-5}$$

其中，Δs_{r}、Δs_{l} 为机器人在 Δt 时间内右轮和左轮各自运动的距离；b 为机器人左右两轮之间的距离。

那么可以得到经过 Δt 后，时刻 t 机器人的预测位置：

$$\hat{\boldsymbol{x}}_t = \begin{bmatrix} x_t \\ y_t \\ \theta_t \end{bmatrix} = \boldsymbol{x}_{t-1} + \begin{bmatrix} \Delta x \\ \Delta y \\ \Delta\theta \end{bmatrix} = \begin{bmatrix} x_{t-1} \\ y_{t-1} \\ \theta_{t-1} \end{bmatrix} + \begin{bmatrix} \Delta s \cos(\theta_{t-1} + \Delta\theta / 2) \\ \Delta s \sin(\theta_{t-1} + \Delta\theta / 2) \\ \Delta\theta \end{bmatrix} \tag{4-6}$$

将 Δs 和 $\Delta\theta$ 代入，就可以得到差速驱动机器人根据里程计的位置预测(先验估计)公式：

$$\hat{\boldsymbol{x}}_t = f(x_{t-1}, y_{t-1}, \theta_{t-1}, \Delta s_{\mathrm{r}}, \Delta s_{\mathrm{l}}) = \begin{bmatrix} x_{t-1} \\ y_{t-1} \\ \theta_{t-1} \end{bmatrix} + \begin{bmatrix} \dfrac{\Delta s_{\mathrm{r}} + \Delta s_{\mathrm{l}}}{2} \cos\left(\theta_{t-1} + \dfrac{\Delta s_{\mathrm{r}} - \Delta s_{\mathrm{l}}}{2b}\right) \\ \dfrac{\Delta s_{\mathrm{r}} + \Delta s_{\mathrm{l}}}{2} \sin\left(\theta_{t-1} + \dfrac{\Delta s_{\mathrm{r}} - \Delta s_{\mathrm{l}}}{2b}\right) \\ \dfrac{\Delta s_{\mathrm{r}} - \Delta s_{\mathrm{l}}}{b} \end{bmatrix} \tag{4-7}$$

如果用列向量 $\boldsymbol{u}_t = (\Delta r_{\mathrm{s}};\Delta r_{\mathrm{l}})$ 来表示机器人在 Δt 时间内右轮和左轮各自运动的距离，则时刻 t 机器人的位置可以表示为

$$\hat{\boldsymbol{x}}_t = f(\boldsymbol{x}_{t-1}, \boldsymbol{u}_t) \tag{4-8}$$

由于公式本身的不精确性以及里程计本身即Δs_{r}、Δs_{l}具有误差，因此这个位置预测更新只能提供一个非常粗略的机器人位置估计。这种情况下，由于机器人位置的误差和里程计Δs_{r}、Δs_{l}的误差的融合，随着时间的增长，得到的机器人位置的误差也会变大。

假设机器人的位置不确定度和里程计的不确定度都符合高斯正态分布。机器人由累加得到的估计位置$\hat{\boldsymbol{x}}_t$的3×3协方差矩阵用$\hat{\boldsymbol{P}}_t$表示，假设上一时刻的位置协方差矩阵$\boldsymbol{P}_{t-1}$是已知的；对于里程计的协方差矩阵，用$\boldsymbol{Q}_t$表示，里程计的误差源于由于轮子变形、打滑，地面不平整，里程计本身的误差等而引起的不准确的运动增量，据此作如下两个假设：

(1) 左右两个驱动轮的误差是相互独立的；

(2) 两个轮子各自的方差与它们运动的距离Δs_{r}、Δs_{l}的绝对值成正比，即距离越大，误差越大。

则里程计的协方差矩阵$\boldsymbol{Q}_t$可以写成

$$\boldsymbol{Q}_t = \begin{bmatrix} k_{\mathrm{r}}|\Delta s_{\mathrm{r}}| & 0 \\ 0 & k_{\mathrm{l}}|\Delta s_{\mathrm{l}}| \end{bmatrix} \tag{4-9}$$

其中，k_{r}和k_{l}是对应的比例系数。

假定机器人的位置$\boldsymbol{x}_{t-1}$和采样时间内的左右轮运动距离$\boldsymbol{u}_t = (\Delta r_{\mathrm{s}};\Delta r_{\mathrm{l}})$之间不相关，利用误差传播理论，根据上一时刻机器人的位置协方差矩阵$\boldsymbol{P}_{t-1}$和里程计的协方差矩阵$\boldsymbol{Q}_t$，可以得到时刻t机器人的位置$\hat{\boldsymbol{x}}_t$的协方差矩阵$\hat{\boldsymbol{P}}_t$：

$$\hat{\boldsymbol{P}}_t = \boldsymbol{F}_x \cdot \boldsymbol{P}_{t-1} \cdot \boldsymbol{F}_x^{\mathrm{T}} + \boldsymbol{F}_u \cdot \boldsymbol{Q}_t \cdot \boldsymbol{F}_u^{\mathrm{T}} \tag{4-10}$$

其中，$\boldsymbol{F}_x = \nabla_x f$和$\boldsymbol{F}_u = \nabla_u f$为机器人位置预测等式分别关于上一时刻位置、控制输入的雅可比矩阵。

至此，完成了预测步骤的机器人位置向量$\hat{\boldsymbol{x}}_t$和3×3协方差矩阵$\hat{\boldsymbol{P}}_t$的计算(更新)。

仅依赖机器人内部传感器即里程计是不够的，需要引入外部传感器即激光雷达，机器人可以通过激光雷达获取信息，并经过提取处理为环境中的线特征，将机器人在时刻t通过激光雷达从环境中获得的信息记为$\boldsymbol{z}_t$，假设$\boldsymbol{z}_t$总共包含n个线特征，则将第i个线特征记为$\boldsymbol{z}_t^i$（$i = 0,\cdots,n$），每个线特征$\boldsymbol{z}_t^i$都包含两个参数，即

$$\boldsymbol{z}_t^i = \begin{bmatrix} \alpha_t^i \\ r_t^i \end{bmatrix} \tag{4-11}$$

其中，r_t^i为线特征到机器人坐标系原点之间的距离；α_t^i为机器人坐标系x轴与r_t^i之间的夹角(以机器人坐标系x轴正方向为起始点，沿逆时针方向为正，范围为$(-\pi,\pi]$)。

显然，线特征的参数建立在机器人坐标系{R}中。与里程计类似，激光雷达获得的数据也有误差，因此这里机器人得到的线特征也是有误差的，将机器人在时刻t得到的第i个线特征$\boldsymbol{z}_t^i$的2×2协方差矩阵记为$\boldsymbol{R}_t^i$，则

$$\boldsymbol{R}_t^i = \begin{bmatrix} \sigma_{\alpha\alpha} & \sigma_{\alpha r} \\ \sigma_{r\alpha} & \sigma_{rr} \end{bmatrix}_t^i \tag{4-12}$$

所有线特征的地图记为$\boldsymbol{M}$是已知的，即环境中的线特征$\boldsymbol{m}^j$的数目m以及参数是已知

的，而且是建立在世界坐标系{W}中的，同样以线特征到坐标系原点的距离 ${}^{\{W\}}r^j$ 和坐标系 x 轴正方向与 ${}^{\{W\}}r^j$ 之间的夹角 ${}^{\{W\}}\alpha^j$ 两个参数表示，记为

$$\boldsymbol{m}^j = \begin{bmatrix} {}^{\{W\}}\alpha^j \\ {}^{\{W\}}r^j \end{bmatrix} \tag{4-13}$$

根据里程计信息和初始位置预测出在时刻 t 机器人的位置 $\hat{\boldsymbol{x}}_t$，那么在地图已知的情况下，应该可以根据机器人在同一个世界坐标系{W}下的位置 $\hat{\boldsymbol{x}}_t$ 计算出此时环境中的特征与机器人之间的相对位置，即在位置 $\hat{\boldsymbol{x}}_t$ 机器人在 $\boldsymbol{M}$ 中应该观察到的特征，也就是观测预测，记为 $\boldsymbol{z}_t^j$，那么与上一条相同，$\boldsymbol{z}_t^j$ 建立在机器人坐标系{R}中，且

$$\boldsymbol{z}_t^j = \begin{bmatrix} \alpha_t^j \\ r_t^j \end{bmatrix} \tag{4-14}$$

对于同一个特征，机器人坐标系{R}和世界坐标系{W}之间的转化关系如下：

$$\hat{\boldsymbol{z}}_t^j = \begin{bmatrix} \hat{\alpha}_t^j \\ \hat{r}_t^j \end{bmatrix} = \begin{bmatrix} {}^{\{W\}}\alpha_t^j - \hat{\theta}_t \\ {}^{\{W\}}r_t^j - (\hat{x}_t\cos({}^{\{W\}}\alpha_t^j) + \hat{y}_t\sin({}^{\{W\}}\alpha_t^j)) \end{bmatrix} \tag{4-15}$$

将这个转换函数用 h^j 表示，则

$$\hat{\boldsymbol{z}}_t^j = h^j(\hat{\boldsymbol{x}}_t, \boldsymbol{m}^j) \tag{4-16}$$

即根据时刻 t 机器人的位置 $\hat{\boldsymbol{x}}_t$ 和地图中第 j 个线特征的坐标，可以计算出这个线特征在时刻 t 在机器人坐标系中的坐标。

假设地图足够精确，即 $\boldsymbol{m}^j$ 的不确定度为零，但是由于在时刻 t 机器人的位置 $\hat{\boldsymbol{x}}_t$ 本身具有不确定度，所以此时得到的 $\hat{\boldsymbol{z}}_t^j$ 也具有不确定度，计算它的 2×3 雅可比矩阵 $\boldsymbol{H}^j$：

$$\boldsymbol{H}^j = \begin{bmatrix} \dfrac{\partial\hat{\alpha}_t^j}{\partial\hat{x}_t} & \dfrac{\partial\hat{\alpha}_t^j}{\partial\hat{y}_t} & \dfrac{\partial\hat{\alpha}_t^j}{\partial\hat{\theta}_t} \\ \dfrac{\partial\hat{r}_t^j}{\partial\hat{x}_t} & \dfrac{\partial\hat{r}_t^j}{\partial\hat{y}_t} & \dfrac{\partial\hat{r}_t^j}{\partial\hat{\theta}_t} \end{bmatrix} = \begin{bmatrix} 0 & 0 & -1 \\ -\cos({}^{\{W\}}\alpha_t^j) & -\sin({}^{\{W\}}\alpha_t^j) & 0 \end{bmatrix} \tag{4-17}$$

对于每一个预测观测得到的特征 $\boldsymbol{z}_t^j$ 和实际观测得到的特征 $\boldsymbol{z}_t^i$，对两个 2×1 向量进行作差，可以得到一个新的量，记为 $\boldsymbol{v}_t^{ij}$，即

$$\boldsymbol{v}_t^{ij} = \left[\boldsymbol{z}_t^i - \boldsymbol{z}_t^j\right] = \left[\boldsymbol{z}_t^i - h^j(\hat{\boldsymbol{x}}_t, \boldsymbol{m}^j)\right] \tag{4-18}$$

$\boldsymbol{v}_t^{ij}$ 与时刻 t 机器人的实际观测和预测观测有关，前面也已经分析过，$\boldsymbol{z}_t^i$ 具有源于外部传感器即激光雷达的误差 $\boldsymbol{R}_t^i$，$\hat{\boldsymbol{z}}_t^j$ 具有源于在时刻 t 机器人通过里程计信息预测的位置 $\hat{\boldsymbol{P}}_t$ 的误差，因此 $\boldsymbol{v}_t^{ij}$ 也具有误差，而且包含前面的两个误差，记 $\boldsymbol{v}_t^{ij}$ 的 2×2 协方差矩阵为 $\boldsymbol{\Sigma}_{\mathrm{IN}_t}^{ij}$，根据误差传播理论，有

$$\boldsymbol{\Sigma}_{\mathrm{IN}_t}^{ij} = \boldsymbol{H}^j \cdot \hat{\boldsymbol{P}}_t \cdot \boldsymbol{H}^{j\mathrm{T}} + \boldsymbol{R}_t^i \tag{4-19}$$

其中，$\boldsymbol{H}^j$ 为转换函数 h^j 的雅可比矩阵。

为了进行预测特征和相应的观测特征的匹配，需要对 $\boldsymbol{v}_t^{ij}$ 设置条件，引入马氏距离来设置

匹配的条件，设验证的阈值为 g ，g 为常数。马氏距离 d 的计算公式为

$$d^{ij} = \boldsymbol{v}_t^{ij\mathrm{T}} \cdot (\boldsymbol{\Sigma}_{\mathrm{IN}_t}^{ij})^{-1} \cdot \boldsymbol{v}_t^{ij} \leqslant g^2 \tag{4-20}$$

通过以上的内容，可以筛选出互相匹配的预测特征和观测特征，同时 $\boldsymbol{v}_t^{ij}$ 的协方差矩阵 $\boldsymbol{\Sigma}_{\mathrm{IN}_t}^{ij}$ 也可以计算出来，达到了匹配的目的。

之前完成了扩展卡尔曼滤波定位的准备工作，在这一步，可以利用扩展卡尔曼公式对机器人的位置做出最佳估计(后验估计)。

为了完成最佳位置估计，首先需要将上一条中筛选出来的满足条件的实际观测特征变成一个复合向量，根据复合的 $\boldsymbol{H}_t$、$\boldsymbol{R}_t$ 以及里程计预测中机器人的位置 3×3 协方差矩阵 $\hat{\boldsymbol{P}}_t$，就可以计算出 k 个 $\boldsymbol{v}_t^{ij}$ 对应的 $2k \times 2k$ 复合协方差矩阵 $\boldsymbol{\Sigma}_{\mathrm{IN}_t}$：

$$\boldsymbol{\Sigma}_{\mathrm{IN}_t} = \boldsymbol{H}_t \cdot \hat{\boldsymbol{P}}_t \cdot \boldsymbol{H}_t^{\mathrm{T}} + \boldsymbol{R}_t \tag{4-21}$$

则 $3 \times 2k$ 的卡尔曼增益矩阵 $\boldsymbol{K}_t$ 就可以计算出来：

$$\boldsymbol{K}_t = \hat{\boldsymbol{P}}_t \cdot \boldsymbol{H}_t^{\mathrm{T}} \cdot (\boldsymbol{\Sigma}_{\mathrm{IN}_t})^{-1} \tag{4-22}$$

进而可以得到时刻 t 机器人最佳的位置估计 $\boldsymbol{x}_t$ (后验估计)以及更新后的机器人位置的协方差矩阵 $\boldsymbol{P}_t$ (后验概率)：

$$\boldsymbol{x}_t = \hat{\boldsymbol{x}}_t + \boldsymbol{K}_t \boldsymbol{v}_t \tag{4-23}$$

$$\boldsymbol{P}_t = \hat{\boldsymbol{P}}_t - \boldsymbol{K}_t \cdot \boldsymbol{\Sigma}_{\mathrm{IN}_t} \cdot \boldsymbol{K}_t^{\mathrm{T}} \tag{4-24}$$

至此，完成了机器人位置估计的整个过程。

EKF-SLAM 通常能够以实时或接近实时的速度运行，适用于需要快速反馈的实时应用，特别适用于小型移动机器人和对实时性要求较高的应用。然而，在处理大规模数据、高度非线性或环境动态性较高的情况下，可能需要更复杂的 SLAM 方法来获得更好的性能。

2. 基于蒙特卡罗定位的 PTPSM 算法

在对机器人进行实时位姿跟踪的领域中，蒙特卡罗定位是一个普遍使用的定位算法。一般而言，蒙特卡罗定位包含三个阶段：预测阶段、测量阶段以及重采样阶段。其中预测和测量阶段是典型的贝叶斯滤波所具有的特点，而重采样阶段是蒙特卡罗定位所独有的特点。

在预测阶段，蒙特卡罗定位给出了一系列时间移动机器人可能的位姿。这些位姿的均值可以从上一个时刻的位置 $\boldsymbol{x}_{t-1}$ 以及当前时刻的右轮和左轮各自运动的距离 $\boldsymbol{u}_t$ 通过移动机器人的运动学方程得到。在实际使用蒙特卡罗定位的过程中，这些可能的位姿都可以通过里程计模型或者速度模型得到。每个模型给出的样本集在每一个维度上都有一个均值，在这些均值的基础上引入高斯噪声可以得到样本集的全体样本。

在测量阶段，蒙特卡罗定位使用线束模型或似然场模型设置样本集中的每个样本的权重。这些权重在一定程度上可以近似地表示该样本位姿的准确程度。通过将所有样本的权重归一化，每个样本的权重可以等同地表示样本集中该样本的存在概率。

在重采样阶段，蒙特卡罗定位将从已经生成的初始样本集中提取样本。对于每个样本，其被取出的概率与其权重成正比。通过蒙特卡罗定位得到的结果是新集合中每个样本的加权和。

在蒙特卡罗定位的预测阶段，样本集中的所有样本都是通过对建议分布(通常是三维高斯分布)进行采样生成的。随机分布使算法具有鲁棒性，但与此同时也降低了算法的计算效率。事实上，随机样本不能批量处理，也不可能将随机样本收敛到特定的精度。同时，蒙特卡罗定位也浪费了大量的计算资源在不相关的随机样本上，而不是在实际位置和方位附近的样本上，如图 4-4(a)所示。此外，如果机器人位于具有极少特征的长廊中，则蒙特卡罗定位可能在特征数量变大时无法将机器人重新定位到正确的位置和方向。由于建议分布和目标分布之间的距离太远，生成的建议分布的样本不能充分覆盖目标分布的范围，如图 4-4(b)所示。

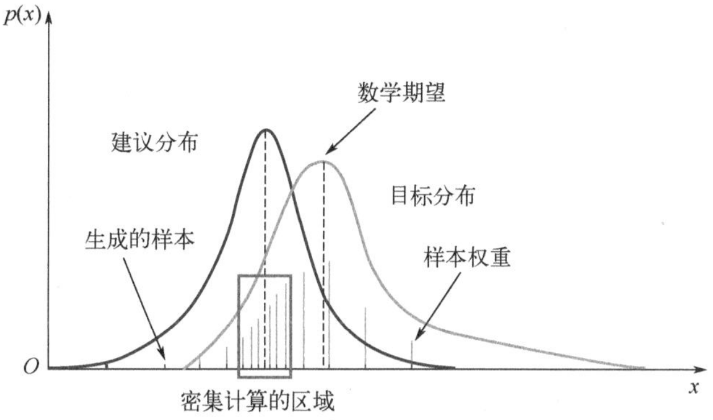

(a) 蒙特卡罗定位原理图示

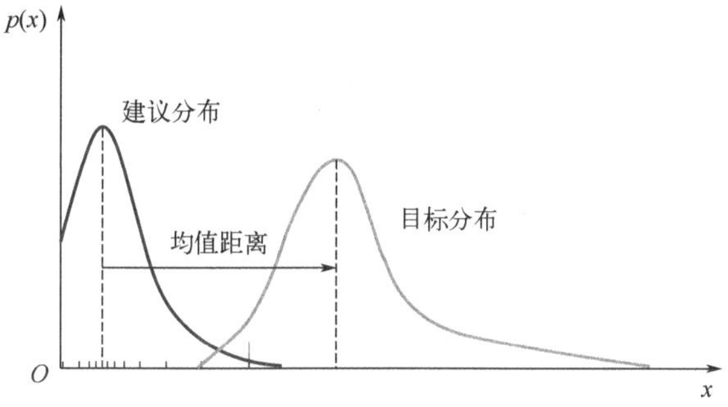

(b) 蒙特卡罗定位样本异常分布

图 4-4　蒙特卡罗定位缺陷实例

基于渐进式扫描匹配的位姿跟踪(pose tracking based on progressive scan matching, PTPSM)算法使用均匀分布的样本进行处理。所有样本均进行批量处理。具体来说，算法将分别进行样本的旋转和平移。首先产生旋转样本。平移样本实际上是旋转样本的平移，如图 4-5(a)所示。因此，本节所提出的算法具有更高的计算效率。此外，样本分布的方式取决于条件。如果机器人位于具有少量特征的环境中，算法将生成更多的平移样本，以确保当特征数量变大时，算法能够将机器人重新定位到准确的位姿。利用迭代阶段代替蒙特卡罗定位中的重采样阶段，以确保算法的结果收敛到要求的精度。

如图 4-5(b)所示，PTPSM 算法首先对低分辨率均匀分布的样本进行处理。然后，选取几个最佳样本，在 x 和 y 方向上的最小值和最大值形成一个二维边界。接着，在收敛区域内以更高分辨率生成一组新的样本。样本生成的迭代继续，直到达到期望的精度。因此，大部分计算资源都用在接近实际的位姿上。最后，本研究将引入非线性优化方法以进一步精确调整样本。

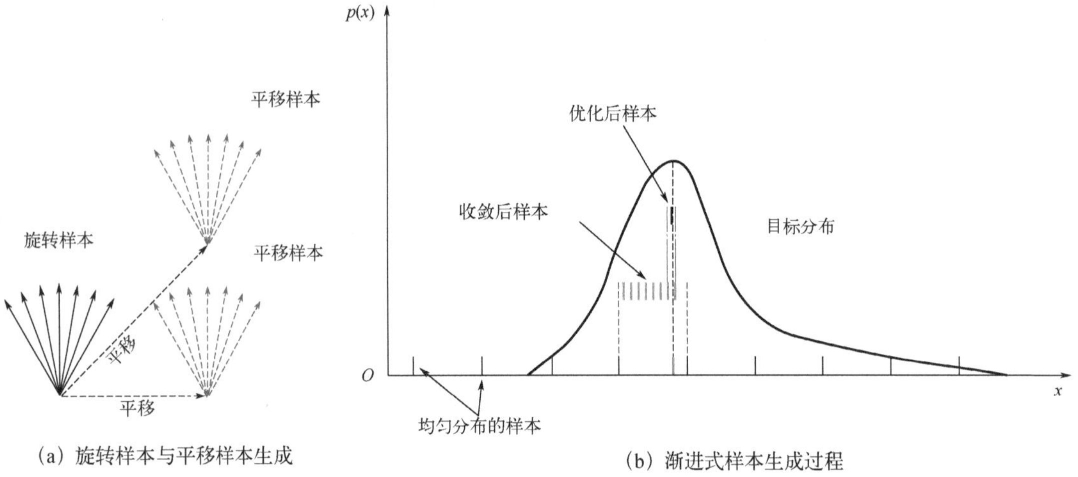

图 4-5　渐进式扫描匹配的样本生成

PTPSM 利用已完成构建的部分或全部二维栅格地图，为移动机器人在不同条件下的动态定位提供计算效率高、鲁棒性强和精确的结果。首先，为了预先计算栅格距离 $d_{\text{grid}}^{[n]}$，需要对地图进行预处理。栅格距离 $d_{\text{grid}}^{[n]}$ 是地图中任意栅格与其最近的被占据栅格距离。同时地图中的长直线以及邻近区域也需要进行标记。这些长直线通常表示环境中具有较少径向特征的长廊。由于径向特征较少，定位的不确定与错误的方向通常是沿着长廊的轴向方向。算法将利用运动学计算机器人的预测位置，并以此为基础分别生成旋转样本和平移样本。在此阶段将获得几个最佳结果，这些结果将重复迭代直到达到期望的精度。最后，利用非线性优化对结果进行调整，以达到更精确的结果。PTPSM 原理的流程图和相应的解释如图 4-6 所示。

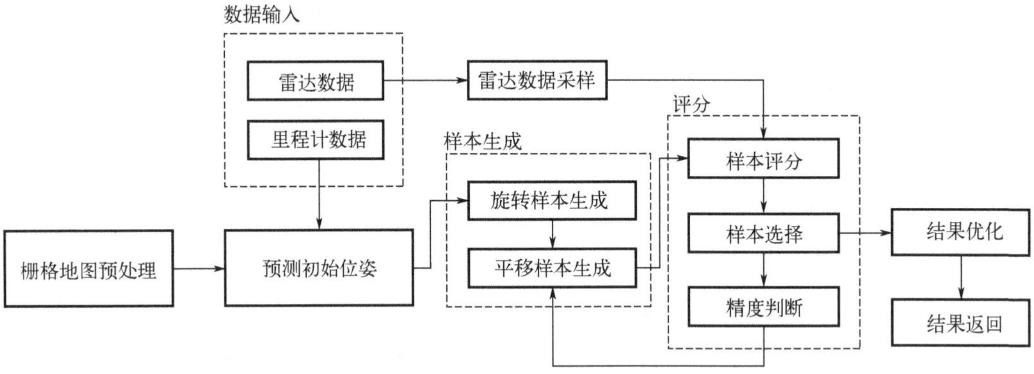

图 4-6　PTPSM 原理流程

4.1.3　路径规划方法

机器人路径规划是指在给定环境地图和机器人起始位置的情况下，确定机器人从起始位置到目标位置的安全、高效路径的过程。路径规划是机器人导航和自主运动的核心技术之一，影响着机器人在复杂环境中的行动能力和任务执行效率。

1. 全局路径规划的 Dijkstra 算法

全局路径规划是指在机器人运动开始前，通过对整个地图进行规划，确定从起始点到目标点的最优路径。Dijkstra 算法是一种常用的全局路径规划算法，它通过在图中进行搜索，找到从起始点到目标点的最短路径。算法原理如下。

(1) 初始化：将起始点的距离设为 0，将所有其他节点的距离设为无穷大。将所有节点加入到优先队列中，优先队列按照节点的距离进行排序。

(2) 更新距离：从优先队列中取出距离最小的节点。遍历该节点的所有相邻节点，对于每个相邻节点，计算通过当前节点到达它的距离。如果通过当前节点到达相邻节点的距离小于相邻节点当前的距离，则更新相邻节点的距离为新计算的距离。

(3) 重复以上步骤：直到优先队列为空或者目标点的距离不再改变。

(4) 路径回溯：根据更新后的距离信息，回溯从起始点到目标点的最短路径。

算法流程图如图 4-7 所示。

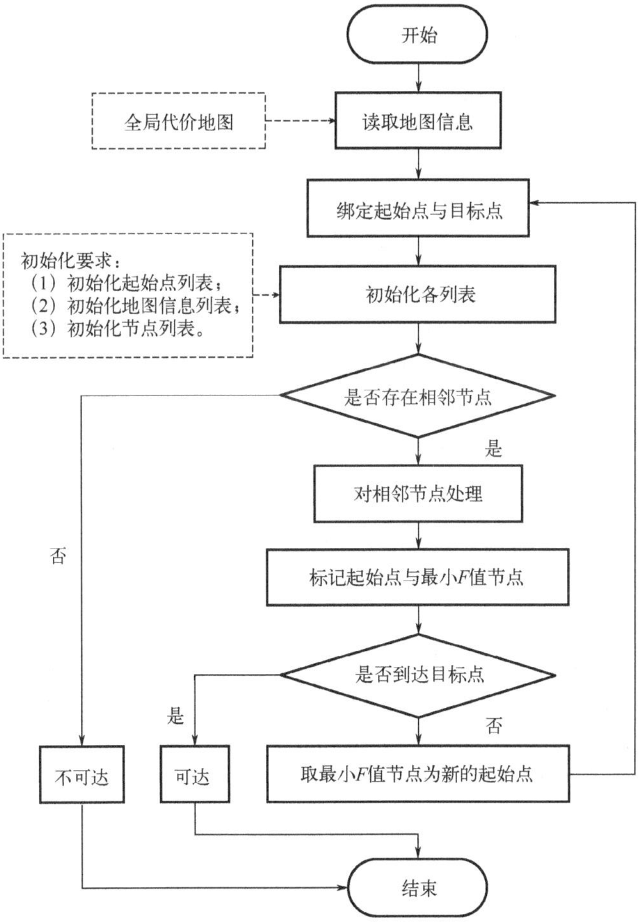

图 4-7　Dijkstra 算法流程图

2. 局部路径规划的 DWA 算法

DWA（dynamic window approach）算法是一种局部路径规划算法，用于移动机器人在当前位置附近搜索最佳线速度和角速度组合，以避开障碍物并尽快到达目标点。DWA 算法通过定义一个动态窗口来限制机器人在当前时间步内可能的线速度 v 和角速度 ω 范围。这个动态窗口由线速度和角速度的上下限组成，根据机器人的动力学模型和环境条件动态调整。设定线速度的上下限分别为 $v_{\min}$ 和 $v_{\max}$，角速度的上下限分别为 $\omega_{\min}$ 和 $\omega_{\max}$：

$$\begin{aligned} v_{\min} \leqslant v \leqslant v_{\max} \\ \omega_{\min} \leqslant \omega \leqslant \omega_{\max} \end{aligned} \tag{4-25}$$

DWA 算法评价候选轨迹的好坏程度通过计算每个候选轨迹的代价函数 $\mathrm{cost}(v,\omega)$来实现。代价函数通常由距离代价 $\mathrm{cost}_{\mathrm{distance}}$、避障代价 $\mathrm{cost}_{\mathrm{obstacle}}$ 和速度平滑代价 $\mathrm{cost}_{\mathrm{velocity}}$ 组成，并通过权重系数 k_{distance}、k_{obstacle} 和 k_{velocity} 进行加权：

$$\begin{aligned} \mathrm{cost}(v,\omega) = {} & k_{\mathrm{distance}} \times \mathrm{cost}_{\mathrm{distance}} \\ & + k_{\mathrm{obstacle}} \times \mathrm{cost}_{\mathrm{obstacle}} + k_{\mathrm{velocity}} \times \mathrm{cost}_{\mathrm{velocity}} \end{aligned} \tag{4-26}$$

选择最佳轨迹时，DWA 算法会选择代价最小的轨迹作为机器人下一步的移动方向。

3. 基于仿人类推理的 *Q*-learning 的避障算法

强化学习的方法能够通过使智能体与环境进行交互来提升机器人的运行效果。*Q*-learning 是强化学习中一种不依赖先验模型的方法，机器人通过在环境中的大量学习能够积累经验，从而提升导航性能。在动态环境中使机器人能够进行自主移动的基于仿人类推理的 *Q*-learning 方法，由状态空间和奖励函数分别模仿人类的感知和评估方式来定义。特别地，状态的定义是根据大致的区域而不是准确的测量。同时由于机器人动力学的限制，智能体的行为通过引入动态窗口的方式来计算。动态窗口的引入起到了考虑机器人的动力学限制的作用。

机器人的周围环境将被分成两部分，即障碍物和目标点。使用强化学习方法首先需要对状态空间进行定义。状态包括三大类变量：障碍物、目标点以及速度。其中目标点都处于静止状态，障碍物包括动态障碍物和静态障碍物。以类人的方式对状态进行估计，并依次避开前方障碍物到达目标点。

需要对人类如何在动态环境中避开障碍物并到达目标点进行分析。人类感知环境的方式如图 4-8 所示。人类在动态环境中安全行走倾向于依次处理前方的障碍物，因此人类只考虑前方最近的障碍物。同时人类无须感知他们感兴趣的位置，如障碍物和目标点与他们之间的具体距离和角度。人类关心的是这些位置所在的大致区域。更进一步，人类也无须感知具体的步行速度，而只需要了解他们线速度和角速度的大致区间。

智能体状态由以下几部分构成：当前线速度与角速度的大致区间、智能体前方最近障碍物的位置区间、目标点的位置区间。

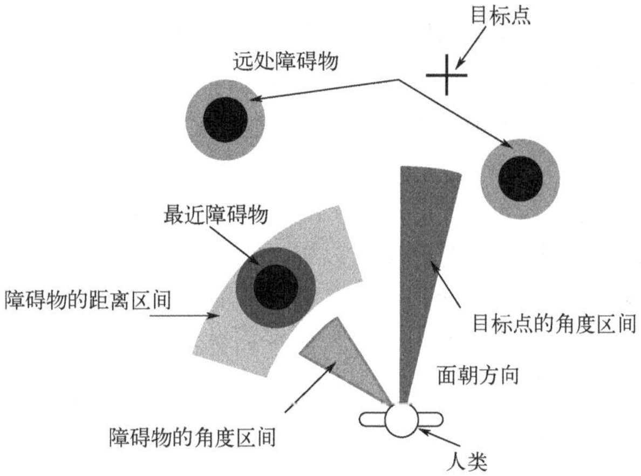

图 4-8　人类感知环境的方式

这种以类人感知以及评价的方式来定义状态与行为的 Q-learning 导航算法，能够在动态环境中以平滑的速度对机器人进行导航并成功避免了局部最小的问题。同时由于机器人动力学被加入考虑因素，机器人的所有行为都处于其物理限制之内。

4.2　机器人与环境交互动力学与控制

机器人与环境交互动力学与控制研究机器人与外部环境进行物理交互时的动力学特性和控制方法。这种交互可能涉及机器人与环境之间的力、力矩、运动学约束等方面的相互作用，需要通过合适的控制方法来实现机器人对环境的有效操作和响应。通过对机器人与环境交互动力学与控制的研究，可以实现机器人在各种复杂环境下的稳定操作和高效交互，提高机器人系统的性能和适用范围。

4.2.1　机器人标定方法

1. 机器人运动学标定方法

串联机器人在执行某项任务时，由于给定的运动学模型名义参数与实际参数之间的差异和装配公差的影响，其末端执行器的实际姿态会出现误差。为了减小机器人的运动误差，需要对机器人的实际运动参数进行辨识。标定技术可以在不改变机器人机械结构的情况下提高机器人的定位精度。机器人标定方法包括建模、测量、识别和校正问题。本节中主要介绍机器人运动学建模和运动学参数辨识。运动学参数辨识的误差模型需要建立正向运动学的数学模型，目前已有的运动学建模方法如下。

(1) D-H (Denavit-Hartenberg) 模型：广泛应用于机器人运动学，齐次变换矩阵是运动学分析的基础。D-H 模型采用欧几里得群来表示刚体在三维空间中的位置和姿态。在 D-H 模型的基础上，利用齐次变换矩阵的有序连乘积可以建立串联机器人的运动学正解方程。通常在机器人标定过程中主要考虑表达位姿的六个运动学参数，包含位置和姿态。校准算法中应考虑全位姿测量，以便同时提高机器人末端定位时位置和姿态的精度。使用标准 D-H 模型表达两个相邻关节的运动学理论模型时，如果两个旋转轴平行或近似平行，其运动学模型会出现不连续的情况。一些研究人员对标准 D-H 模型进行了一些修正，以便使运动学参数误差模型可以应用于这种不连续的情况，如完全参数连续(complete and parametrically continuous, CPC)模型等。

(2) 指数积(product of exponentials, POE)公式：许多研究者研究了其他系统化的方法来建立运动学模型。例如，李代数和李群理论可以用来建立运动学模型。李代数用向量算子表示末端执行器的空间位置和姿态，通过向量算子获取空间位置向量。尽管使用李代数来表示机器人运动学时模型参数的几何意义不够直观，但是如果机器人自由度数不断增加，这种方法的计算过程会变得相对更为高效。利用李代数和李群理论建立机器人运动学模型的一种方法是指数积公式，指数积公式基于从李代数到李群的指数映射的概念。诸多研究者采用指数积公式来研究用于机器人标定的方法，并且在这种方法中既可以使用全局 POE 公式，也可以使用局部 POE 公式。使用 POE 公式描述机器人运动学模型可以避免奇异性问题，同时运动学方程组表达形式简洁明了。

(3) 综合对偶数和四元数概念的对偶四元数方法：Clifford 将对偶数与四元数相结合并逐步形成对偶四元数代数运算规则。进一步地，将对偶四元数代数引入空间中刚体的位姿变换，用于表示刚体的旋转和平移，同时对偶四元数在建立机器人运动学模型并进行分析的过程中可以避免奇异性问题。本节主要基于对偶四元数方法进行机器人运动学标定。

1) 机器人运动学模型建立

对偶数有实数部分 a 和对偶部分 a^0，可以表示为如下形式：

$$\hat{a} = a + \varepsilon a^0 \tag{4-27}$$

其中，对偶单位 ε 有如下性质：

$$\varepsilon^2 = 0 \text{ 且 } \varepsilon \neq 0 \tag{4-28}$$

四元数也类似于复数，可以看作复数的一个扩展。四元数是三个单位向量和四个实数的集合，可以定义为

$$\boldsymbol{q} = q_0 + q_1\mathbf{i} + q_2\mathbf{j} + q_3\mathbf{k} \tag{4-29}$$

其中，$\mathbf{i},\mathbf{j},\mathbf{k} \in \mathbb{R}^3$，并且满足以下性质：

$$\mathbf{i}^2 = \mathbf{j}^2 = \mathbf{k}^2 = -1, \quad \mathbf{ij} = \mathbf{k}, \quad \mathbf{jk} = \mathbf{i}, \quad \mathbf{ki} = \mathbf{j} \tag{4-30}$$

为便于表示，将四元数写成如下表示形式：

$$\boldsymbol{q} = [s, \boldsymbol{v}] \tag{4-31}$$

其中，s 称为标量部分；$\boldsymbol{v}$ 称为向量部分，也属于三维向量。

四元数 $\boldsymbol{q}$ 的共轭表达形式为

$$\boldsymbol{q}^* = [s, -\boldsymbol{v}] \tag{4-32}$$

当四元数中的四个实数满足以下条件时，称为单位四元数：

$${q_0}^2 + {q_1}^2 + {q_2}^2 + {q_3}^2 = 1 \tag{4-33}$$

本节使用的两个四元数的算术乘积定义表示如下：

$$\boldsymbol{q}_1\boldsymbol{q}_2 = s_1 s_2 - \boldsymbol{v}_1 \cdot \boldsymbol{v}_2 + s_1\boldsymbol{v}_2 + s_2\boldsymbol{v}_1 + \boldsymbol{v}_1 \times \boldsymbol{v}_2 \tag{4-34}$$

当四元数的实部也使用对偶数时，就称为对偶四元数。对偶四元数的定义为

$$\hat{\boldsymbol{q}} = (q_0 + \varepsilon q_0^0) + (q_1 + \varepsilon q_1^0)\mathbf{i} + (q_2 + \varepsilon q_2^0)\mathbf{j} + (q_3 + \varepsilon q_3^0)\mathbf{k} \tag{4-35}$$

此时一个对偶四元数可以分成两部分，分别为实部 $\boldsymbol{q}_\mathrm{r}$ 和对偶部 $\boldsymbol{q}_\mathrm{d}$：

$$\boldsymbol{q}_\mathrm{r} = q_0 + q_1\mathbf{i} + q_2\mathbf{j} + q_3\mathbf{k} \tag{4-36}$$

$$\boldsymbol{q}_\mathrm{d} = q_0^0 + q_1^0\mathbf{i} + q_2^0\mathbf{j} + q_3^0\mathbf{k} \tag{4-37}$$

一个对偶四元数的简略表示法为

$$\hat{\boldsymbol{q}} = \boldsymbol{q}_\mathrm{r} + \varepsilon \boldsymbol{q}_\mathrm{d} \tag{4-38}$$

此外，对偶四元数的共轭定义有三种形式

$$\hat{\boldsymbol{q}}^* = \boldsymbol{q}_\mathrm{r}^* + \varepsilon \boldsymbol{q}_\mathrm{d}^* \tag{4-39}$$

$$\bar{\hat{\boldsymbol{q}}} = \boldsymbol{q}_\mathrm{r} - \varepsilon \boldsymbol{q}_\mathrm{d} \tag{4-40}$$

$$\bar{\hat{\boldsymbol{q}}}^* = \boldsymbol{q}_\mathrm{r}^* - \varepsilon \boldsymbol{q}_\mathrm{d}^* \tag{4-41}$$

三种不同定义的主要区别在于针对不同应用对象的计算差异进行描述。式(4-39)定义的对偶四元数的共轭通常用于线变换计算。式(4-40)使用的情况较少。式(4-41)的定义最常用于三维空间中点对象的变换计算。

将“*”作为两个对偶四元数乘法运算符的定义：

$$\hat{\boldsymbol{q}}_1 * \hat{\boldsymbol{q}}_2 = \boldsymbol{q}_{\mathrm{r}1}\boldsymbol{q}_{\mathrm{r}2} + \varepsilon(\boldsymbol{q}_{\mathrm{r}1}\boldsymbol{q}_{\mathrm{d}2} + \boldsymbol{q}_{\mathrm{d}1}\boldsymbol{q}_{\mathrm{r}2}) \tag{4-42}$$

一个对偶四元数的逆的定义是

$$\hat{\boldsymbol{q}}^{-1} = (1/\hat{\boldsymbol{q}}\hat{\boldsymbol{q}}^*)\hat{\boldsymbol{q}}^* \tag{4-43}$$

与单位四元数类似，如果 $\hat{\boldsymbol{q}}$ 满足以下条件，则称其为单位对偶四元数：

$$\hat{\boldsymbol{q}}\hat{\boldsymbol{q}}^* = 1 \tag{4-44}$$

结合以上四元数和对偶四元数的基本定义和运算表示方法，可以将其运用于空间对象的运动学描述中。图 4-9 表示两个坐标系之间的变换，图中对象 $\boldsymbol{q}_\mathrm{i}$ 的方向表示与 z_i 轴方向重合，对象 $\boldsymbol{q}_\mathrm{f}$ 的方向表示与 z_ia 轴方向重合。当使用四元数来描述对象 $\boldsymbol{q}_\mathrm{i}$ 的空间旋转时，可以表示为

$$\boldsymbol{q}_\mathrm{f} = \boldsymbol{q}\boldsymbol{q}_\mathrm{i}\boldsymbol{q}^* \tag{4-45}$$

其中，$\boldsymbol{q}_\mathrm{i}$ 是初始四元数；$\boldsymbol{q}_\mathrm{f}$ 是变换之后的四元数，都是在固定坐标系中的表示。

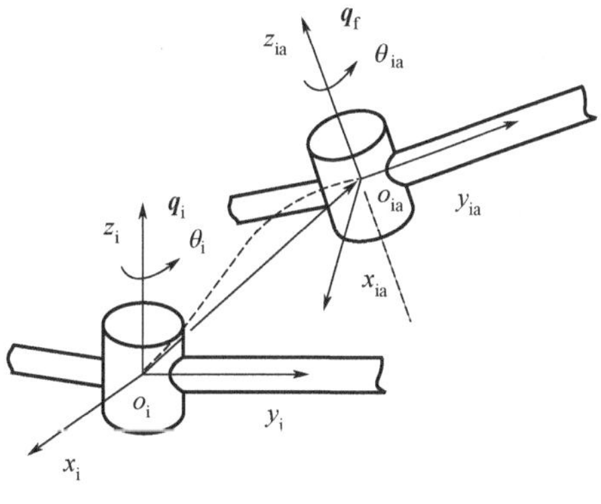

图 4-9　关节坐标系变换

式(4-45)中的 $\boldsymbol{q}$ 包含一个旋转变换，其具体形式为

$$\boldsymbol{q}=[s,\boldsymbol{v}]=\left[\cos\frac{\varphi}{2},\sin\frac{\varphi}{2}\boldsymbol{n}\right] \tag{4-46}$$

考虑到刚体在空间中的运动，根据 Chasles 定理，空间变换是绕单位轴旋转和平行于该轴的平移的组合。对偶四元数的实部和对偶部具有不同的空间几何含义，实部 $\boldsymbol{q}_\mathrm{r}$ 表示目标对象的旋转状态，对偶部 $\boldsymbol{q}_\mathrm{d}$ 表示综合目标对象的平移和旋转状态的影响。与式(4-46)相类似，对偶四元数可以写成如下形式：

$$\hat{\boldsymbol{q}}=[\hat{s},\hat{\boldsymbol{v}}]=\left[\cos\frac{\hat{\varphi}}{2},\sin\frac{\hat{\varphi}}{2}\hat{\boldsymbol{n}}\right]=\boldsymbol{q}_\mathrm{rot}+\frac{\varepsilon}{2}\boldsymbol{q}_\mathrm{trl}\boldsymbol{q}_\mathrm{rot} \tag{4-47}$$

其中，$\hat{\boldsymbol{n}}$ 是螺旋轴的单位向量；$\hat{\varphi}$ 是对偶角；$\boldsymbol{q}_\mathrm{rot}$ 是表示旋转量的四元数；$\boldsymbol{q}_\mathrm{trl}$ 是对应于平移向量的表示平移量的四元数。记

$$\mathrm{Ts}(\boldsymbol{q})=\begin{bmatrix} q_0 & -q_3 & q_2 \\ q_3 & q_0 & -q_1 \\ -q_2 & q_1 & q_0 \end{bmatrix} \tag{4-48}$$

另记

$$\mathrm{Tvec}(\hat{\boldsymbol{q}})=\begin{bmatrix} Ts(\boldsymbol{q}_\mathrm{r}) & Ts(\boldsymbol{q}_\mathrm{d}) \\ \boldsymbol{0}_{3\times3} & Ts(\boldsymbol{q}_\mathrm{r}) \end{bmatrix} \tag{4-49}$$

结合上面提到的运算规则和符号，使用式(4-41)的共轭定义来计算刚体位姿变换的公式如下：

$$\hat{\boldsymbol{q}}_\mathrm{f}=\hat{\boldsymbol{q}}*\hat{\boldsymbol{q}}_i*\overline{\hat{\boldsymbol{q}}}^* \tag{4-50}$$

其中，$\hat{\boldsymbol{q}}_\mathrm{i}$ 是初始位姿的对偶四元数；$\hat{\boldsymbol{q}}_\mathrm{f}$ 是变换之后的对偶四元数，都是在固定坐标系中的表示。本节对多自由度串联机器人进行运动学建模，使用各个关节坐标系的相对位置和方向参数来描述机器人末端坐标系的不同空间位姿。根据标准 D-H 模型中的参数符号表示方法建立的机器人运动学模型中，每个关节和连杆的运动学参数具有直观的几何含义。考虑串联开环的多自由度机器人中的单关节连杆，将标准 D-H 模型中的四个运动学参数对应的对偶四元数相乘得到表示关节坐标系位姿的对偶四元数，如式(4-51)所示。

$$\hat{\boldsymbol{q}}_\mathrm{base,end}=\hat{\boldsymbol{q}}_\mathrm{rot}(x,\alpha)*\hat{\boldsymbol{q}}_\mathrm{trl}(x,a)*\hat{\boldsymbol{q}}_\mathrm{rot}(z,\theta)*\hat{\boldsymbol{q}}_\mathrm{trl}(z,d) \tag{4-51}$$

其中，$\hat{\boldsymbol{q}}_\mathrm{base,end}$ 表示关节坐标系在初始位姿和终止位姿之间的变换，$\hat{\boldsymbol{q}}_\mathrm{rot}(x,\alpha)$ 表示绕 x 轴旋转 α 角度；$\hat{\boldsymbol{q}}_\mathrm{trl}(x,a)$ 表示沿 x 轴方向平移 a 距离；$\hat{\boldsymbol{q}}_\mathrm{rot}(z,\theta)$ 表示绕 z 轴旋转 θ 角度；$\hat{\boldsymbol{q}}_\mathrm{trl}(z,d)$ 表示沿 z 轴移动 d 距离。

通过给定所有关节和连杆的 D-H 参数，n 个连杆相对于机器人基座作为基坐标系$\{0\}$的正向运动学模型可以表示为

$$\hat{\boldsymbol{q}}_{\mathrm{f}n}=\hat{\boldsymbol{q}}_{0,n}*\hat{\boldsymbol{q}}_\mathrm{i}*\overline{\hat{\boldsymbol{q}}}^*_{0,n} \tag{4-52}$$

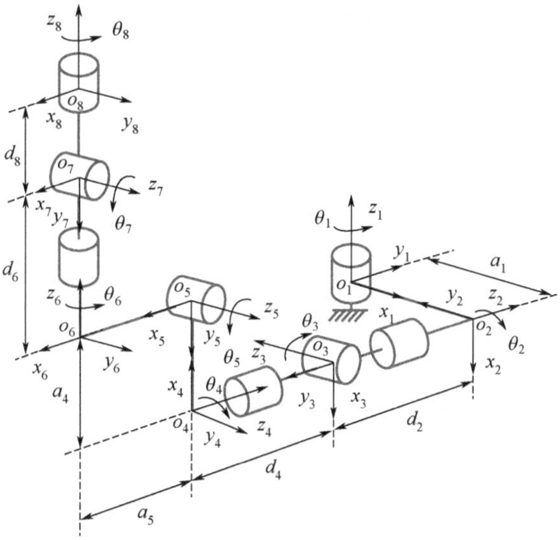

图 4-10　8 自由度串联机器人坐标系

其中，$\hat{\boldsymbol{q}}_{0,n}=\hat{\boldsymbol{q}}_{0,1}*\cdots*\hat{\boldsymbol{q}}_{n-1,n}$；$\hat{\boldsymbol{q}}_{\mathrm{f}\,n}$ 为 $\hat{\boldsymbol{q}}_{\mathrm{i}}$ 在经过 n 个连杆的变换之后的对偶四元数表示。

此时，使用式(4-52)对图 4-10 中的 8 自由度串联机器人建立的运动学方程可以简写为

$$\hat{\boldsymbol{q}}_{\mathrm{f}8}=\hat{\boldsymbol{q}}_{0,8}*\hat{\boldsymbol{q}}_{\mathrm{i}}*\overline{\hat{\boldsymbol{q}}}_{0,8}^{*} \tag{4-53}$$

从式(4-53)可以看出，使用对偶四元数代数计算和表示多自由度机器人的运动学具有较为简化的表达形式。

2)机器人运动学参数误差模型

在连杆坐标系中定义的参数直接影响运动学模型的准确性，现有的机器人运动学标定方法为了简化和线性化误差模型，通常省略一些不确定变量，如温度、无摩擦、关节柔度等因素；否则，如果将这些变量都包括在内，误差模型将变得复杂，同时不同的因素对机器人末端执行器的定位误差的影响也有差异，需要考虑一般的主要因素。因此在建立机器人运动学模型的过程中需要作适当假设，以刚性关节和连杆组成机器人的机械臂，同时机器人运动学方程中只考虑其几何参数。根据机器人的关节和连杆参数，在建立计算末端执行器位姿的运动学方程的基础上推导串联机器人运动学参数误差模型。

在推导运动学参数误差模型的过程中以机器人基座为基坐标系{0}。机器人每个连杆坐标系的对偶四元数表示和符号由式(4-51)定义。为了方便计算表示，将式(4-51)更改写为如下形式：

$$\hat{\boldsymbol{q}}_{i-1,i}=\hat{\boldsymbol{q}}_{a}*\hat{\boldsymbol{q}}_{\alpha}*\hat{\boldsymbol{q}}_{\theta}*\hat{\boldsymbol{q}}_{d} \tag{4-54}$$

其中，$\hat{\boldsymbol{q}}_{i-1,i}$ 是单连杆 $i-1$ 坐标系的对偶四元数表示，同时如果不做特殊说明，$\hat{\boldsymbol{q}}_{a}$、$\hat{\boldsymbol{q}}_{\alpha}$、$\hat{\boldsymbol{q}}_{\theta}$ 和 $\hat{\boldsymbol{q}}_{d}$ 是对应式(4-51)中单连杆 $i-1$ 各个参数的对偶四元数表示。

利用式(4-54)的各个参数进行求导并获得如下式子：

$$\mathrm{d}\hat{\boldsymbol{q}}_{i-1,i}=\frac{\mathrm{d}\hat{\boldsymbol{q}}_{i-1,i}}{\mathrm{d}\hat{\boldsymbol{q}}_{a}}\mathrm{d}\hat{\boldsymbol{q}}_{a}+\frac{\mathrm{d}\hat{\boldsymbol{q}}_{i-1,i}}{\mathrm{d}\hat{\boldsymbol{q}}_{\alpha}}\mathrm{d}\hat{\boldsymbol{q}}_{\alpha}+\frac{\mathrm{d}\hat{\boldsymbol{q}}_{i-1,i}}{\mathrm{d}\hat{\boldsymbol{q}}_{\theta}}\mathrm{d}\hat{\boldsymbol{q}}_{\theta}+\frac{\mathrm{d}\hat{\boldsymbol{q}}_{i-1,i}}{\mathrm{d}\hat{\boldsymbol{q}}_{d}}\mathrm{d}\hat{\boldsymbol{q}}_{d} \tag{4-55}$$

其中，$\mathrm{d}\hat{\boldsymbol{q}}_{i-1,i}$ 是单连杆 $i-1$ 由于名义运动参数与实际运动参数的差异而引起的末端位姿微小误差；$\mathrm{d}\hat{\boldsymbol{q}}_a$ 是沿 x 轴平移的微小距离；$\mathrm{d}\hat{\boldsymbol{q}}_\alpha$ 是绕 x 轴旋转的微小角度；$\mathrm{d}\hat{\boldsymbol{q}}_\theta$ 是绕 z 轴旋转的微小角度；$\mathrm{d}\hat{\boldsymbol{q}}_d$ 是沿 z 轴平移的微小距离。

串联机器人初始位置和姿态的形式为

$$\hat{\boldsymbol{q}}_{0,n}^i = \hat{\boldsymbol{q}}_{0,1} * \cdots * \hat{\boldsymbol{q}}_{i-1,i} * \cdots * \hat{\boldsymbol{q}}_{n-1,n} \tag{4-56}$$

考虑到式(4-54)中的无穷小平移和无穷小旋转，将式(4-55)代入式(4-56)，则实际的对偶四元数算子为

$$\hat{\boldsymbol{q}}_{0,n}^i = \hat{\boldsymbol{q}}_{0,1} * \cdots * (\hat{\boldsymbol{q}}_{i-1,i} + \mathrm{d}\hat{\boldsymbol{q}}_{i-1,i}) * \cdots * \hat{\boldsymbol{q}}_{n-1,n} \tag{4-57}$$

其中，$\hat{\boldsymbol{q}}_{0,n}^i$ 表示由 i-th 连杆的微小运动产生的实际对偶四元数算子。

考虑到式(4-57)中第 i 个连杆的微小位姿变化，实际位置和方向应通过式(4-58)计算：

$$\hat{\boldsymbol{q}}_{\mathrm{f}}^i = (\hat{\boldsymbol{q}}_{0,n} + \Delta\hat{\boldsymbol{q}}_{i-1,i}) * \hat{\boldsymbol{q}}_\alpha * (\bar{\hat{\boldsymbol{q}}}_{0,n}^* + \Delta\bar{\hat{\boldsymbol{q}}}_{i-1,i}^*) \tag{4-58}$$

其中，$\hat{\boldsymbol{q}}_{\mathrm{f}}^i$ 表示 i-th 连杆的运动确定的末端执行器实际位姿；$\Delta\hat{\boldsymbol{q}}_{i-1,i}$ 表示 i-th 连杆的微小几何误差导致的末端执行器的微小位置误差。

利用式(4-58)考虑所有运动学参数的微小误差的对偶四元数算子后，表示末端执行器实际位姿的对偶四元数为

$$\hat{\boldsymbol{q}}_{\mathrm{f}} = \sum_{i=0}^{n} \hat{\boldsymbol{q}}_{0,n}^i * \hat{\boldsymbol{q}}_\alpha * \sum_{i=0}^{n} \bar{\hat{\boldsymbol{q}}}_{0,n}^{i*} \tag{4-59}$$

末端执行器实际位姿的对偶四元数也可由(4-57)导出并得到

$$\hat{\boldsymbol{q}}_{\mathrm{f}} = \sum_{i=0}^{n} \hat{\boldsymbol{q}}_n^i * \hat{\boldsymbol{q}}_\alpha * \sum_{i=0}^{n} \bar{\hat{\boldsymbol{q}}}_n^{i*} \tag{4-60}$$

其中，$\hat{\boldsymbol{q}}_n^i = \hat{\boldsymbol{q}}_{0,n} + \Delta\hat{\boldsymbol{q}}_{i-1,i}$；$\bar{\hat{\boldsymbol{q}}}_n^{i*} = \bar{\hat{\boldsymbol{q}}}_{0,n}^* + \Delta\bar{\hat{\boldsymbol{q}}}_{i-1,i}^*$。比较式(4-59)和式(4-60)的右端，不难发现最后的公式是对偶四元数及其共轭项的乘法，可以得到

$$\sum_{i=0}^{n} \hat{\boldsymbol{q}}_{0,1} * \cdots * (\hat{\boldsymbol{q}}_{i-1,i} + \mathrm{d}\hat{\boldsymbol{q}}_{i-1,i}) * \hat{\boldsymbol{q}}_{n-1,n} = \sum_{i=0}^{n} (\hat{\boldsymbol{q}}_{0,n} + \Delta\hat{\boldsymbol{q}}_{i-1,i}) \tag{4-61}$$

进一步可得到

$$\begin{aligned} \Delta\hat{\boldsymbol{q}}_{\mathrm{f}} &= \sum_{i=0}^{n} \hat{\boldsymbol{q}}_{0,1} * \cdots * (\hat{\boldsymbol{q}}_{i-1,i} + \mathrm{d}\hat{\boldsymbol{q}}_{i-1,i}) * \cdots * \hat{\boldsymbol{q}}_{n-1,n} - \sum_{i=0}^{n} \hat{\boldsymbol{q}}_{0,n} \\ &= \sum_{i=0}^{n} \hat{\boldsymbol{q}}_{0,1} * \cdots * \mathrm{d}\hat{\boldsymbol{q}}_{i-1,i} * \cdots * \hat{\boldsymbol{q}}_{n-1,n} \end{aligned} \tag{4-62}$$

其中，$\Delta\hat{\boldsymbol{q}}_{\mathrm{f}}$ 是综合各个连杆几何参数误差之后末端执行器的位姿误差的对偶四元数表示。将式(4-62)的两边乘以 $\hat{\boldsymbol{q}}_{\mathrm{f}}^{-1}$ 可以得到

$$\Delta\hat{\boldsymbol{q}}_{\mathrm{f}} * \hat{\boldsymbol{q}}_{\mathrm{f}}^{-1} = \sum_{i=0}^{n} \hat{\boldsymbol{q}}_{0,i-1} * \mathrm{d}\hat{\boldsymbol{q}}_{i-1,i} * \hat{\boldsymbol{q}}_{0,i-1}^{-1} = \sum_{i=0}^{n} \mathrm{Ad}_{\hat{\boldsymbol{q}}_{0,i-1}} * \mathrm{d}\hat{\boldsymbol{q}}_{i-1,i} \tag{4-63}$$

其中，Ad 为伴随变换(adjoint transformation)的简写，表示算子。式(4-63)是机器人运动学参

数辨识的基本方程，即对偶四元数标定(dual quaternion calibration, DQBC)算法，该方程包括运动学参数的误差值。式(4-55)是参考标准的 D-H 建模方式中的几何参数符号表示方法形成的运算步骤，但是在实际的使用过程中，D-H 建模方法会出现一些不连续情况。参考修正的 D-H(modified D-H)建模方式中的几何参数符号表示方法，由式(4-55)可以获得

$$\mathrm{d}\hat{\boldsymbol{q}}_{i-1,i}=\frac{\mathrm{d}\hat{\boldsymbol{q}}_{i-1,i}}{\mathrm{d}\hat{\boldsymbol{q}}_{a}}\mathrm{d}\hat{\boldsymbol{q}}_{a}+\frac{\mathrm{d}\hat{\boldsymbol{q}}_{i-1,i}}{\mathrm{d}\hat{\boldsymbol{q}}_{\alpha}}\mathrm{d}\hat{\boldsymbol{q}}_{\alpha}+\frac{\mathrm{d}\hat{\boldsymbol{q}}_{i-1,i}}{\mathrm{d}\hat{\boldsymbol{q}}_{\theta}}\mathrm{d}\hat{\boldsymbol{q}}_{\theta}+\frac{\mathrm{d}\hat{\boldsymbol{q}}_{i-1,i}}{\mathrm{d}\hat{\boldsymbol{q}}_{d}}\mathrm{d}\hat{\boldsymbol{q}}_{d}+\frac{\mathrm{d}\hat{\boldsymbol{q}}_{i-1,i}}{\mathrm{d}\hat{\boldsymbol{q}}_{\beta}}\mathrm{d}\hat{\boldsymbol{q}}_{\beta} \tag{4-64}$$

其中，$\hat{\boldsymbol{q}}_{\beta}$ 表示绕关节坐标系的 y 轴旋转 β 角度。

此时，从对偶四元数标定算法可以进一步获得修正的对偶四元数标定(modified dual quaternion calibration, MDQBC)算法。

2. 机器人视觉标定

摄像机内部传感器获取的是二维图像数据，其内部的结构参数和外部的相对位姿参数决定了三维空间信息的几何映射函数或者转换关系。因此，视觉标定是研究机器人视觉系统的重要的内容之一。具有视觉功能的机器人视觉系统在跟踪运动目标的过程中获取的是动态图像，在摄像机具备合适帧率的情况下快速处理图像数据并获取目标运动特征信息，结合机器人的结构特征形成控制指令，实现对三维空间中运动目标的跟踪。

眼在手外的手眼系统中，摄像头安装在双臂机器人本体的基座轴附近，摄像机坐标系 $\boldsymbol{\Sigma}_{\mathrm{ca}}$ 模拟人直立状态时的眼部视场，其内获取的图像数据能够描述双臂机器人两个机械臂末端的相对位姿。假定双臂机器人的基坐标系 $\boldsymbol{\Sigma}_{\mathrm{robot}}$ 与世界坐标系 $\boldsymbol{\Sigma}_{\mathrm{w}}$ 重合且其 z 轴垂直水平面向上，模拟的是人直立情况下的躯干状态。工具坐标系 $\boldsymbol{\Sigma}_{\mathrm{te}\_j}$ 与力传感器坐标系 $\boldsymbol{\Sigma}_{\mathrm{sen}}$ 重合，在机器人手眼协调操作中主要考虑双臂末端各自工具坐标系 $\boldsymbol{\Sigma}_{\mathrm{te}\_j}$ 的相对位姿约束关系，其中 j 仍然表示左机械臂或者右机械臂。将已知几何参数的二维棋盘格标定板固定在机器人手臂末端，控制机械臂在不同位姿运动，视觉传感器获取机械臂静止时标定板的图像信息。根据每幅标定板图像在摄像机坐标系中的位姿变换与机器人坐标系、工具坐标系之间的对应约束，可以有

$$\hat{\boldsymbol{q}}_{\mathrm{tr}\_k}^{\mathrm{te}\_j}=\hat{\boldsymbol{q}}_{\mathrm{robot}}^{\mathrm{te}\_j}*\hat{\boldsymbol{q}}_{\mathrm{ca}}^{\mathrm{robot}}*\hat{\boldsymbol{q}}_{\mathrm{tr}\_k}^{\mathrm{ca}} \tag{4-65}$$

其中，te_j 表示不同机械臂末端；$\hat{\boldsymbol{q}}_{\mathrm{tr}\_k}^{\mathrm{te}\_j}$ 为第 k 幅标定板图像坐标系相对机器人手臂末端工具坐标系的对偶四元数表示；$\hat{\boldsymbol{q}}_{\mathrm{robot}}^{\mathrm{te}\_j}$ 为机器人坐标系相对机器人手臂末端工具坐标系的对偶四元数表示；$\hat{\boldsymbol{q}}_{\mathrm{ca}}^{\mathrm{robot}}$ 为摄像机坐标系相对机器人坐标系的对偶四元数表示；$\hat{\boldsymbol{q}}_{\mathrm{tr}\_k}^{\mathrm{ca}}$ 为第 k 幅标定板图像坐标系相对摄像机坐标系的对偶四元数表示。

利用不同图像之间的差异，使用式(4-65)可以有

$$\hat{\boldsymbol{q}}_{\mathrm{tr}\_k}^{\mathrm{te}\_1}=\hat{\boldsymbol{q}}_{\mathrm{tr}\_k}^{\mathrm{te}\_2} \tag{4-66}$$

$$\hat{\boldsymbol{q}}_{\mathrm{robot}}^{\mathrm{te}\_2*}*\hat{\boldsymbol{q}}_{\mathrm{robot}}^{\mathrm{te}\_1}*\hat{\boldsymbol{q}}_{\mathrm{ca}}^{\mathrm{robot}}=\hat{\boldsymbol{q}}_{\mathrm{ca}}^{\mathrm{robot}}*\hat{\boldsymbol{q}}_{\mathrm{tr}\_2}^{\mathrm{ca}}*\hat{\boldsymbol{q}}_{\mathrm{tr}\_1}^{\mathrm{ca}*} \tag{4-67}$$

获得与手眼标定的基本方程的相似形式：

$$\hat{\boldsymbol{A}}*\hat{\boldsymbol{q}}_{\mathrm{ca}}^{\mathrm{robot}}=\hat{\boldsymbol{q}}_{\mathrm{ca}}^{\mathrm{robot}}*\hat{\boldsymbol{B}} \tag{4-68}$$

同样，也可直接利用手眼标定的基本方程，将齐次变换矩阵 $\boldsymbol{A}$ 、$\boldsymbol{B}$ 与 $\boldsymbol{X}$ 转换为相应的

对偶四元数形式，从而获得式(4-68)。

进一步有

$$([\hat{\boldsymbol{A}}^{+}]-[\hat{\boldsymbol{B}}^{-}])\hat{\boldsymbol{q}}_{\text{ca}}^{\text{robot}}=\boldsymbol{Q}_{AB}\hat{\boldsymbol{q}}_{\text{ca}}^{\text{robot}}=0 \tag{4-69}$$

其中，$\boldsymbol{Q}_{AB}$ 为 8×8 矩阵；$\hat{\boldsymbol{q}}_{\text{ca}}^{\text{robot}}$ 为 8×1 矩阵。

可将 $\boldsymbol{Q}_{AB}$ 列为分块矩阵，有

$$\boldsymbol{Q}_{AB}=\begin{bmatrix}\boldsymbol{Q}_{11} & \boldsymbol{0}_{4\times 4}\\ \boldsymbol{Q}_{21} & \boldsymbol{Q}_{22}\end{bmatrix} \tag{4-70}$$

可将 $\hat{\boldsymbol{q}}_{\text{ca}}^{\text{robot}}$ 列为分块矩阵，有

$$\hat{\boldsymbol{q}}_{\text{ca}}^{\text{robot}}=\begin{bmatrix}\boldsymbol{q}_{11}^{\text{rob\_ca}}\\ \boldsymbol{q}_{21}^{\text{rob\_ca}}\end{bmatrix} \tag{4-71}$$

式(4-71)中 $\hat{\boldsymbol{q}}_{\text{ca}}^{\text{robot}}$ 的实部和对偶部的实数部分并不属于零空间，相应地在式(4-70)中 $\boldsymbol{Q}_{11}$、$\boldsymbol{Q}_{21}$ 与 $\boldsymbol{Q}_{22}$ 的第一行也不属于零向量，同时矩阵 $\boldsymbol{Q}_{AB}$ 不满秩。因此，可以对 $\boldsymbol{Q}_{AB}$ 和 $\hat{\boldsymbol{q}}_{\text{ca}}^{\text{robot}}$ 的分块矩阵分别进行辨识。

由式(4-69)~式(4-71)可有

$$\boldsymbol{Q}_{11}\boldsymbol{q}_{11}^{\text{rob\_ca}}=\boldsymbol{0}_{4\times 1} \tag{4-72}$$

$$\boldsymbol{Q}_{21}\boldsymbol{q}_{11}^{\text{rob\_ca}}+\boldsymbol{Q}_{22}\boldsymbol{q}_{21}^{\text{rob\_ca}}=\boldsymbol{0}_{4\times 1} \tag{4-73}$$

利用奇异值分解(SVD)方法求解式(4-72)，获得对偶四元数 $\hat{\boldsymbol{q}}_{\text{ca}}^{\text{robot}}$ 中包含旋转信息的实部结果。对偶四元数 $\hat{\boldsymbol{q}}_{\text{ca}}^{\text{robot}}$ 的对偶部包括旋转之后的位移信息，并不是直观的位置矢量表示，因此，需要将式(4-72)的结果代入式(4-73)，同样利用奇异值分解方法再获得 $\hat{\boldsymbol{q}}_{\text{ca}}^{\text{robot}}$ 的对偶部结果，最后形成 $\hat{\boldsymbol{q}}_{\text{ca}}^{\text{robot}}$ 的完整表示。

通常手眼标定的具体实现过程中，为了提高标定结果的准确度和精度，需要获取多幅图像数据，构成组合辨识方式：

$$\boldsymbol{T}_{11}=[\boldsymbol{G}_{1}^{\text{T}}\ \boldsymbol{G}_{2}^{\text{T}}\cdots\ \boldsymbol{G}_{n}^{\text{T}}]^{\text{T}} \tag{4-74}$$

$$\boldsymbol{T}_{21}=[\boldsymbol{H}_{1}^{\text{T}}\ \boldsymbol{H}_{2}^{\text{T}}\cdots\boldsymbol{H}_{n}^{\text{T}}]^{\text{T}} \tag{4-75}$$

$$\boldsymbol{G}_{n}^{\text{T}}=[\boldsymbol{Q}_{11}\boldsymbol{q}_{11}^{\text{rob\_ca}}]_{k}^{\text{T}} \tag{4-76}$$

$$\boldsymbol{H}_{n}^{\text{T}}=[\boldsymbol{Q}_{21}\boldsymbol{q}_{11}^{\text{rob\_ca}}+\boldsymbol{Q}_{22}\boldsymbol{q}_{21}^{\text{rob\_ca}}]_{k}^{\text{T}} \tag{4-77}$$

其中，k 表示第 k 幅图像。

使用奇异值分解方法对式(4-74)和式(4-75)依次辨识，可以获得相较式(4-72)和式(4-73)更为合理的结果。

在获得摄像机坐标系相对机器人坐标系的对偶四元数 $\hat{\boldsymbol{q}}_{\text{ca}}^{\text{robot}}$ 的基础上，可根据实际的控制需求将 $\hat{\boldsymbol{q}}_{\text{ca}}^{\text{robot}}$ 变换为齐次变换矩阵，或者求取出相对坐标系表示的旋转角度和位移值，以便给予直观的数值表示。

从以上分析和推导可以总结出所提出的改进形式对偶四元数手眼标定算法步骤为：

(1) 将二维标定靶标固定在机械臂末端，使用摄像机获取机械臂在不同位姿情况下对应的多幅图像数据；

(2) 使用奇异值分解(SVD)方法结合式(4-69)和式(4-74)求取 $\hat{\boldsymbol{q}}_{\mathrm{ca}}^{\mathrm{robot}}$ 的实部；

(3) 使用奇异值分解(SVD)方法结合式(4-69)、式(4-75)和第(2)步获取的实部结果求取 $\hat{\boldsymbol{q}}_{\mathrm{ca}}^{\mathrm{robot}}$ 的对偶部，形成最后的 $\hat{\boldsymbol{q}}_{\mathrm{ca}}^{\mathrm{robot}}$ 整体表示结果。

4.2.2　机器人参数辨识方法

获取机器人的刚度参数是建立刚度模型的基本内容，影响机器人在受到外部作用力时的微小变形大小，并改变末端执行器的定位精度。动力学参数是机器人系统的固有属性，机器人关节所受的力矩受到外部作用力、机器人本体和负载的动力学参数与运动状态的综合影响。获取机器人关节刚度和系统的动力学参数有利于改善系统的运动控制品质和提高作业效果。

1. 机器人关节刚度参数辨识与变形补偿

机器人在工业领域协助人类完成许多作业任务，同时能够提高工厂的生产效率和保障安全性。例如，使用机器人系统进行机械加工和焊接。研究改善机器人作业效果的因素有利于使机器人系统在生产中发挥更大的作用。不同类型的机器人的刚度特性有差异，刚度参数是导致在不同负载情况下末端执行器的定位出现偏移的一个重要因素。在典型的工厂应用中，工业机器人末端执行器与零部件接触时会产生作用力和力矩，此时机器人的刚度特性影响接触过程中两者的物理状态或者运动状态。比如，工业机器人在执行一些作业任务时需要适当的顺应性，特别是在工业机器人执行高精度要求的任务时，其刚度特性往往会影响其定位精度。此时，机器人刚度参数是进一步改善作业效果所需要考虑的因素。因此，为了进一步扩展和改善机器人的应用效果，需要分析和研究机器人的刚度特性对控制效果的影响。在获得工业机器人的刚度参数的情况下，利用变形补偿算法可以提高机器人的定位精度。在建立和分析机器人关节刚度模型的基础上，出现了多种关节刚度参数辨识算法。

(1) 有限元分析(finite element analysis ,FEA)方法：基于许多相互关联的单元和相应的刚度矩阵构建描述刚度特性的物理模型。在使用有限元对机器人刚度特性进行分析的基础上，可应用一种数值工具与机器人刚度之间一般映射约束的评估方法。

(2) 矩阵结构分析(matrix structure analysis ,MSA)方法：在假定忽略连杆弯曲影响的前提下，使用梁和节点结构建立机器人刚度模型。

(3) 虚拟关节法(virtual joint method ,VJM)：以连杆为刚性部件，关节存在柔性的思路，通过计算雅可比矩阵来建立刚度模型。分析工业机器人在迪卡儿空间中的刚度特性需要考虑柔性的因素，结合刚度特性对机器人系统结构的影响，从刚度分析和优化的角度调整机器人系统并提高末端执行器的定位精度和力控制效果。

(4) 保守同余变换(conservative congruence transformation, CCT)方法：基于关节与迪卡儿空间之间的映射约束关系，辨识出机构的刚度参数。在工作空间中对于不可忽略关节柔性的机器人来说，将机器人关节刚度与刚度特性相联系的刚度变换是提高末端执行器定位精度的一个重要方面，同时了解刚度特性对提高机器人的受力操作具有重要意义，刚度变换是建立刚度模型的主要内容。CCT 方法是在机器人刚度分析中的一个有效且完整的刚度参数辨识算法，对偶四元数代数也可用于建立 CCT 方法中的柔度模型。

1) 机器人关节刚度参数辨识

一般地，在建立刚度模型之前，需要作三个假设：第一，将机器人末端执行器等效为刚性体，同时机器人的弱刚度是造成变形和末端执行器位姿偏移的主要原因；第二，关节的弹性变形引起角位移，机器人的连杆等效为刚性体；第三，机器人在未受其他干扰的稳定条件下执行作业任务，并且外部载荷是影响机器人变形的唯一因素。结合假设条件，施加在末端执行器上的外力和力矩会导致末端执行器的位姿发生微小变化，并以位姿的微小变化为参数变量。将 $\delta\hat{\boldsymbol{q}}_{\theta i}$ 作为末端执行器的微小位姿变化的对偶四元数表示，将 $\delta\theta_i$ 作为关节角的微小角位移，此时有

$$\delta\hat{\boldsymbol{q}}_{\theta i}=\left[\cos\frac{\delta\theta_i}{2}\;0\;0\;0\;\sin\frac{\delta\theta_i}{2}\;0\;0\;0\right] \tag{4-78}$$

根据虚功原理并结合对偶四元数代数的运算特点，求取具有 n 个转动关节的串联机器人对偶四元数形式的虚功：

$$\mathrm{Ta}=\mathrm{sc}\left(\sum_{i=0}^{n}\hat{\boldsymbol{q}}_{\tau i}\bullet\delta\hat{\boldsymbol{q}}_{\theta i}\right) \tag{4-79}$$

其中，“•”为圆积；Ta 为关节空间中表示的虚功；$\hat{\boldsymbol{q}}_{\tau i}$ 为应用于机器人第 i 个关节的对偶力；sc 表示对偶四元数的标量部分。

此外，末端执行器所做虚功的对偶四元数形式为

$$\mathrm{Tc}=\mathrm{sc}(\hat{\boldsymbol{F}}\bullet\hat{\boldsymbol{D}}) \tag{4-80}$$

其中，Tc 是末端执行器所做的虚功；$\hat{\boldsymbol{F}}$ 是施加在机器人末端执行器上的对偶力；$\hat{\boldsymbol{D}}$ 是末端执行器的对偶位移。

对偶四元数的实部和对偶部这两个部分分别包含标量和向量，因此可以从 Ta 和 Tc 中提取标量部分：

$$\mathrm{sc}(\mathrm{Ta_r})+\mathrm{sc}(\mathrm{Ta_d})=\mathrm{sc}(\mathrm{Tc_r})+\mathrm{sc}(\mathrm{Tc_d}) \tag{4-81}$$

其中，$\mathrm{Ta_r}$ 和 $\mathrm{Ta_d}$ 分别为 Ta 的实部和对偶部；$\mathrm{Tc_r}$ 和 $\mathrm{Tc_d}$ 分别为 Tc 的实部和对偶部。

为了便于计算，可以考虑将线性代数的矩阵形式用于对偶四元数代数的运算过程中。将式(4-81)改写为矩阵形式，有

$$\boldsymbol{\tau}_{\mathrm{q}}{}^{\mathrm{T}}\mathrm{d}\boldsymbol{\theta}=\boldsymbol{T}\boldsymbol{F}^{\mathrm{T}}\boldsymbol{D} \tag{4-82}$$

其中，$\boldsymbol{\tau}_{\mathrm{q}}$ 为调整对偶四元数中元素形式后的力矩矢量；$\mathrm{d}\boldsymbol{\theta}$ 为关节角矢量；$\boldsymbol{F}$ 为末端执行器受到的外力；$\boldsymbol{D}$ 为末端执行器的位移微元；$\boldsymbol{T}$ 矩阵用于提取并整合式子元素，且 $\boldsymbol{T}=\begin{bmatrix}1&0&0&0&1&0&0&0\end{bmatrix}$。式(4-82)中的各部分为矩阵形式表示的对偶四元数，且位移 $\boldsymbol{D}$ 可用雅可比矩阵和相应的无穷小微元表示为

$$\boldsymbol{D}=\boldsymbol{J}\mathrm{d}\boldsymbol{\theta} \tag{4-83}$$

其中，$\boldsymbol{J}$ 为雅可比矩阵。

进一步有如下关系式：

$$\boldsymbol{\tau}_{\mathrm{q}}^{\mathrm{T}}=\boldsymbol{T}\boldsymbol{F}^{\mathrm{T}}\boldsymbol{J} \tag{4-84}$$

扭矩 $\boldsymbol{\Gamma}$ 与关节角 $\Delta\boldsymbol{\Theta}$ 之间的关系由式(4-85)得出：

$$\boldsymbol{\Gamma}=\boldsymbol{K}_{\theta}\Delta\boldsymbol{\Theta} \tag{4-85}$$

其中，$\boldsymbol{K}_{\theta}$ 表示对角形式的关节刚度矩阵。

$$\boldsymbol{\Gamma}_{\mathrm{q}}=\mathrm{sc}(\boldsymbol{K}_{\mathrm{q}\theta}\boldsymbol{\Theta}_{\mathrm{q}}) \tag{4-86}$$

$$\boldsymbol{K}_{\mathrm{q}\theta}=\begin{bmatrix}\hat{K}_1 & \cdots & 0\\ \vdots & & \vdots\\ 0 & \cdots & \hat{K}_n\end{bmatrix} \tag{4-87}$$

$$\boldsymbol{\Theta}_{\mathrm{q}}=[\Delta\hat{\theta}_1\cdots\Delta\hat{\theta}_n] \tag{4-88}$$

此时可得到如下关系式：

$$\boldsymbol{D}=\boldsymbol{J}\boldsymbol{K}^{-1}\boldsymbol{J}^{\mathrm{T}}\boldsymbol{F}\boldsymbol{T}^{\mathrm{T}} \tag{4-89}$$

其中，$\boldsymbol{K}$ 为对偶四元数空间中表示的关节刚度矩阵。

使用对偶四元数表示迪卡儿无穷小位移 $\Delta\boldsymbol{X}$ 与外力 $\boldsymbol{F}$ 的关系式为

$$\boldsymbol{F}=\mathrm{sc}(\hat{\boldsymbol{K}}_X\bullet\Delta\hat{\boldsymbol{X}}) \tag{4-90}$$

其中，$\hat{\boldsymbol{K}}_X$ 为对角形式的迪卡儿刚度矩阵的对偶四元数表示；$\Delta\hat{\boldsymbol{X}}$ 为末端执行器微小位移的对偶四元数表示。

利用泰勒展开式，式(4-90)可改写为

$$\mathrm{d}\boldsymbol{F}=\boldsymbol{K}_{\mathrm{q}}\Delta\boldsymbol{X}_{\mathrm{q}} \tag{4-91}$$

其中，$\boldsymbol{K}_{\mathrm{q}}$ 为调整对偶四元数中元素形式后的关节刚度矩阵；$\Delta\boldsymbol{X}_{\mathrm{q}}$ 为末端执行器位移的对偶四元数表示。

对式(4-84)进行转置并微分，得到以下关系式：

$$\mathrm{d}\boldsymbol{\tau}_{\mathrm{q}}=\mathrm{d}\boldsymbol{J}^{\mathrm{T}}\boldsymbol{F}\boldsymbol{T}^{\mathrm{T}}+\boldsymbol{J}^{\mathrm{T}}\mathrm{d}\boldsymbol{F}\boldsymbol{T}^{\mathrm{T}} \tag{4-92}$$

此时有

$$\boldsymbol{K}\mathrm{d}\boldsymbol{\theta}=\sum_{i=0}^{n}\frac{\partial\boldsymbol{J}}{\partial\boldsymbol{q}_i}\mathrm{d}\boldsymbol{q}_i\boldsymbol{F}\boldsymbol{T}^{\mathrm{T}}+\boldsymbol{J}^{\mathrm{T}}\boldsymbol{K}_{\mathrm{q}}\boldsymbol{J}\boldsymbol{D}_{\mathrm{q}}\boldsymbol{T}^{\mathrm{T}} \tag{4-93}$$

其中，$\boldsymbol{D}_{\mathrm{q}}$ 为调整对偶四元数中元素形式后的转换矩阵。

程式(4-93)可改写为

$$\boldsymbol{J}_{\mathrm{k}}^{\mathrm{T}}\boldsymbol{K}_{\mathrm{d}}\boldsymbol{J}_{\mathrm{k}}=\boldsymbol{K}-\boldsymbol{K}_{\mathrm{c}} \tag{4-94}$$

其中，$\boldsymbol{J}_{\mathrm{k}}$ 为调整对偶四元数中元素形式后的雅可比矩阵；$\boldsymbol{K}_{\mathrm{d}}$ 为关节刚度矩阵。完整的串联机器人刚度矩阵可以写成

$$\boldsymbol{K}_{\mathrm{d}}=\boldsymbol{J}_{\mathrm{k}}^{-\mathrm{T}}(\boldsymbol{K}-\boldsymbol{K}_{\mathrm{c}})(\boldsymbol{J}_{\mathrm{k}}^{-\mathrm{T}})^{-1} \tag{4-95}$$

$$\mathrm{d}\boldsymbol{q} = \boldsymbol{K}_{\mathrm{d}}^{-1} \tag{4-96}$$

其中，$\mathrm{d}\boldsymbol{q}$ 为变形量的对偶四元数表示。

式(4-96)可以形式表示为

$$\boldsymbol{y} = \boldsymbol{A}\boldsymbol{x} \tag{4-97}$$

其中，

$$\boldsymbol{A} = \begin{bmatrix} J_{11}\sum_{i=1}^{8} J_{i1}F_i & \cdots & J_{18}\sum_{i=1}^{8} J_{i1}F_i \\ \vdots & & \vdots \\ J_{81}\sum_{i=1}^{8} J_{i1}F_i & \cdots & J_{88}\sum_{i=1}^{8} J_{i8}F_i \end{bmatrix} \tag{4-98}$$

$$\boldsymbol{y} = \mathrm{d}\boldsymbol{q} \tag{4-99}$$

$$\boldsymbol{x} = \boldsymbol{D} \tag{4-100}$$

式(4-98)可用最小二乘法求解，其解表示为

$$\boldsymbol{x} = (\boldsymbol{A}^{\mathrm{T}}\boldsymbol{A})^{-1}\boldsymbol{A}^{\mathrm{T}}\boldsymbol{y} \tag{4-101}$$

式(4-101)中的 $\boldsymbol{x}$ 和 $\boldsymbol{y}$ 为对偶四元数代数表示。此时，通过求解式(4-101)可得到刚度参数辨识结果。

2) 变形补偿

在获取关节刚度参数的基础上进行位姿补偿，以期提高机器人的位姿精度。补偿算法中考虑柔性会影响末端执行器的位姿精度，并假设施加在末端执行器上的力和力矩会导致位姿误差。本节根据变形与关节刚度之间的约束利用对偶四元数代数运算方法设计适用于串联机器人定位的补偿算法。图 4-11 为变形补偿方案框图，其中 P 是姿态控制信号，F 是力信号。变形补偿中首先根据辨识出的关节刚度参数建立刚度模型，然后利用安装在工业机器人末端执行器上的力传感器测量外力和力矩数据，计算出接触过程中与刚度特性相关的变形。

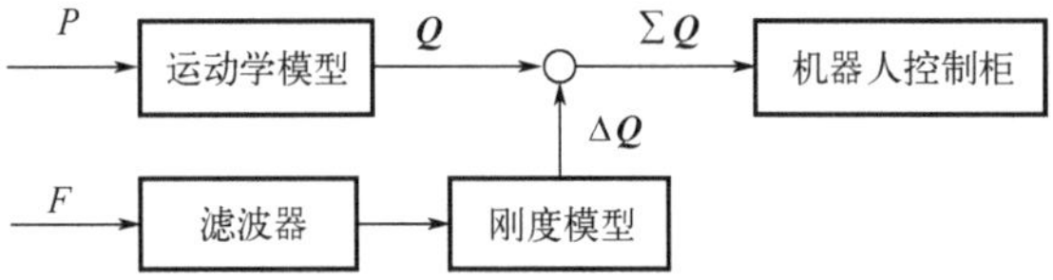

图 4-11　变形补偿方案框图

补偿算法中的对偶四元数误差采用如下定义：

$$\Delta\hat{\boldsymbol{q}} = \hat{\boldsymbol{p}} * \hat{\boldsymbol{q}}^{-1} \tag{4-102}$$

其中，$\hat{\boldsymbol{p}}$ 是名义值的对偶四元数表示；$\hat{\boldsymbol{q}}$ 是预估实际位姿的对偶四元数表示，此时的 $\Delta\hat{\boldsymbol{q}}$ 为单位对偶四元数。

在机器人基坐标系中表示输入到机器人控制柜的变形补偿量，并使用下列式子表示：

$$\boldsymbol{J} * \Delta\boldsymbol{\theta} = \Delta\boldsymbol{Q} \tag{4-103}$$

$$\Delta \boldsymbol{Q}=\begin{bmatrix}\Delta q_{\mathrm{r}}\\ \Delta q_{\mathrm{d}}\end{bmatrix}=\Delta \hat{\boldsymbol{q}}^{\mathrm{T}} \tag{4-104}$$

其中，$\boldsymbol{J}$ 是机器人雅可比矩阵；$\Delta\boldsymbol{\theta}$ 为关节角微元；$\Delta\boldsymbol{Q}$ 是误差对偶四元数的矩阵表示形式；Δq_{r} 是 $\Delta\boldsymbol{Q}$ 的实部；Δq_{d} 是 $\Delta\boldsymbol{Q}$ 的对偶部。

利用两个对偶四元数的乘法算符的矩阵形式，可以将式(4-102)表示为

$$\Delta \boldsymbol{Q}=\left[\hat{\boldsymbol{p}}^{+}\right]\hat{\boldsymbol{q}}^{-1} \tag{4-105}$$

此时可以在控制回路中输出补偿值 $\Delta\boldsymbol{Q}$，有

$$\sum \boldsymbol{Q}=\boldsymbol{Q}+\Delta \boldsymbol{Q} \tag{4-106}$$

其中，$\boldsymbol{Q}$ 为运动学控制量的对偶四元数表示。

2. 机器人动力学参数辨识

动力学参数是机器人的重要属性，有助于描述系统的动态响应特征。当机器人处于不同的应用环境中时，在了解系统动力学模型的基础上就可以针对不同的操作任务灵活地调整控制算法或者决策方案。常用的动力学参数辨识方法中，理论辨识方法可以从机器人系统的动力学响应特征和数据中寻找规律，推导出惯性参数和采样信息之间的对应关系。机器人关节数量的增多会导致动力学模型的复杂化，动力学参数的数目也随之增加。根据机器人不同的结构和传动方式，参数之间的组合也有差异。本节在使用机械臂动力学模型中的惯性参数集的前提下，结合对偶四元数代数推导串联机械臂的动力学参数辨识模型。在商用机器人的控制系统结构中，可以获取机械臂关节的部分驱动信息，从关节的角位移、角速度和角加速度与关节力矩之间的动力学联系中寻找参数辨识的推导方法。末端执行器在不同的迪卡儿位姿和速度的状态下，机械臂不同关节和连杆的惯量参数会影响关节力矩的输出大小。目前国内外的机器人动力学参数辨识方法主要如下。

(1)解体测量方法：拆分机器人系统的各个结构，根据实际情况将机器人手臂的每个关节和连杆解体，借助于测量仪器有针对性地对每一个部分进行实际实验以获取测量数据，利用各个部件的动力学特点解算、拟合并优化获取其中的惯性参数。这种方式的思路简便，在不同的实验测量方式和步骤情况下获取的结果属性有差异。但是各个部件在解体形式下表现出来的惯性特征与形成系统整体后各自体现出来的效果会发生变化，难以体现部分耦合特性。

(2)CAD 方法：在 CAD 软件中由计算机处理好的三维图形能够精确描绘设计者开发系统时机器人各个部件的几何尺寸和惯性参数，通过输入材料的相关属性值和换算公式，可以获取翔实的相关参数。这种方式不需要对机器人解体，也不需要采集控制机器人运动过程中的数据，并且可以实现自动测量。但是这种方式计算出的是理想的理论值，难以考虑实际情况下机器人不可避免出现的加工误差、装配情况和其他复杂因素对机器人理想动力学参数的改变。

(3)不解体实验辨识方法：不会忽略模型的计算误差和实际物理材料的参数差异，考虑了机器人的关节特性对系统的影响，可以根据结构特点将动力学参数进行不同组合，通过采集传感器数据和相关信息建立机器人动力学参数辨识模型，利用实验测量的结果获得系统的惯性参数值。

(4) 理论辨识方法：理论辨识方法可以在对系统进行分析的基础上简化辨识模型，通过采集机器人运动状态下的相关数据，借助于辨识模型获取满足理论推导的惯性参数值。需要讨论机器人系统结构的影响因素，在满足控制需求的前提下建立动力学模型，推导出描述惯性特征的辨识模型，设计好机器人的期望运动轨迹，采集机器人的实际运动数据，利用辨识算法求解出满足当前理论动力学模型所描述状态的惯性参数值。理论辨识方法的优点在于可以获得机器人系统整体的动力学模型，将机器人系统实际工作情况下一些已知和多变的因素考虑在辨识模型的动力学属性中，其辨识结果能够较好地描述系统整体的动力学特征。

(5) 整体测量方法：整体测量方法获取的计算值可以包含不同动力学参数的组合值，在目前的应用中较为广泛。在整体测量方法中，采集的数据可以受到反馈的作用影响，可以考虑利用在给定的控制输入情况下系统的实际响应，根据有价值的信息建立系统的动力学模型。根据系统的运行规律推导动力学参数辨识模型，在实验数据的基础上分析计算出模型的参数值。在辨识的过程中，需要重点考虑对动力学参数辨识模型的线性化函数的求取和归纳，考虑关节属性的组合情况，对负载的惯性因素和运动状态之间的联系进行分析。

1) 机器人连杆动力学参数辨识

在刚体动力学模型的基础上从机器人基座开始向末端连杆建立单连杆动力学方程。首先考虑将第 i 连杆和第 n 连杆组合为整体进行动力学建模，其中第 $i+1$ 连杆至第 n 连杆动力学参数已知，第 i 连杆动力学参数未知。刚体动力学方程有

$$\frac{\mathrm{d}\hat{\boldsymbol{M}}_{in}^{i}}{\mathrm{d}t}=\hat{\boldsymbol{F}}_{in}^{i}=(\boldsymbol{f}_{in}^{i},\boldsymbol{\tau}_{in}^{i}) \tag{4-107}$$

其中，$\hat{\boldsymbol{M}}_{in}^{i}$ 为第 i 连杆至末端第 n 连杆组合形成整体的对偶动量相对第 i 关节坐标系的表示；$\hat{\boldsymbol{F}}_{in}^{i}$ 为第 i 连杆至末端第 n 连杆组合形成整体的对偶力相对第 i 关节坐标系的表示；$\boldsymbol{f}_{in}^{i}$ 为第 i 连杆至末端第 n 连杆组合形成整体的力相对第 i 关节坐标系的四元数表示；$\boldsymbol{\tau}_{in}^{i}$ 为第 i 连杆至末端第 n 连杆组合形成整体的力矩相对第 i 关节坐标系的四元数表示。

考虑 $\boldsymbol{\tau}_{in}^{i}$ 的等式为

$$\boldsymbol{\tau}_{in}^{i}=\boldsymbol{f}_{i}^{i}+\boldsymbol{\tau}_{i}^{i}+\boldsymbol{q}_{i+1}^{i}*\boldsymbol{\tau}_{i+1,n}^{i}*\boldsymbol{q}_{i+1}^{i\ *}+\boldsymbol{p}_{i+1}^{i}\times(\boldsymbol{q}_{i+1}^{i}*\boldsymbol{f}_{i+1,n}^{i}*\boldsymbol{q}_{i+1}^{i\ *}) \tag{4-108}$$

$$\boldsymbol{f}_{i}^{i}+\boldsymbol{\tau}_{i}^{i}=m_{i}\cdot\dot{\boldsymbol{v}}_{ig}^{i}+\boldsymbol{p}_{\mathrm{c}i}^{i}\times(m_{i}\cdot\dot{\boldsymbol{v}}_{\mathrm{c}i}^{i})+\boldsymbol{q}_{\mathrm{c}i}^{i}*(\boldsymbol{I}_{i}\Diamond\dot{\boldsymbol{W}}_{i})*\boldsymbol{q}_{\mathrm{c}i}^{i\ *} \tag{4-109}$$

其中，$\boldsymbol{f}_{i}^{i}$ 为第 i 连杆的力相对第 i 关节坐标系的四元数表示；$\boldsymbol{\tau}_{i}^{i}$ 为第 i 连杆的力矩相对第 i 关节坐标系的四元数表示；$\boldsymbol{q}_{i+1}^{i}$ 为第 $i+1$ 连杆坐标系相对第 i 连杆坐标系的四元数表示；$\boldsymbol{\tau}_{i+1,n}^{i}$ 为第 $i+1$ 连杆至末端第 n 连杆组合形成整体的力矩相对第 n 关节坐标系的四元数表示；$\boldsymbol{f}_{i+1,n}^{i}$ 为第 $i+1$ 连杆至末端第 n 连杆组合形成整体的力相对第 n 关节坐标系的四元数表示；m_i 为第 i 连杆的质量；$\dot{\boldsymbol{v}}_{ig}^{i}$ 为重力加速度在第 i 连杆坐标系中的表示；$\boldsymbol{q}_{\mathrm{c}i}^{i}$ 为第 i 连杆质心坐标系相对第 i 连杆坐标系的四元数表示；$\boldsymbol{I}_i$ 为第 i 连杆的惯量矩阵；$\dot{\boldsymbol{W}}_i$ 为第 i 连杆的加速度矩阵；$\boldsymbol{p}_{\mathrm{c}i}^{i}$ 为第 i 连杆质心相对第 i 连杆坐标系位置的四元数表示；$\dot{\boldsymbol{v}}_{\mathrm{c}i}^{i}$ 为第 i 连杆质心相对第 i 连杆坐标系速度的四元数表示。

可以得到

$$\boldsymbol{f}_i^i + \boldsymbol{\tau}_i^i = [\boldsymbol{V}_{gi}\ \boldsymbol{W}_i]\begin{bmatrix}\mathrm{DA}_i \\ \mathrm{DB}_i\end{bmatrix} + (\boldsymbol{q}_{i+1}^{i\ *})^- (\boldsymbol{q}_{i+1}^i)^+ M(\dot{\boldsymbol{W}}_i) M(\boldsymbol{I}_i) \tag{4-110}$$

$$\mathrm{DA}_i = m_i \overline{p}_i^i$$

$$\mathrm{DB}_i = [m_i p_{ix} p_{iy}\ \ m_i p_{ix} p_{iz}\ \ m_i p_{iy} p_{iz}\ \ m_i p_{ix}^2\ \ m_i p_{iy}^2\ \ m_i p_{iz}^2]$$

$$M(\boldsymbol{I}_i) = [M(\boldsymbol{I}_i \boldsymbol{A})\ \ M(\boldsymbol{I}_i \boldsymbol{B})]^{\mathrm{T}} \tag{4-111}$$

其中，$\boldsymbol{V}_{gi}$ 为第 i 连杆线加速度组合矩阵；$\boldsymbol{W}_i$ 为第 i 连杆角速度与角加速度组合矩阵；$(\boldsymbol{q}_{i+1}^{i\ *})^-$ 为 $\boldsymbol{q}_{i+1}^{i\ *}$ 的右乘四元数矩阵形式；$(\boldsymbol{q}_{i+1}^i)^+$ 为 $\boldsymbol{q}_{i+1}^i$ 的左乘四元数矩阵形式；$\boldsymbol{M}(\dot{\boldsymbol{W}}_i)$ 为第 i 连杆角速度矩阵表示；$M(\boldsymbol{I}_i)$ 为第 i 连杆惯量参数矩阵；$\boldsymbol{M}(\boldsymbol{I}_i\boldsymbol{A})$ 为单位矩阵；$\boldsymbol{M}(\boldsymbol{I}_i\boldsymbol{B}) = [I_{ixx}\ \ I_{ixy}\ \ I_{ixz}\ \ I_{iyy}\ \ I_{iyz}\ \ I_{izz}]$。

通过以上方法可以采用相互连接连杆顺次组合的方式进行机械臂动力学参数辨识。设定第 n 连杆为最后连杆，具体过程为：

(1) 机械臂运动状态下利用力传感器获取负载力与力矩数据，使用最小二乘法辨识出负载的动力学参数；

(2) 将第 n 连杆与负载组合进行辨识，结合已知负载动力学参数获取第 n 连杆动力学参数；

(3) 将第 $n-1$ 连杆至第 n 连杆与负载组合进行辨识，结合已知第 n 连杆及负载动力学参数获取第 $n-1$ 连杆动力学参数；

(4) 重复第 (2) 步辨识剩下连杆的动力学参数。

2) 负载动力学参数辨识

机器人系统在操作目标物体的过程中受到的负载影响是动态变化的，在一些控制要求较高的情况下，掌握负载的动力学特性有利于提高任务的完成效果。可以将负载与机器人末端组合建立动力学方程，也可以利用六维力传感器实时获取负载传递的力与力矩信息以改善运动控制品质。通过获取负载的力与力矩信息建立负载动力学参数辨识模型，再将负载与机器人关节组合建立动力学模型，就可以完成有效的动力学计算。

动力学分析需要考虑刚体的运动状态，目前有诸多建立刚体动力学模型的方法，如牛顿欧拉方法、拉格朗日方法、凯恩方法、高斯方法、算子代数方法等。利用对偶四元数代数可以获得如下刚体运动方程：

$$\frac{\mathrm{d}\hat{\boldsymbol{M}}_{\mathrm{I}}^{\mathrm{B}}}{\mathrm{d}t} + \hat{\boldsymbol{V}}_{\mathrm{B/I}}^{\mathrm{B}} \times \hat{\boldsymbol{M}}_{\mathrm{I}}^{\mathrm{B}} = \hat{\boldsymbol{F}}^{\mathrm{B}} \tag{4-112}$$

$$\hat{\boldsymbol{M}}_{\mathrm{I}}^{\mathrm{B}} = m\boldsymbol{v}_{\mathrm{I}}^{\mathrm{B}} + \varepsilon(\boldsymbol{I}^{\mathrm{B}} * \boldsymbol{w}_{\mathrm{I}}^{\mathrm{B}}) \tag{4-113}$$

$$\hat{\boldsymbol{F}}^{\mathrm{B}} = \boldsymbol{f}^{\mathrm{B}} + \varepsilon\boldsymbol{\tau}^{\mathrm{B}} \tag{4-114}$$

$$\boldsymbol{f}^{\mathrm{B}} = (0, \overline{\boldsymbol{f}^{\mathrm{B}}}) \in \boldsymbol{H}^{\mathrm{v}} \tag{4-115}$$

$$\boldsymbol{\tau}^{\mathrm{B}} = (0, \overline{\boldsymbol{\tau}^{\mathrm{B}}}) \in \boldsymbol{H}^{\mathrm{v}} \tag{4-116}$$

$$\overline{\boldsymbol{f}^{\mathrm{B}}} = (f_x^{\mathrm{B}}, f_y^{\mathrm{B}}, f_z^{\mathrm{B}}) \tag{4-117}$$

$$\overline{\boldsymbol{\tau}^{\mathrm{B}}} = (\tau_x^{\mathrm{B}}, \tau_y^{\mathrm{B}}, \tau_z^{\mathrm{B}}) \tag{4-118}$$

其中，$\hat{\boldsymbol{M}}_{\mathrm{I}}^{\mathrm{B}}$ 为刚体坐标系中的对偶动量相对惯性坐标系的对偶四元数表示；$\hat{\boldsymbol{V}}_{\mathrm{B/I}}^{\mathrm{B}}$ 为刚体坐标系中的速度相对惯性坐标系的对偶四元数表示；$\hat{\boldsymbol{F}}^{\mathrm{B}}$ 为刚体坐标系中的对偶力；$\boldsymbol{w}_{\mathrm{I}}^{\mathrm{B}}$ 为刚体坐标系中的角速度相对惯性坐标系的四元数表示；$\boldsymbol{v}_{\mathrm{I}}^{\mathrm{B}}$ 为刚体坐标系中的线速度相对惯性坐标系的四元数表示；$\boldsymbol{I}^{\mathrm{B}}$ 为刚体坐标系中的惯量矩阵；$\boldsymbol{H}^{\mathrm{v}}$ 为矢量四元数集合；$\overline{\boldsymbol{f}^{\mathrm{B}}}$ 为刚体坐标系下的外部力矢量；$\overline{\boldsymbol{\tau}^{\mathrm{B}}}$ 为刚体坐标系下的外部力矩矢量。

式(4-112)是在刚体坐标系下的表达，需要使用其惯性坐标系下的转换形式：

$$\frac{\mathrm{d}\hat{\boldsymbol{M}}^{\mathrm{I}}}{\mathrm{d}t} = \hat{\boldsymbol{F}}^{\mathrm{I}} \tag{4-119}$$

其中，$\hat{\boldsymbol{M}}^{\mathrm{I}}$ 为惯性坐标系下的对偶动量；$\hat{\boldsymbol{F}}^{\mathrm{I}}$ 为惯性坐标系下的对偶力。

利用末端力传感器测量负载的六维力信息，在式(4-119)基础上进行负载动力学推导。机械臂运动情况下，负载给六维力传感器的力和力矩有以下方程：

$$\hat{\boldsymbol{F}}^{\mathrm{S}} = (\boldsymbol{f}^{\mathrm{S}}, \boldsymbol{\tau}^{\mathrm{S}}) = \hat{\boldsymbol{q}}_{\mathrm{load}}^{\mathrm{S}} * \hat{\boldsymbol{F}}_{\mathrm{load}} * \hat{\boldsymbol{q}}_{\mathrm{load}}^{\mathrm{S}\,*}, \qquad \boldsymbol{f}^{\mathrm{S}} \in \boldsymbol{H}^{\mathrm{v}}, \qquad \boldsymbol{\tau}^{\mathrm{S}} \in \boldsymbol{H}^{\mathrm{v}} \tag{4-120}$$

其中，$\hat{\boldsymbol{F}}^{\mathrm{S}}$ 为负载对偶力相对传感器坐标系的对偶四元数表示；$\hat{\boldsymbol{q}}_{\mathrm{load}}^{\mathrm{S}}$ 为负载位姿相对传感器坐标系的对偶四元数表示；$\hat{\boldsymbol{F}}_{\mathrm{load}}$ 为负载对偶力相对惯性坐标系的对偶四元数表示；$\boldsymbol{f}^{\mathrm{S}}$ 为负载力相对传感器坐标系的四元数表示；$\boldsymbol{\tau}^{\mathrm{S}}$ 为负载力矩相对传感器坐标系的四元数表示。

$$\boldsymbol{f}^{\mathrm{S}} = m_{\mathrm{load}} \cdot \dot{\boldsymbol{v}}_{\mathrm{load}}^{\mathrm{S}} \in \boldsymbol{H}^{\mathrm{v}} \tag{4-121}$$

其中，m_{load} 表示负载质量；$\dot{\boldsymbol{v}}_{\mathrm{load}}^{\mathrm{S}}$ 表示负载加速度相对传感器坐标系的四元数表示。

$$\dot{\boldsymbol{v}}_{\mathrm{load}}^{\mathrm{S}} = \dot{\boldsymbol{v}}_{\mathrm{gravity}}^{\mathrm{S}} + \dot{\boldsymbol{v}}_{\mathrm{se}} + \dot{\boldsymbol{w}}_{\mathrm{load}}^{\mathrm{S}} \times \boldsymbol{p}_{\mathrm{load}}^{\mathrm{S}} + \boldsymbol{w}_{\mathrm{load}}^{\mathrm{S}} \times \boldsymbol{w}_{\mathrm{load}}^{\mathrm{S}} \times \boldsymbol{p}_{\mathrm{load}}^{\mathrm{S}} \tag{4-122}$$

其中，$\dot{\boldsymbol{v}}_{\mathrm{gravity}}^{\mathrm{S}}$ 为负载重力加速度；$\dot{\boldsymbol{v}}_{\mathrm{se}}$ 为传感器速度；$\boldsymbol{w}_{\mathrm{load}}^{\mathrm{S}}$ 为负载角速度；$\dot{\boldsymbol{w}}_{\mathrm{load}}^{\mathrm{S}}$ 为负载角加速度；$\boldsymbol{p}_{\mathrm{load}}^{\mathrm{S}}$ 为负载位置。式(4-122)中各参数均为传感器坐标系中的四元数形式表达。

于是可得

$$\boldsymbol{f}^{\mathrm{S}} = [\boldsymbol{V}_{gl} \;\; \boldsymbol{W}_l]\begin{bmatrix} m_{\mathrm{load}} \\ m_{\mathrm{load}} \cdot \boldsymbol{p}_{\mathrm{load}}^{\mathrm{S}} \end{bmatrix} \tag{4-123}$$

其中，

$$\boldsymbol{V}_{gl} = [\dot{\boldsymbol{v}}_{\mathrm{gravity}}^{\mathrm{S}} + \dot{\boldsymbol{v}}_{\mathrm{se}}]$$

$$\boldsymbol{W}_l = [[\dot{\boldsymbol{w}}_{\mathrm{load}}^{\mathrm{S}} \times] + [\boldsymbol{w}_{\mathrm{load}}^{\mathrm{S}} \times][\boldsymbol{w}_{\mathrm{load}}^{\mathrm{S}} \times]]$$

符号“[×]”表示反对称矩阵。

$$\boldsymbol{\tau}^{\mathrm{S}} = \boldsymbol{q}_{\mathrm{load}}^{\mathrm{S}} * (\boldsymbol{I}_{\mathrm{load}} \lozenge \dot{\boldsymbol{W}}_{\mathrm{load}}) * \boldsymbol{q}_{\mathrm{load}}^{\mathrm{S}\,*} + \boldsymbol{p}_{\mathrm{load}}^{\mathrm{S}} \times (m_{\mathrm{load}} \cdot \dot{\boldsymbol{v}}_{\mathrm{load}}^{\mathrm{S}}) \tag{4-124}$$

其中，$\boldsymbol{I}_{\mathrm{load}}$ 为负载惯量矩阵；$\dot{\boldsymbol{W}}_{\mathrm{load}}$ 为负载加速度矩阵。

于是得到

$$\boldsymbol{q}_{\text{load}}^{\text{S}} * (\boldsymbol{I}_{\text{load}} \Diamond \dot{\boldsymbol{W}}_{\text{load}}) * \boldsymbol{q}_{\text{load}}^{\text{S}\ *} = (\boldsymbol{q}_{\text{load}}^{\text{S}\ *})^{-} (\boldsymbol{q}_{\text{load}}^{\text{S}})^{+} \boldsymbol{M}(\dot{\boldsymbol{W}}) \boldsymbol{M}(\boldsymbol{I}) \tag{4-125}$$

其中，$(\boldsymbol{q}_{\text{load}}^{\text{S}\ *})^{-}$ 为右乘四元数矩阵表示；$(\boldsymbol{q}_{\text{load}}^{\text{S}})^{+}$ 为左乘四元数矩阵表示；$\boldsymbol{M}(\dot{\boldsymbol{W}})$ 为角速度矩阵；$\boldsymbol{M}(\boldsymbol{I})$ 为惯量参数矩阵。

$$\boldsymbol{M}(\boldsymbol{I}) = [\boldsymbol{M}(\boldsymbol{IA})\ \ \boldsymbol{M}(\boldsymbol{IB})]^{\text{T}} \tag{4-126}$$

通过力传感器获取机械臂运动状态下负载对末端产生的作用力和力矩，使用最小二乘法，利用式(4-122)~式(4-126)可以获得负载的质量和质心位置，利用式(4-126)的分块矩阵可以获得负载的惯量参数。经过这两个步骤可以辨识出负载的动力学参数。

4.2.3　机器人与环境交互控制方法

机器人在执行大部分操作任务时会与外部环境产生接触力，如使用手爪抓取物体、使用两个手臂夹取物体、使用两个手臂搬运物体等。不论与外部环境发生直接或者间接接触的动作是否会对操作物体产生物理特征的变化，如物体的微量变形，机器人对于手臂末端或者执行器末端的受力信息的处理都会影响到操作任务的效果。特别是在动态变化的环境中，机器人与环境的接触点或者接触面会产生变化的力信息，控制系统品质需要得到保证。单纯依靠机器人的位置控制系统往往并不能对非结构化环境的不确定性做出良好反应，可能在产生微小位置偏差的情况下对机器人机构产生很大的接触力甚至是破坏力，导致无法完成正常的操作任务，也可能损坏机器人系统与外部环境或者对操作人员造成伤害。为了解决这个问题，机器人系统需要具备对非确定环境的柔顺能力，其中对力信息的处理显得非常关键。如果机器人能够在与外部环境接触时产生任意的作用力柔性，同时在操作时保持对位置伺服和机械结构的高刚度，就能够获得机器人系统的理想控制效果。机器人系统具备柔性可以有两种途径：一种是被动柔顺；另一种是主动柔顺。

被动柔顺主要靠机器人与外部环境接触的机构具备的顺应变形与微量位移偏差的能力，对机器人本体产生的反作用力基本可以忽略。通常来说，具有柔顺能力的末端执行器作为机器人与外部环境接触的媒介，通过弹性元件吸收变形和位移偏差产生的作用能量，抵消位置偏差带来的反作用力的不利影响。但是在机器人的应用中，使用被动柔顺装置也会带来一些问题，比如，无法从根本上解决机器人高刚度与高顺应性之间的矛盾，而被动柔顺装置具有专用性，通用性、适应性和使用范围都受到限制。此外，被动柔顺装置本身并不受机器人系统的控制，其接触状态并不一定处于机器人控制要求的范围之内，特别是在对作用力和位置要求高的场合。而且，被动柔顺装置弱化了机器人系统对力的反应能力，不适用于需要对作用力变化做出快速反应的场合。针对被动柔顺的这些不足，主动柔顺被应用于机器人控制系统中。作用力的变化情况是主动柔顺控制的关键信息来源，通过分析和处理力信息，控制机器人在与外部环境保持期望的接触力情况下完成操作任务。从主动柔顺控制的原理上可以看出，主动柔顺控制就是力控制。力控制方法可以分为经典力控制方法和先进力控制方法。经典力控制构成了力控制的研究基础。

1. 机器人力控制基础

经典力控制主要包括阻抗控制和混合力/位置控制，这两种控制方式应用广泛。力控制需要处理力反馈信息，将其作为驱动器合适的输入信息，从而得到期望的运动轨迹与接触力。

在机器人的力控制中，需要处理的基本变量包括位置、速度、加速度和接触力。机器人力控制是指机器人系统通过控制其末端执行器（如机械手臂、夹持器等）施加在外部环境上的力，来实现特定的任务目标。力控制通常涉及以下几个方面：力传感器，在机器人的末端执行器或关节上安装力传感器，用于测量外部环境施加在机器人身上的力的大小和方向，常用的力传感器包括压力传感器、应变传感器、力-扭矩传感器等；力反馈控制，根据力传感器的反馈信息，机器人系统可以实现力反馈控制，即根据外部环境施加在机器人身上的力的大小和方向，调整机器人的运动轨迹、速度或力度，使机器人能够与环境保持稳定的接触或完成特定的任务。

1）阻抗控制

阻抗控制是一种基于力的控制方法，它通过控制机器人的阻抗来实现对机器人与环境交互的控制。阻抗是指机器人在受到外部力作用时所表现出的抵抗能力，它可以用阻抗矩阵来描述。阻抗控制的基本原理是将机器人的阻抗与环境的阻抗进行匹配，从而实现机器人与环境之间的力交互。阻抗控制的实现需要通过传感器来获取机器人与环境之间的力信息，然后将这些信息输入到控制器中进行处理。

2）混合力/位置控制

机器人的混合力/位置控制（hybrid force/position control）是一种控制策略，结合了力控制和位置控制的特点，旨在实现对机器人末端执行器施加的力和位置同时进行精确控制的目标。这种控制策略通常应用于需要在力和位置之间进行灵活切换的任务中，如装配、操纵、抓取等。混合力/位置控制通常包括几个关键组成部分：力控制器，负责实现对机器人末端执行器施加的力的控制，力控制器通常基于外部环境施加在机器人身上的力反馈信息，通过调整机器人关节的力或力矩来实现期望的力控制；位置控制器，负责实现对机器人末端执行器位置的控制，位置控制器根据期望的位置轨迹或目标位置，通过调整机器人关节的角度或位置来实现位置控制；混合控制策略，将力控制器和位置控制器结合起来，实现对机器人末端执行器同时进行力和位置的控制，通常混合控制策略可以根据具体的任务需求，动态地调整力和位置的权重比例，以实现力和位置之间的平衡和切换；控制算法，混合力/位置控制通常使用一种或多种控制算法来实现力和位置的精确控制，常见的算法包括 PID 控制、模型预测控制（MPC）、阻抗控制等。混合力/位置控制广泛应用于工业机器人、服务机器人、医疗机器人等领域，例如，在装配任务中需要精确控制物体的位置和力度，或在手术机器人中需要同时控制器械的位置和施加的力。通过混合力/位置控制，机器人可以实现对外部环境高精度、高灵活性的控制，满足不同任务需求，提高机器人系统的性能并扩大其应用范围。

2. 主动柔顺控制

前面实现了对机器人的运动学模型分析，并完成了运动学参数误差模型的推导，讨论了刚度模型和变形量补偿算法，建立了负载和机械臂的动力学参数辨识模型。双臂机器人系统需要综合考虑两个有重叠任务空间的单臂机器人的工作情况，其中一个机械臂的运动状态会对另一个机械臂的轨迹和动作产生影响。由于两个机械臂之间存在的物理联系，有必要考虑其中一个机械臂对另一个机械臂的干扰。双臂机器人作为系统整体，传感器获取的数据信息能够在两个机械臂之间传递。利用相互之间的通信渠道，系统的推理决策和控制指令可以使双臂机器人形成与人类相似的协调动作状态。人类手臂对于外部信息的获取、处理和及时反应是自然形成的状态，利用双臂机器人系统模拟人类的手臂操作需要传感器的使用和控制系统的反馈调节。一些机器人作业任务需要两个手臂的协调操作才能够完成。同时，机械臂与物体接触时产生的作用力会对操作效果产生影响或者干扰。两个机械臂之间的协调需要利用相对位姿信息并形成运动约束，通过在末端加载力传感器获取系统与物体接触时的作用力有助于实现期望的柔顺控制。本节主要研究主动柔顺控制的方法。

1) 双臂机器人协调约束

双臂机器人的两个机械臂之间需要满足一定的约束关系。从运动学上考虑，协调操作中的两个机械臂在空间中的相对位姿需要满足既定的约束，这种约束体现在控制系统对协调信息处理过程中的轨迹规划和路径规划上。从双臂协调操作的角度考虑，两个机械臂通过操作物形成闭合链路，闭链系统的自由度会发生变化。两个机械臂的工作空间存在重叠，同时也扩展了机器人本身的工作空间。工作空间的变化导致机器人系统需要考虑内部的约束以及机器人与外部环境接触时的约束，并利用运动控制决策和算法实现协调效果。根据不同的双臂作业内容，可以对其中一个机械臂制定轨迹约束，对另一个机械臂执行路径规划控制，能够灵活地调整不同机械臂的运动控制方式。双臂机器人与外部环境接触时会产生相互作用力，作用力在系统内传递，需要考虑对物体的作用力的大小和方向范围。同时，机器人的运动学参数误差导致末端与物体之间产生微小位移，可能会出现较大的力和力矩偏差。因此，双臂机器人在操作物体时不但要考虑运动学和接触环境的约束关系，而且还要考虑系统本身与物体和环境之间的力约束。

从双臂机器人的运动学模型考虑，描述机器人进行协调操作时的运动学需要围绕任务效果的具体情况对各个机械臂建立约束方程。根据前面的推导，以双臂机器人基坐标系为参考坐标系，描述单个机械臂空间位姿的运动学模型为

$$\hat{\boldsymbol{q}}_{\text{robot}}^{j}=\text{Ad}_{\hat{\boldsymbol{q}}_{0,n}^{j}}*\hat{\boldsymbol{q}}_{\text{initial}}^{j},\qquad j=1,2 \tag{4-127}$$

其中，n 为连杆数；$\hat{\boldsymbol{q}}_{\text{robot}}^{j}$ 为机械臂 j 期望位姿的对偶四元数表示；$\hat{\boldsymbol{q}}_{\text{initial}}^{j}$ 为机械臂 j 初始位姿的对偶四元数表示；$\hat{\boldsymbol{q}}_{0,n}^{j}=\hat{\boldsymbol{q}}_{0,1}^{j}*\cdots*\hat{\boldsymbol{q}}_{n-1,n}^{j}$，$\hat{\boldsymbol{q}}_{0,n}^{j}$ 为相邻连杆的坐标系变换的对偶四元数表示；参数 $j=1$ 时表示左机械臂，$j=2$ 时表示右机械臂。

相对机器人坐标系描述单个机械臂速度 $\dot{\hat{\boldsymbol{q}}}_{\text{robot}}^{j}$ 的运动学方程可以表示为

$$\dot{\hat{\boldsymbol{q}}}_{\text{robot}}^{j}=\frac{1}{2}\hat{\boldsymbol{\xi}}_{\text{robot}}^{j}*\hat{\boldsymbol{q}}_{\text{robot}}^{j} \tag{4-128}$$

$$\hat{\boldsymbol{\xi}}_{\text{robot}}^{j}=\boldsymbol{w}_{\text{robot}}^{j}+\varepsilon(\dot{\boldsymbol{p}}_{\text{robot}}^{j}+\boldsymbol{p}_{\text{robot}}^{j}\times\boldsymbol{w}_{\text{robot}}^{j}) \tag{4-129}$$

其中，$\boldsymbol{w}_{\text{robot}}^{j},\boldsymbol{p}_{\text{robot}}^{j},\dot{\boldsymbol{p}}_{\text{robot}}^{j}\in\boldsymbol{H}^{v}$，$\boldsymbol{w}_{\text{robot}}^{j}$ 表示第 j 个机械臂末端角速度的矢量四元数表示，$\boldsymbol{p}_{\text{robot}}^{j}$ 表示第 j 个机械臂末端位置的矢量四元数表示，$\dot{\boldsymbol{p}}_{\text{robot}}^{j}$ 表示第 j 个机械臂末端线速度的矢量四元数表示。

假定物体坐标系 $\boldsymbol{\Sigma}_{\text{obj}}$ 的原点所在位置为物体质心 $\boldsymbol{O}_{\text{obj}}$，左臂末端与物体接触的位置相对物体坐标系表示为 $\boldsymbol{P}_{\text{obj}}^{1}$，右臂末端与物体接触的位置相对物体坐标系表示为 $\boldsymbol{P}_{\text{obj}}^{2}$，物体坐标系姿态与基坐标系平行。机械臂和物体的坐标系之间的相对位置描述为

$$\mathrm{Ad}_{\hat{\boldsymbol{q}}_{\mathrm{robot}}^{1}} * \mathrm{Ad}_{\hat{\boldsymbol{q}}_{1}^{\mathrm{obj}}} * (\hat{\boldsymbol{q}}_{\mathrm{obj}}^{2} - \hat{\boldsymbol{q}}_{\mathrm{obj}}^{1}) = \hat{\boldsymbol{q}}_{\mathrm{robot}}^{2} - \hat{\boldsymbol{q}}_{\mathrm{robot}}^{1} \tag{4-130}$$

其中，$\hat{\boldsymbol{q}}_{\mathrm{robot}}^{1}$ 为左臂位姿的对偶四元数表示；$\hat{\boldsymbol{q}}_{\mathrm{robot}}^{2}$ 为右臂位姿的对偶四元数表示；$\hat{\boldsymbol{q}}_{1}^{\mathrm{obj}}$ 为 $\boldsymbol{\Sigma}_{\mathrm{obj}}$ 相对左臂末端坐标系的对偶四元数表示；$\hat{\boldsymbol{q}}_{\mathrm{obj}}^{1}$ 为左臂末端坐标系相对物体坐标系的对偶四元数表示；$\hat{\boldsymbol{q}}_{\mathrm{obj}}^{2}$ 为右臂末端坐标系相对物体坐标系的对偶四元数表示。

在操作过程中，需要根据任务的效果改变物体的位置和姿态。因此，在不考虑其他控制需求的情况下，两个机械臂的运动状态和相对位姿是由式(4-127)~式(4-130)同时确定的。

从式(4-130)可以看出，当左臂 $\hat{\boldsymbol{q}}_{\mathrm{robot}}^{1}$ 或者右臂 $\hat{\boldsymbol{q}}_{\mathrm{robot}}^{2}$ 发生变化的时候，如果 $\hat{\boldsymbol{q}}_{\mathrm{obj}}^{2}$ 按照预定规则或者在允许范围内发生变化，同时 $\hat{\boldsymbol{q}}_{\mathrm{robot}}^{1}$ 和 $\hat{\boldsymbol{q}}_{\mathrm{robot}}^{2}$ 之间的耦合联系较弱，那么就是松协调操作。机械臂的迪卡儿空间速度和关节速度之间的方程可以表示为

$$\boldsymbol{X}_{\mathrm{robot}}^{j} = \boldsymbol{J}(\hat{\boldsymbol{q}}_{\mathrm{robot}}^{j}) \cdot \dot{\boldsymbol{\theta}}_{\mathrm{robot}}^{j} \tag{4-131}$$

其中，$\boldsymbol{X}_{\mathrm{robot}}^{j}$ 为迪卡儿空间速度矩阵，j 为左右机械臂；$\boldsymbol{J}(\hat{\boldsymbol{q}}_{\mathrm{robot}}^{j})$ 为对偶四元数雅可比矩阵；$\dot{\boldsymbol{\theta}}_{\mathrm{robot}}^{j}$ 为机械臂关节角速度矩阵。

当物体坐标系在物体的质心或者其自身的活动自由度上，并且 $\hat{\boldsymbol{q}}_{\mathrm{obj}}^{2}$ 按照预定规则发生变化时，如双臂操作剪刀的时候，$\hat{\boldsymbol{q}}_{\mathrm{robot}}^{1}$ 和 $\hat{\boldsymbol{q}}_{\mathrm{robot}}^{2}$ 之间是强耦合的约束关系，就形成紧协调操作，两个机械臂的运动状态和相对位姿由式(4-127)~式(4-131)同时确定。

在协调操作过程中，可以将其中一个机械臂当作主机械臂，另一个机械臂按照给定的约束关系规划路径或者轨迹；也可以根据由物体的质心或者活动自由度确立的物体坐标系的运动状态求解两个机械臂的运动学方程。

考虑双臂夹持刚性物体并沿一定轨迹运动的情况，以左臂末端与物体接触点为 $\boldsymbol{P}_{\mathrm{obj}}^{1}$，以右臂末端与物体接触点为 $\boldsymbol{P}_{\mathrm{obj}}^{2}$，物体坐标系 $\boldsymbol{\Sigma}_{\mathrm{obj}}$ 的原点在物体质心为 $\boldsymbol{O}_{\mathrm{obj}}$，以 $\boldsymbol{\Sigma}_{\mathrm{obj}}$ 的运动轨迹为双臂机器人的控制期望。

当 $\boldsymbol{\Sigma}_{\mathrm{obj}}$ 运动时，以 $\boldsymbol{P}_{\mathrm{robot}}^{\mathrm{obj}}$ 表示物体坐标系相对机器人坐标系的位姿，$\hat{\boldsymbol{q}}_{\mathrm{robot}}^{\mathrm{obj}}$ 为其对偶四元数表示。机械臂末端的位姿表示为

$$\hat{\boldsymbol{q}}_{\mathrm{robot}}^{j} = \mathrm{Ad}_{\hat{\boldsymbol{q}}_{\mathrm{robot}}^{\mathrm{obj}}} * \hat{\boldsymbol{q}}_{\mathrm{obj}}^{j} \tag{4-132}$$

控制机械臂到达期望位姿时，实际位姿产生的误差为

$$\hat{\boldsymbol{e}}_{\mathrm{robot}}^{j} = \hat{\boldsymbol{q}}_{\mathrm{robot}}^{j} * \hat{\boldsymbol{q}}_{\mathrm{robot\_D}}^{j*} \tag{4-133}$$

其中，$\hat{\boldsymbol{e}}_{\mathrm{robot}}^{j}$ 为机械臂末端当前期望位姿与实际位姿误差的矢量对偶四元数表示。

记 $\hat{\boldsymbol{q}}_{\mathrm{d}}^{j} = \hat{\boldsymbol{q}}_{\mathrm{robot}}^{j}$，$\hat{\boldsymbol{q}}_{\mathrm{v}}^{j}$ 为 $\hat{\boldsymbol{q}}_{\mathrm{d}}^{j}$ 的矢量对偶四元数表示，并考虑系统存在非建模误差，参考刚度矩阵的正定性和柔度矩阵的特点设定补偿误差参数：

$$\boldsymbol{\Lambda} = \lambda \boldsymbol{K}_{\mathrm{c}} \tag{4-134}$$

其中，λ 为误差调整系数且 $\lambda > 0$；$\boldsymbol{K}_{\mathrm{c}}$ 为误差补偿矩阵且 $\boldsymbol{K}_{\mathrm{c}} > 0$。

为了实现机械臂在迪卡儿空间的准确定位，引入控制率：

$$\hat{\boldsymbol{u}}_{\mathrm{v}}^{j}=-((\hat{\boldsymbol{e}}_{\mathrm{v}}^{j})^{s}*\hat{\boldsymbol{e}}_{\mathrm{v}}^{j*})^{s}-\boldsymbol{K}_{\sigma}(\tilde{\boldsymbol{\Lambda}}\circ(\hat{\boldsymbol{q}}_{\mathrm{v}}^{j}\circ\hat{\boldsymbol{q}}_{\mathrm{v}}^{j})\circ((\hat{\boldsymbol{e}}_{\mathrm{v}}^{j})^{s}*\hat{\boldsymbol{e}}_{\mathrm{v}}^{j*})\circ\hat{\boldsymbol{q}}_{\mathrm{v}}^{j}\circ\hat{\boldsymbol{q}}_{\mathrm{v}}^{j})\tag{4-135}$$

其中，$\hat{\boldsymbol{e}}_{\mathrm{v}}^{j}$ 为 $\hat{\boldsymbol{e}}_{\mathrm{robot}}^{j}$ 的矢量对偶四元数表示；$\hat{\boldsymbol{u}}_{\mathrm{v}}^{j}$ 为控制率的矢量对偶四元数表示；$\boldsymbol{K}_{\sigma}$ 为增益矩阵。

自适应律为

$$\dot{\tilde{\boldsymbol{\Lambda}}}=\boldsymbol{K}_{\sigma}^{-1}(\hat{\boldsymbol{q}}_{\mathrm{v}}^{j}\circ\hat{\boldsymbol{q}}_{\mathrm{v}}^{j}\circ((\hat{\boldsymbol{e}}_{\mathrm{v}}^{j})^{s}*\hat{\boldsymbol{e}}_{\mathrm{v}}^{j*})\circ\hat{\boldsymbol{q}}_{\mathrm{v}}^{j}\circ\hat{\boldsymbol{q}}_{\mathrm{v}}^{j}\circ((\hat{\boldsymbol{e}}_{\mathrm{v}}^{j})^{s}*\hat{\boldsymbol{e}}_{\mathrm{v}}^{j*}))\tag{4-136}$$

$$\Delta\boldsymbol{\Lambda}=\tilde{\boldsymbol{\Lambda}}-\boldsymbol{\Lambda}\tag{4-137}$$

记 $\boldsymbol{K}_{\mathrm{s}}=\hat{\boldsymbol{q}}_{\mathrm{v}}^{j}\circ\hat{\boldsymbol{q}}_{\mathrm{v}}^{j}\circ((\hat{\boldsymbol{e}}_{\mathrm{v}}^{j})^{s}*\hat{\boldsymbol{e}}_{\mathrm{v}}^{j*})\circ\hat{\boldsymbol{q}}_{\mathrm{v}}^{j}\circ\hat{\boldsymbol{q}}_{\mathrm{v}}^{j}\circ((\hat{\boldsymbol{e}}_{\mathrm{v}}^{j})^{s}*\hat{\boldsymbol{e}}_{\mathrm{v}}^{j*})$。

2)使用概率神经网络学习的导纳控制

参考阻抗控制的实现思路，根据双臂机器人平台的具体控制功能情况，在系统内将力和力矩作为输入变量信号，将位移作为控制量输出，构成基本的导纳控制器。把末端接触力信息作为修正输入信号，计算出末端位置和速度调整信息，利用迪卡儿空间到关节空间的转换式给出关节角和角速度的改变量。因此，导纳控制不需要系统对机器人关节的力矩或者电枢电流的控制与调整能力，能够方便地通过末端力传感器实现力控制。为了在力矩控制受限的双臂机器人平台上实现协调操作时的力控制，根据现有力控制理论采用导纳控制来实现机器人主动柔顺控制。对于双臂机器人系统中的每一个机械臂，考虑迪卡儿空间中的位姿表示为 $\boldsymbol{P}^{j}$，可根据六维力传感器采集的力和力矩信息建立如下导纳控制方程：

$$\boldsymbol{M}^{j}\Delta\ddot{\boldsymbol{P}}^{j}+\boldsymbol{D}^{j}\Delta\dot{\boldsymbol{P}}^{j}+\boldsymbol{K}^{j}\Delta\boldsymbol{P}^{j}=\boldsymbol{F}^{j}\tag{4-138}$$

其中，$\boldsymbol{M}^{j}$ 为机械臂 j 的正定惯性系数矩阵；$\boldsymbol{D}^{j}$ 为机械臂 j 的正定阻尼系数矩阵；$\boldsymbol{K}^{j}$ 为机械臂 j 的正定刚度系数矩阵，$\Delta\boldsymbol{P}^{j}$、$\Delta\dot{\boldsymbol{P}}^{j}$ 和 $\Delta\ddot{\boldsymbol{P}}^{j}$ 分别为机械臂 j 末端的位移、速度和加速度矩阵；$\boldsymbol{F}^{j}$ 为力传感器获取的机械臂 j 末端的接触力矩阵。

利用式(4-138)将接触力计算得到的位姿和速度修正量附加进控制系统输出变量，实现位姿调整和主动柔顺控制。利用这种方式可以在机械臂与外界接触的过程中保证力在期望范围内调整，并且避免对物体和本体的受力损伤。当双臂机器人夹持物体时，两个机械臂之间的受力情况会有差异。安装在不同机械臂末端的力传感器检测出来的力也会受到多种因素的干扰，比如，物体表面的微小变形、机械臂定位误差和轨迹误差会导致力与力矩变化，受温度影响力传感器的测量数据会有偏移，等等。因此，需要根据双臂机器人的夹持操作设定一个力和力矩的阈值，在进行力的检测的同时保证与物体的良好的接触状态。此外，使用滤波器对测量数据进行滤波，减少噪声或者干扰对输入信号的影响。

使用径向基函数(radical basis function, RBF)作为激活函数的前向神经网络可以选择多种学习方法，能够有效逼近非线性连续函数。在 RBF 神经网络基础上添加贝叶斯最小风险准则也即贝叶斯决策理论，形成概率神经网络(probabilistic neural networks, PNN)。结合双臂机器人操作时力传感器的数据采集方式和控制系统的控制信号特点，利用具有四层结构的概率神经网络进行实时训练并完成模式分类和准确控制量输出。在机械臂操作中末端与物体接触时，力传感器获取的接触力信息从概率神经网络的输入层进入网络，在输入层内平滑样本和幅值归一化，并生成数据空间。模式层对获取的特征向量与网络中的数据模式进行非线性操作，完成对应匹配，匹配的过程中利用条件概率函数进行计算。模式层中每个模式单元的输出为

$$\varphi_i^j = \exp\left(-\frac{(\boldsymbol{X}^j - \boldsymbol{W}_i^j)^{\mathrm{T}}(\boldsymbol{X}^j - \boldsymbol{W}_i^j)}{2(\sigma^j)^2}\right) \tag{4-139}$$

其中，φ_i^j 为用于机械臂 j 的第 i 个神经元，$\boldsymbol{X}^j$ 为机械臂 j 末端获取的特征样本；$\boldsymbol{W}_i^j$ 为用于机械臂 j 连接输入层和模式层的权值；σ^j 为用于机械臂 j 的平滑因子。

求和层中依据训练获取的模式类别对从模式层输出的概率密度估计数据进行累加计算，获取所有模式各自的总和数据表示。在输出层中的神经元使用竞争性神经元，根据从模式层中获取的各类概率密函数的取值对训练样本 $\boldsymbol{X}^j$ 进行分类，做出类别判断决策，将概率密度函数最大的神经元选择为样本模式类别。为了较好地连续平滑逼近训练样本的概率密度特征，可以使用 Parzen 窗函数作为训练样本的概率密度函数。

$$f_{ik}(\boldsymbol{X}^j) = \frac{1}{(2\pi)^{p^j/2}(\sigma^j)^p}\frac{1}{c^j}\sum_{i=1}^{c^j}\exp\left(-\frac{(\boldsymbol{X}^j - \boldsymbol{N}_{ik}^j)^{\mathrm{T}}(\boldsymbol{X}^j - \boldsymbol{N}_{ik}^j)}{2(\sigma^j)^2}\right) \tag{4-140}$$

其中，$f_{ik}(\boldsymbol{X}^j)$ 为 $\boldsymbol{X}^j$ 的第 i 个模式类别的第 k 个神经元的概率密度函数；p^j 为机械臂 j 的样本空间维数；c^j 为样本数据模式类别的总数目；$\boldsymbol{N}_{ik}^j$ 为机械臂 j 的神经元。

针对双臂夹持物体运动的协调操作特点，对每一个机械臂都采用导纳控制以实现主动柔顺控制效果。结合导纳控制的基本实现思路，利用 PNN 学习网络对导纳控制器的三个参数进行在线学习和调整。将机械臂 j 末端力传感器获取的样本数据进行归一化处理之后引入 PNN 输入层，对样本数据和学习矩阵中对应元素进行模式距离计算，经过模式层的高斯函数计算出相应的概率矩阵，在求和层对数据进行求和与分类并获取对矩阵参数的调整值。将调整值附加入式(4-138)的对应参数矩阵，并计算获取相应的控制量输出，如下：

$$(\boldsymbol{M}^j + \Delta\boldsymbol{M}^j)\Delta\ddot{\boldsymbol{P}}^j + (\boldsymbol{D}^j + \Delta\boldsymbol{D}^j)\Delta\dot{\boldsymbol{P}}^j + (\boldsymbol{K}^j + \Delta\boldsymbol{K}^j)\Delta\boldsymbol{P}^j = \boldsymbol{F}_{\mathrm{ac}}^j \tag{4-141}$$

其中，$\Delta\boldsymbol{M}^j$、$\Delta\boldsymbol{D}^j$ 和 $\Delta\boldsymbol{K}^j$ 为经过概率神经网络(PNN)计算输出的调整值。

3. 使用推理学习和决策的手眼协调控制

在获得标定结果的基础上，使用摄像机感知外部图像数据为系统提取特征信息之后，处理中枢结合操作任务目标、环境参数和机器人现有状态形成控制指令，使机器人按照既定规划运动达到期望的操作效果。通常标定的结果是理论上的期望值，在实际机器人的视觉控制中经常需要利用辅助方法或者控制决策完成手眼系统既定作业任务。在实现机器人视觉跟踪目标的过程中，需要对获取目标图像信息制定有效的处理方法。在许多机器人手眼协调操作的实际应用当中，对运动目标的检测与跟踪是一类非常重要的控制内容。使用机器人利用摄像头跟踪运动目标，需要综合视觉系统的感知功能和控制理论的整体实现方式，同时也需要考虑目标的外形、尺寸和其他物理属性特点。在实际物理世界中，动态物体在三维空间中的典型情况是处于曲线变速运动的状态。在利用视觉系统捕获的场景图像中，对每帧图像数据进行对比，判断并检测出目标信息。在获取的图像帧中分析目标的运动状态，确定图像数据中所包含的目标空间位置、速度和物理属性信息，结合手眼系统状态控制机器人，实现对运动目标的趋近和跟踪。虽然在物理世界中机器人视觉系统的实际应用形式多种多样，但是对运动目标的检测与跟踪算法都属于视觉感知与处理技术和控制理论与方法的综合应用。因此，可以选择一类典型的运动目标检测与跟踪任务来研究视觉感知与处理技术和控制理论与方法。在诸多的运动目标检测与跟踪任务中，对球类运动的手眼协调控制研究有利于探索机器人系统的感知和控制问题。

1) 双臂机器人手眼系统构成与球类运动目标检测

摄像头的视角限制对图像分辨率和帧率产生影响，尤其是在固定安装的情况下，需要根据任务需求确定视场方向，综合考虑目标出现区域和机器人末端的位姿变化。针对不同目标特点，视觉系统需要考虑动态特征，以实现可靠跟踪和稳定操作。基于位置的视觉控制方式需要确定目标空间位姿，受摄像机参数标定影响大。利用图像特征信息建立图像雅可比矩阵，称为基于图像的视觉伺服方式。为降低对摄像机标定准确性的要求，可采用2.5D视觉伺服，使用单应性矩阵控制部分自由度。球类运动需快速准确处理图像数据，运动模糊可通过多帧图像处理克服。直接分析特征与机器人关节变量的联系可实现有效控制。双摄像头系统可互补视场，实现不同操作任务。考虑球类在低速状态下的运动特征，摄像头在工作状态下获取视场区域内的 RGB 图像数据。当目标物体未出现时，每帧图像的像素之间的数据差别可以忽略不计。目标物体进入摄像机观测区域之后，对每帧图像进行图像分割，在前后帧图像的前景区域和背景区域之间做对比计算并分析出目标当前特征信息。

$$\mathrm{IE}_i(x,y)=\boldsymbol{I}_i(x,y)-\boldsymbol{f}(r,b,g) \tag{4-142}$$

其中，$\boldsymbol{I}_i(x,y)$ 为第 i 帧图像中坐标为 (x,y) 的像素的 RGB 取值；$\boldsymbol{f}(r,b,g)$ 为设定的阈值分割范围函数；$\mathrm{IE}_i(x,y)$ 为第 i 帧图像中坐标为 (x,y) 的像素的运算差值；r、b、g 为对应的 RGB 颜色分量参数，且满足 $R_{\min}<r<R_{\max}$，$B_{\min}<b<B_{\max}$，$G_{\min}<g<G_{\max}$。

$$\mathrm{Te}_i(x,y)=\begin{cases}\mathrm{Ig}_i(x,y)-\mathrm{Ig}_{i-1}(x,y), & \mathrm{IE}_i(x,y)<0\\ 0, & \text{其他}\end{cases} \tag{4-143}$$

其中，$\mathrm{Ig}_i(x,y)$ 为第 i 帧图像相对像素坐标系的坐标表示；$\mathrm{Te}_i(x,y)$ 为前后帧图像对应像素的坐标差值。

主要根据式(4-142)和式(4-143)处理每帧图像数据，能够使视场范围内的图像数据处理不局限于运动目标和静止目标，并且可以根据硬件平台尽量减少对前景区域和背景区域的分割以及提取特征信息的运算时间。

以球类运动目标为典型的运动目标研究对象，考虑借助于球类物体的直径尺寸在摄像头所获取的图像数据中占用的像素数目与距离的对应约束推算出三维空间位置。

$$\begin{cases}\boldsymbol{L}_i x=\dfrac{\boldsymbol{l}_i(\mathrm{dia},x,y)}{(\tan(\mathrm{ha}))^2+(\tan(\mathrm{va}))^2+1}\\ \boldsymbol{L}_i y=\boldsymbol{L}_i x\cdot\tan(\mathrm{ha})\\ \boldsymbol{L}_i z=\boldsymbol{L}_i x\cdot\tan(\mathrm{va})\end{cases} \tag{4-144}$$

其中，$\boldsymbol{L}_i x$、$\boldsymbol{L}_i y$ 和 $\boldsymbol{L}_i z$ 为第 i 帧图像中运动目标相对摄像机坐标系表示的三维坐标；$\boldsymbol{l}_i(\mathrm{dia},x,y)$ 为前景区域到摄像机的直线距离，dia 为目标直径尺寸，(x,y) 为像素坐标；ha 为摄像机垂直度变换参数；va 为摄像机水平度变换参数。

在式(4-144)中需用到前景区域到摄像机的直线距离信息 $\boldsymbol{l}_i(\mathrm{dia},x,y)$，在实际应用过程中使用单目摄像头采集多幅图像数据并测量对应直线距离，利用非线性拟合方法获取前景区域到摄像机的直线距离的转换方程。

在获得每一时刻目标的三维坐标的情况下，将同一时刻前后帧图像中包含的目标位置信息作差并代入时间参数，就可以计算出相应的速度值。

$$\mathrm{Vc}_i=\frac{\boldsymbol{L}_i(x,y,z)-\boldsymbol{L}_{i-n}(x,y,z)}{\Delta t_i} \tag{4-145}$$

其中，Vc_i 为第 i 帧图像时刻计算出的目标速度；$\boldsymbol{L}_i(x,y,z)$ 为第 i 帧图像运动目标相对摄像机坐标系表示的三维坐标；Δt_i 第 i 帧图像到第 $i-n$ 帧图像的间隔时间。

2) 机器人手眼系统球类运动目标跟踪与操作

当运动目标的运动速度较快时，目标在图像中的轮廓信息会偏离实际的物理属性状态，导致对目标位置和速度的计算出现误差。此外，由于摄像机获取的图像数据在时间上是离散的，在较低帧率设备的时间间隔内会出现运动目标的运动状态发生明显变化的情况。而且，物理环境中的运动目标会受到空气阻力影响，空气阻力的大小与速度呈非线性约束关系。摄像机内外参数的误差会造成所获取图像数据的偏差，在经过计算处理过程后导致结果的准确性受到干扰。再有，在系统感知外部环境的过程中出现的各种噪声和干扰会对获取的数据产生不利影响。在机器人系统利用视觉系统实现目标跟踪的研究和应用过程中，需要解决对运动目标的识别定位与轨迹估计问题。为了提高机器人系统对运动目标的跟踪与操作能力，可以在考虑获取运动目标的位置和速度信息的同时调整控制决策。针对机器人系统实现运动目标跟踪的问题，以球类低速运动为一类典型情况，在已获取运动目标基本运动数据的基础上，可以结合学习概率模型和推理与决策方法来研究与实现双臂机器人手眼协调操作控制。

设定球类运动目标的状态变量为 $\boldsymbol{X}_t^{\mathrm{P}}$，包括目标的空间位置 ty_t、速度 tv_t、空气阻尼系数 td_t 和其他干扰系数 tk_t，t 为时间片，即

$$\boldsymbol{X}_t^{\mathrm{P}}=\{\mathrm{ty}_t^{\mathrm{T}}\ \mathrm{tv}_t^{\mathrm{T}}\ \mathrm{td}_t^{\mathrm{T}}\ \mathrm{tk}_t^{\mathrm{T}}\}^{\mathrm{T}} \tag{4-146}$$

通常情况下，可以认为物理空间中运动目标在时刻 t 的运动状态对其在时刻 t 之前的实际运动状态并无过多依赖。但是为了实现机器人跟踪运动目标，需要系统能够对运动目标做出轨迹预测。利用运动目标具备马尔可夫属性的特点，可以选择有限时间片内的目标运动状态来推测未来时间片 $t+1$ 的目标运动特征，也就是获取状态变量 $\boldsymbol{X}_{t+1}^{\mathrm{P}}$。

由于视觉系统对目标进行感知数据观测时的噪声和干扰具有非线性特点，同时目标会受到其他一些不利于建模的因素的影响，可以利用高斯白噪声来描述这些特征。同时，虽然难以对客观世界中随机变化的物理属性建立准确描述的模型，但是可以借助于统计学和概率论中的数学分布函数做近似分析。因此，可以在控制系统中选择高斯分布来描述跟踪过程中目标在不同时间片内的部分动态特点。结合视觉系统的离散化观测数据，建立动态贝叶斯网络，对不同时间片内物理世界运动目标的状态进行分析。当目标出现在摄像头视场中时，利用图像帧之间前景区域的变化状态获取目标的位置数据和速度数据会受到运动模糊现象的干扰。为便于分析，考虑在每个机械臂的末端执行器安装一个铝制平板，当球类运动目标进入视场范围并处于机器人可行区域时，系统发送给机械臂位姿指令，使其击打飞行状态中的球类运动目标，期望末端执行器将球类运动目标击打反弹至机器人正向可行区域。但是对目标的迪卡儿空间位置估算误差和机器人执行指令的延时会导致击打失误的情况。考虑到这类情况，

可以直接考虑图像像素坐标系中像素坐标的变化情况，提取目标相对像素坐标系表示的运动参数。

$$\boldsymbol{X}_{t+1}^{\mathrm{P}}=\boldsymbol{\Phi}_{\Delta t}^{\mathrm{T}}\boldsymbol{X}_{t}^{\mathrm{P}} \tag{4-147}$$

$$\mathrm{ty}_{t+1}=\boldsymbol{H}\mathrm{ty}_{t}+\boldsymbol{V}_{t}^{\mathrm{P}} \tag{4-148}$$

其中，$\boldsymbol{\Phi}_{\Delta t}^{\mathrm{T}}=[1\quad \Delta t\quad -0.5\Delta t^{2}\quad -0.5\Delta t]$；$\boldsymbol{V}_{t}^{\mathrm{P}}$ 为观测噪声和干扰的高斯估计；$\boldsymbol{H}$ 为观测矩阵。

当观测目标进入视场区域之后，以所处区域在图像像素坐标系中的范围进行高斯估计，同时将观测误差代入观测方程。结合动态贝叶斯网络来分析预测目标的运动状态，此时有

$$\boldsymbol{P}(\boldsymbol{x}_{t+1}^{\mathrm{P}}|\boldsymbol{x}_{t}^{\mathrm{P}})=\boldsymbol{N}(\boldsymbol{\mu}_{x},\boldsymbol{\sigma}_{x}) \tag{4-149}$$

$$\boldsymbol{P}(\mathrm{ty}_{t+1}|\boldsymbol{x}_{t}^{\mathrm{P}},\mathrm{ty}_{t})=\boldsymbol{N}(\boldsymbol{\mu}_{ty},\boldsymbol{\sigma}_{ty})\boldsymbol{N}(\boldsymbol{\mu}_{x},\boldsymbol{\sigma}_{x}) \tag{4-150}$$

其中，$\boldsymbol{x}_{t}^{\mathrm{P}}$ 为状态变量 $\boldsymbol{X}_{t}^{\mathrm{P}}$ 中的各分量取值；$\boldsymbol{P}(\boldsymbol{x}_{t+1}^{\mathrm{P}}|\boldsymbol{x}_{t}^{\mathrm{P}})$ 为状态变量 $\boldsymbol{X}_{t}^{\mathrm{P}}$ 的转移模型；$\boldsymbol{P}(\mathrm{ty}_{t+1}|\boldsymbol{x}_{t}^{\mathrm{P}},\mathrm{ty}_{t})$ 为状态变量 $\boldsymbol{X}_{t}^{\mathrm{P}}$ 和可观察证据变量 ty_{t} 的条件概率转移模型。

随着时间片的连续，将动态网络摊开实现机器人系统对完整跟踪序列的观测。视觉系统提供目标运动状态信息并预测出目标在下一个时间片内的运动状态，双臂机器人系统根据预测结果控制机械臂趋近目标所在的空间位置并实现有效击打。为了实现准确和有效的击打，需要像素坐标系表示的运动状态信息能够使双臂机器人系统明确目标的出现趋势，同时目标在迪卡儿空间内的动态数据可以为系统提供更为准确的位置信息。针对空间中运动目标每一个时间片内的运动状态，机器人系统需要判断出目标是否已经进入机械臂的有效击打区域，同时在末端执行器与目标接触的过程中可以表现出不同的运动趋近方式。当末端执行器以不同姿态和速度击打目标时，目标反弹之后的运动趋势会有较大差异，导致机器人出现不同的击打效果。因此，在机器人坐标系内，使用最大期望效用 EU(at|su) 决定机器人手眼系统跟踪运动目标的控制指令：

$$\mathrm{instruction}=\arg\max_{\mathrm{at}^{(k)}}\mathrm{EU}(\mathrm{at}^{(k)}|\mathrm{su}) \tag{4-151}$$

$$\mathrm{EU}(\mathrm{at}|\mathrm{su})=\sum_{k=1}^{n}P(\mathrm{RESULT}(\mathrm{at}^{(k)})=\mathrm{st}_{\mathrm{e}}^{j(k)}|\mathrm{at}^{(k)},\mathrm{su})\frac{\left\|P_{\mathrm{at}}^{j}-P_{\mathrm{tg}}\right\|^{\frac{1}{2}}}{L} \tag{4-152}$$

$$P(\mathrm{RESULT}(\mathrm{at}^{(k)})=\mathrm{st}_{\mathrm{e}}^{j(k)}|\mathrm{at}^{(k)},\mathrm{su})=\boldsymbol{N}(\boldsymbol{\mu}_{\mathrm{at}},\boldsymbol{\sigma}_{\mathrm{at}}) \tag{4-153}$$

其中，instruction 表示发送给机械臂执行的指令；$\mathrm{RESULT}(\mathrm{at}^{(k)})$ 表示机械臂执行第 k 类空间区域的运动指令后的确定性输出效果，$\mathrm{at}^{(k)}$ 表示系统执行第 k 类空间区域的运动指令并控制机械臂做出的动作；$\mathrm{st}_{\mathrm{e}}^{j(k)}$ 表示第 j 个机械臂的末端执行器执行指令后处于的位姿状态；su 表示击打效果；P_{at}^{j} 表示第 j 个机械臂的末端执行器执行指令后 $\mathrm{at}^{(k)}$ 处于的迪卡儿位置；P_{tg} 表示机械臂的末端执行器执行指令后目标处于的迪卡儿位置。

机器人从视觉系统中获取运动目标信息之后控制机械臂执行击打动作的过程是从其初始状态 $\mathrm{st}_{\mathrm{e}}^{j(k)}$ 开始，从第 k 类空间区域运动到指定位姿。从机器人末端执行器到运动目标的

可行运动空间区域分为 n 类，每一类区域中机器人能够击中运动目标的位姿并不唯一。由于在实际的目标跟踪和击打过程中存在非线性噪声和干扰并影响到机器人系统的操作效果，因此需要根据机器人的运动和对目标的跟踪状态调整系统控制决策的相关参数。在使用前面所述马尔可夫模型和动态贝叶斯网络以及控制决策的基础上，可以采用学习调整模型中的相关参数的方式来改善系统的控制效果。使用概率函数通过最大期望效用 EU(at|su) 影响机械臂末端执行器的运动终止状态，从而可以调整末端执行器在接触运动目标时间片内的运动状态。

$$\boldsymbol{\sigma}_{\text{at}}^{j(i)} = \sum_{i=1}^{l} \boldsymbol{N}(0,1)\hat{\boldsymbol{\sigma}}_{\text{at}}^{j(i)} \left(1 + \frac{P_{\text{at}}^{j} - P_{\text{tg}}}{L}\right) \tag{4-154}$$

其中，i 为机器人系统跟踪目标的操作次数；j 为左或右机械臂。

在连续时间片内，有限长度的观察序列构成视觉系统获取的数据点，同时双臂机器人手眼协调操作在不同状态的转移模型之间不断重复。在机器人系统执行 l 次跟踪操作的情况下，可以通过式(4-154)调整系统迁移状态，改善系统对不确定环境的适应能力。经过离散化处理之后，利用最大期望效用 EU(at|su) 决定指令偏好，并发送给第 j 个机械臂控制指令 instructicon_j，可以表示为

$$\text{instruction}_j = \text{instruction}_j^{(a)} \succ \text{instruction}_j^{(k)} \tag{4-155}$$

其中，a 和 k 分别表示第 a 类和第 k 空间区域指令，且 $k = 1, 2\cdots, a-1, a+1, \cdots, n$ 。

使用视觉系统对处于物理空间中的球类运动目标进行观测时，获取的感知数据会包含噪声和干扰，在图像数据的处理过程中会引入计算误差，同时目标自身在运动状态下也会受到一些随机因素的影响。

4.3　多机器人协作与群体智能技术

机器人给人类带来巨大的社会经济影响。例如，工业机器人由于在结构化工业环境中具有高耐力、速度和精度，已广泛应用于工业生产过程中。随着机器人及网络技术的发展，生产过程中对效率和质量的要求越来越高，机器人之间的协作操作引起了越来越多的关注，以汽车制造业应用为例，装配、运输、喷涂、包装和焊接等任务通常涉及大规模的机动性和操作性，无法由单个机器人完成，因此，多机器人协作成为工业应用中提高效率和增强灵活性的重要技术。

多机器人系统(multi-robot system, MRS)通常指在同一工作空间中共享的一组集环境感知、动态决策、行为执行于一体的机器人构成的多功能的复杂系统，具有高性能、灵活性和容错性，能够以分布式协作完成特定任务，如装配、物流、协作、喷涂、编队、3D 打印等，如图 4-12 所示。

在机器人研究领域，有多个含义与 MRS 相近的术语，如多智能体系统、机器人集群或传感器网络。这些术语通常可以互换使用，均指在同一个区域协同工作的多个机器人组成的群体。尽管这些群体中保持了这一广义概念，但每个术语都有其特定的特征。

(a) 装配机器人　(b) 物流机器人　(c) 协作机器人

(d) 喷涂机器人　(e) 编队机器人　(f) 3D 打印机器人

图 4-12　多机器人系统应用场景

(1) 多智能体系统：不仅限于机器人学领域，通常指的是由多个能够相互交互的智能体组成的系统。因此，计算机科学、生物学、心理学或经济学等领域也涉及此方面研究。如果研究重点在机器人学上，它们通常用于讨论机器人肢体的理想模型，并且在建立可行性存疑的理论时被认为是必要的。

(2) 机器人集群：包含了区分集群的一些关键方面，如可扩展性、机器人间通信以及整体优势。尽管其他研究还包含了与环境相关的自主性或构成集群的所有元素的同质性等方面，但前三个方面是大多数该领域研究所共有的。机器人集群属于 MRS 范畴，但并非所有 MRS 都是集群。

(3) 传感器网络：与一组相互交互的移动传感器有关。因此，上述任何一组本身都可能是一个传感器网络。

MRS 根据不同规则有不同分类方式，具体如下。

1. 协调与非协调

协调可以被定义为实现多机器人协作所采用的机制。协调方法可以是集中式的，也可以是分布式的。即使机器人之间不相互了解，通过使用中央系统或共享内存变量等，仍然有可能实现协调。实际上，许多任务在没有协调的情况下完成，对于 MRS 而言，协调并非必不可少的部分。非协调 MRS 的优点在于设计简单，缺陷风险较低。然而，由于机器人执行相互冲突的任务而产生的干预，资源将更加分散。相比之下，协调 MRS 需要更复杂的设计，可以防止或减少非协调 MRS 的这些缺点。

2. 同质与异质

MRS 根据其团队成员机器人类型可分为同质和异质 MRS。如果团队所有机器人的物理结构和能力都相同，则为同质 MRS；如果团队由不同类型的机器人组成，则为异质 MRS，例如，部署在智能家居场景中的 MRS 可以包括扫地机器人、服务机器人、烹饪机器人等。MRS 的异质性越高，其应用范围就越广泛，但随之而来的是协调和控制的复杂性和难度也越大。异质 MRS 的优势在于其具有更好地应对新任务和不可预测任务的能力，可以更容易适应真实动态环境中出现的不同情况。

3. 合作与竞争

MRS 展现出了类似人类社会的集体行为。在集体行为中，机器人在不稳定、不可预测、自发和非结构环境中对常规影响或刺激做出反应。集体行为包括合作行为和竞争行为。合作行为是指机器人之间为执行任务而进行交互，同时提高系统的整体效能。因此，系统中的所有机器人都会为共同的目标而交互工作。合作机器人的共同目标也可以产生多个子目标。多机器人合作的示例包括多机器人运动规划、多机器人探索、多机器人目标跟踪和多机器人运输。竞争行为与合作行为相反，指的是多机器人为了满足自身目标而相互竞争的情况。多机器人竞争的实例如机器人足球比赛。

4. 显式通信与隐式通信

MRS 根据信息交换模式分为显式通信和隐式通信。显式通信直接在机器人之间交换信息，而隐式通信则通过感知环境获取其他机器人的信息。显式通信需要通信硬件支持，使用单播和广播消息实现直接交换信息，其可靠性容易受硬件故障和噪声影响，解决通信故障变得至关重要。通信系统的高鲁棒性要求 MRS 设计更加复杂，因为每个团队成员都需要解释其周围环境。广播通信在 MRS 中广泛使用，但其可扩展性较差。随着机器人数量的增加和分布范围的扩大，可以利用计算机网络相关技术解决这一问题。在隐式通信中，团队成员之间使用了信息素机制，可以通过机器人的特定传感器来实现。隐式通信进一步分为两类，即主动和被动。通过机器人与环境进行交互称为主动，而通过机器人感知进行的交互称为被动。

5. 审议式与反应式

MRS 还可以分为审议式和反应式。如果机器人能够通过某种方法来重组整个团队的行为以应对环境中的任何变化，则 MRS 是审议式的。在审议式 MRS 中，会有可用资源的长期计划以完成全局目标。在审议式系统中，环境可能会被全局表达，这对所有机器人都是通用的。但是，如果对系统行为施加一些约束，那么即使没有环境的全局表达，MRS 也可以是审议式的。在反应式系统中，每个机器人都会通过提供一个稳健的解决方案来重新组织自己的任务，以完成其最初设定的目标，从而应对环境的变化。反应式与审议式的差异取决于 MRS 如何从不可预测的情况中恢复。在反应式 MRS 中，计划直接给到每个机器人，机器人负责处理问题。反应式 MRS 可以快速响应环境变化，而不影响 MRS 中的其他成员。

4.3.1 多机器人系统控制

MRS 由多个智能体组成，这些智能体具备自主学习和决策的能力，同时与其他成员及共享环境进行交互，其目标是将一个大型复杂系统转化为多个可管理的小系统，这些小系统能够相互沟通和协调。在复杂空间中，多机器人协作会不可避免地引发潜在冲突，因此开发协调整个系统的控制模型成为该领域的一个重要方面。常用的 MRS 控制模型有集中式和分布式两种。

1) 集中式模型

在集中式模型中，系统指定某个机器人来控制其余机器人以协调整个系统。中央控制器通常接收并处理系统中每个机器人的信息，以便做出关于系统或个体的全局决策。这种方法的特点是个体在决定下一步行动时能够获得来自整个 MRS 的额外信息。在集中式模型中，机器人之间的信息是相互交换的，并参与其策略更新，决策可以由中央控制器提供的联合行动来做出，或者由每个机器人单独做出。前者的主要优势在于其能够通过直接应用单机器人训练方法来训练多个机器人，但是机器人数量的增加会占用更多中央控制器资源。然而，该方案要求理想的条件，即中央控制器必须拥有足够的全局环境信息以及其指挥的每个机器人的信息。因此，该系统往往依赖于机器人之间的通信质量，甚至可能会受到其限制。

2) 分布式模型

在分布式模型中，集群通常通过分配任务和协调政策来实现机器人之间的控制与合作。在这种模型中，每个机器人具有一定程度的自主性和决策能力。它们可以通过与其他机器人进行通信和共享信息来协调行动。这种去中心化结构使得系统的灵活性和适应性更强，因为每个机器人可以根据收到的信息做出独立的决策。分布式模型还具有更好的容错性和鲁棒性。由于每个机器人都有自己的决策能力，当系统中的某个机器人发生故障时，其他机器人仍然可以继续执行任务并维持整个系统的运行。这种去中心化结构降低了单点故障的可能性，增强了系统的可靠性。

集中式模型比分布式模型更高效，并且在长期任务中更稳定，而分布式模型在短期任务中相对更准确，并且在大环境中表现更好；集中式模型容易遭受单点故障的影响，而分布式模型很少会遇到这个问题。

4.3.2　多机器人协作

Noreils 最早给出了多机器人协作的定义：多个机器人在一起工作，完成单个机器人无法完成的任务，或者多个机器人协作以改善工作过程，从而获得更高的性能。以下是关于多机器人协作行为的显式定义：①在共同目标驱动下而采取的联盟行为；②交互的一种形式，且通常是基于通信的方式；③组团执行任务且表现出良性结果，如提高任务执行效率、节省任务执行时间；④针对给定的任务，如果 MRS 能基于某些合作机制，使系统的功能增强、效率提升，则 MRS 表现出协作行为。

上述的定义表明，多机器人协作的主要目的就是使系统性能得到提高。MRS 的协调需要系统化的方法设计和分析控制多机器人的协作策略。多机器人协作具有如下特点：①分布特性，即 MRS 需要完成的任务本质上是分布式的；②时间/能源效率比高，即多个机器人可以以较低的运营成本更快地完成任务；③系统要求低，即构建一些资源受限制的机器人比开发单个强大的机器人容易得多；④鲁棒性和适应性强，即机器人可以提高对机器人故障的鲁棒性并自适应变化；⑤高可扩展性和灵活性，即大规模的机器人系统可以在许多机器人的存在下正常运行。

1. 多机器人协调分类

在 MRS 中，协调与协作被定义为：一组机器人之间的联合操作或行动，可以说协调是用于协作的机制。即使 MRS 中的机器人目标各不相同，它们也需要协调。当系统中存在许多机器人时，机器人之间的协调机制对于控制协作行动至关重要。在协作中，机器人不仅需要关注自己的工作，还需要了解同伴是否有紧急的任务。多智能体系统将协调定义为“每个机器人智能体所执行的动作都考虑到其他机器人智能体所执行的动作，以使整个过程最终成为一个连贯且高效的合作操作”。因此，有效的协调机制对于控制机器人之间的协作行动至关重要，其目的是帮助每个机器人选择行动，以最大限度地提高实现系统级目标的效率。这些协调方法可以根据各种参数进行分类，如通信模式、决策制定、适应性和协议。

1）静态协调与动态协调

MRS 的性能高度依赖于机器人协调与控制技术的效率。协调的一种分类方式是静态协调与动态协调。静态协调基于一些预定义的规则或约定。例如，在 MRS 中有两个机器人，并预先为其中一个设定靠左行驶的规则，为另一个设定靠右行驶的规则，以便它们在同一条轨道上移动时不会相互碰撞。这些规则是在任务执行之前决定的。因此静态协调不适用于高度动态环境，并且可能面临实时控制不佳的问题。动态协调是指在任务执行过程中发生的协调，它依赖于系统的当前状态、物理位置信息以及对其他机器人的分析。此类系统根据系统的当前状态做出决策。

2）隐式协调与显式协调

为了达到期望的集体性能，隐式协调方法利用机器人与环境之间的交互动态（即隐式通信），机器人通过配备不同的传感器或设备来感知环境变化。显式协调方法则利用机器人之间的信息共享（即显式通信）。通过智能结合隐式和显式信息，可以提高 MRS 在协调方面的性能，许多方法同时使用隐式协调和显式协调。

3）弱协调与强协调

MRS 可以通过“弱协调”和“强协调”来实现，达到何种程度的协调取决于所需性能、任务、团队规模等因素。弱协调是一种不依赖于协调协议的协调方法，意味着系统不需要复杂的规则、显式的协议和直接通信来实现协调行为。它可能会借助通信来进行一些基本信息交换，但不是为了强制执行规则。例如，领导者使用显式通信定期向机器人发送目标的位置。此类 MRS 在通信方面更具有鲁棒性。然而，随着任务变得越来越复杂、越来越动态，弱协调的 MRS 需要更高效的解决方案。

强协调是一种基于协调协议的协调方法，意味着为了实现协调行为，系统需要复杂的规则、显式的协议和直接通信。显式协议是指基于机器人之间交换的信息来定义机器人行为的规则。在该系统中，一个机器人可以通过信号影响其他机器人的行为。信号是机器人根据协调协议传递信息的手段，是建立在先前定义或学习的关于两个或多个机器人如何协同工作的指导原则之上的。

4）集中协调与分散协调

协调可以通过集中或分散的方式实现，集中协调可以进一步分为强集中和弱集中。集中协调由单个负责协调的机器人实现，该机器人代表所有其他机器人做出有关协调的决策。这是 MRS 中决策系统的定义方式。在集中式 MRS 中，有一个单独的机器人(领导者)负责其他机器人的工作。该机器人参与了 MRS 的整体决策过程，而其他机器人则根据该机器人的命令行动。分散协调则不需要这样的机器人。通常由于领导者的高计算需求和机器人之间的通信成本，集中方法不适用于大团队的 MRS 协调。

弱协调和非协调的 MRS 可以在有通信或无通信的情况下实现。然而，对于强协调系统来说，通信是必需的(目的是执行协调协议)。强集中协调方法在整个任务中适用于固定的领导者(领导者可以是机器人或远程服务器)。有些方法中会选择多个机器人作为领导者，它们可以规划其他机器人的行动。然而，在强集中协调方法中，领导者的角色在任务开始时就分配给了一个单独的机器人，并且在整个任务期间保持不变。

在弱集中协调方法中，允许在任务期间有多个机器人或系统担任领导者。领导者并不是事先选定的，而是根据当前任务情况、环境、通信、剩余电池电量等某些标准动态选择的。选择领导者可以有多种策略，如预设的优先级、计算能力等。如果存在多个领导者，并且所有领导者最终都由一个单独的领导者控制，那么这种方法也被归类为弱集中方法。如果多个领导者独立工作，即不受一个单独领导者的控制，那么它就称为分层方法。

分散协调可以进一步分为两种类型：分布式方法和层次化方法。在分布式方法和层次化方法中，所有机器人在协调责任上都是等价的。分布式方法需要一个分布式的 MRS，该系统由相互独立做出决策的机器人组成。这种类型的系统更没有单一的控制机器人。在控制方面，系统中的所有机器人都是平等的，每个机器人都以自主的方式做出决策。分布式方法通过允许每个机器人自主决策，提供了更好的故障鲁棒性，但实现机器人之间的协调也变得更加复杂。许多研究工作使用广播进行通信，这导致了分布式方法可扩展性差的问题。当协调过程局部集中时，称为层次化方法。在层次化方法中，MRS 有局部领导者，但它们最终并不受单一领导者的控制。这种方法通常用于具有多个任务的 MRS，其中一组机器人负责某项任务，其他组负责其他任务，或者任务通过协商等方式在几组机器人之间分配，而不是由中央系统或领导者分配。这种类型的方法比分布式方法的鲁棒性差，但它仅通过局部通信就可以实现，且复杂性和成本低。

2. 多机器人协作工作流程

多机器人协作被分配了各种复杂程度不同的任务。任务的复杂程度决定了任务的难度，这影响了完成任务所需的机器人数量和类型，并且任务可能由多个简单的子任务组成。单机器人任务可以由一个机器人完成，如小规模地图绘制、物品抓取与放置以及导航。多机器人任务则需要多个协作的机器人，根据完成任务所需的协作水平进一步划分为松散式协作和紧密式协作。松散式协作的任务可以分解为可以独立执行的子任务，机器人之间的交互最少，如大规模探索与地图绘制。在这种情况下，环境可以划分为不相交区域，机器人在各自指定的区域内操作。紧密式协作的任务则不可分解，需要协调执行，机器人之间的交互显著，如机器人足球等。

为系统设计能够完成复杂任务的多机器人协作系统，需要设计四个主要模块：①任务分解，即将复杂任务划分为简单的子任务；②联盟形成，即形成 MRS；③任务分配，即将子任务分配给 MRS 中的成员执行；④规划与控制，即通过对环境执行一系列动作来完成任务。图 4-13 展示了一种多机器人协作的工作流程，该流程要求人类专家根据可用机器人的能力将复杂任务分解为简单的子任务，并选择一组机器人形成联盟。然后，任务分配和规划与控制由 MRS 自主执行。虽然许多研究人员选择在多机器人协作系统中静态联盟以简化设计，但也有一些进行动态联盟。

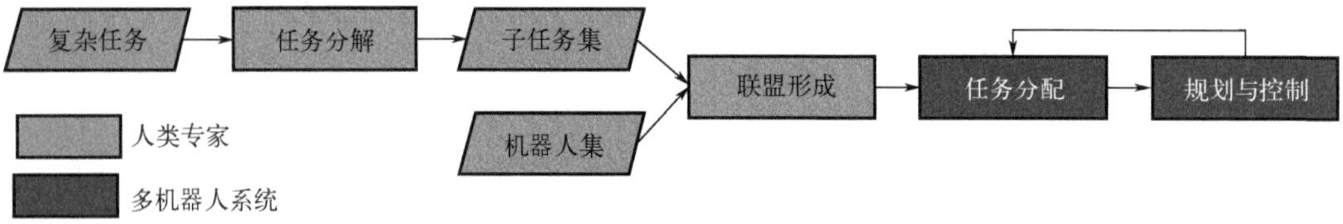

图 4-13　多机器人协作工作流程

1) 任务分解

任务分解是将复杂任务划分为一组更简单或更原始的子任务，这些子任务可以是相互独立的，也可以是相互依赖的。任务分解有通用的和特殊的。后者的一个例子就是机器人足球场景中的任务分解，根据足球和机器人的相对位置将比赛场地进行划分并分配给机器人。足球可作为引力源，在球场上形成引力场并影响子任务的分配。虽然许多系统要求设计者将复杂任务分解为一系列更简单的子任务，但一些研究尝试将这个过程自动化，并可以分为三大类：先分解再分配、先分配再分解以及同时分解和分配。

先分解再分配算法中，首先以集中方式将复杂任务分解为一系列子任务，然后将这些子任务分配给可用的机器人。自动分解和通过人类示范学习如何将复杂的决策任务分解为子任务，使用互信息度量。在一个环境中跟踪行人的任务根据各机器人与行人的距离进行动态分配。由于理解子任务之间的关系需要领域特定知识水平较高，这些方法的成功率有限。先分配再分解算法中，首先将任务列表分配给各机器人，然后每个机器人将该任务分解为更基本的子任务。这种方法允许机器人根据其特定技能对任务进行分解，从而有效地执行任务。同时分解和分配算法选择不将任务分解和分配步骤解耦，并提出一种基于任务树和拍卖的解决方案。这种方法通过提供反馈来改善基于机器人能力的任务分配，从而产生更具系统特性的分解。

2) 联盟形成

将复杂任务分解为一系列子任务后，子任务应分配给机器人或机器人组进行执行。由于一些子任务是多机器人任务，因此应将其分配给多机器人协作完成。联盟形成可以离线进行，以形成静态联盟，也可以在线进行，以形成能够适应环境的动态联盟。

3) 任务分配

任务分配是将任务分配给一个机器人或一组机器人，旨在寻找机器人与任务之间的最佳映射。有关任务分配的方法很多，其中基于拍卖的方法在多机器人任务分配问题中最常用。拍卖可以在集中式、去中心化或分布式拓扑中实施，其中拍卖者和竞标者的计算可以在单个节点(集中式)、多个节点(去中心化)或根本没有拍卖者的情况下(分布式)进行。由于环境是动态的和部分可观察的，任务分配算法应该能够进行前瞻并重新分配任务。在多智能体系统中，动态重新规划是通过基于拍卖的去中心化方法实现的。在最小化不必要重新分配的同时，单机器人任务前瞻是通过同时递减拍卖式开发的。然而，重复的抢占可能导致迭代无法收敛，从而导致整个系统失败。何时应提前抢占任务、抢占应被视为合适选择的频率等问题是有效任务分配在现实环境中需要研究的重要方向。

4) 规划与控制

MRS 的规划与控制也称为决策制定，是 MRS 中的一个主要模块。复杂任务被分解为子任务并分配给合作的多个机器人，它确定机器人在完成其所分配任务时应执行的行动顺序或政策。决策制定通常根据决策最优性及其时间和空间复杂性进行评估。已有多个框架用来建模和解决决策制定问题，包括强化学习、博弈论、群体智能和图论模型。

3. 多机器人协作的关键技术

1) 通信技术

通信技术是多机器人协作的基础，使机器人之间能够实时交换信息、协调行动。常见的通信技术包括：串口通信，一种基本的、广泛使用的通信方式，适用于短距离、低速率的通信场景；以太网通信，一种高速的、可靠的通信方式，适用于长距离、大数据量的通信场景；无线通信，如 ZigBee、Wi-Fi 等，使机器人可以在没有有线连接的情况下进行通信。这些通信技术为 MRS 提供了灵活、可靠的通信手段，使机器人之间能够实时共享信息、协同工作。

2) 协同感知与理解技术

协同感知与理解技术是多机器人协作中不可缺少的一环。机器人通过感知系统获取环境信息，如视觉、声音、触觉等，并通过理解算法对获取的信息进行处理，以获取机器人所需的环境理解，有助于机器人更好地适应环境并做出合适的决策。多模态协同感知与理解技术是近年来的研究热点，它通过将多种感知模块(如视觉、声音、触觉等)的数据进行融合处理，来更全面、准确地理解环境和完成任务。

协同感知主要包括多模态融合、多机器人定位、多机器人提示等方面。协同感知的数学模型为

$$Z = g(Y_1, Y_2, \cdots, Y_n) \tag{4-156}$$

其中，Z 表示协同感知结果；Y_i 表示机器人 i 的感知信息。

3) 协同控制技术

协同控制主要包括分布式控制、协同规划、协同执行等方面，协同控制的数学模型为

$$u_i(t) = f_i(x_i, x_{-i}, u_{-i}) \tag{4-157}$$

其中，$u_i(t)$ 表示机器人 i 的控制输出；x_i 表示机器人 i 的状态；x_{-i} 表示其他机器人的状态；u_{-i} 表示其他机器人的控制输出。

4) 协同决策技术

协同决策主要包括多机器人协同策略、多机器人协同学习、多机器人协同优化等方面，协同决策的数学模型为

$$D_i = f_i(Z, x_i, x_{-i}, u_{-i}) \arcsin\theta \tag{4-158}$$

其中，D_i 表示机器人 i 的决策结果；Z 表示协同感知结果；x_i 表示机器人 i 的状态；x_{-i} 表示其他机器人的状态；u_{-i} 表示其他机器人的决策结果。

随着人工智能和机器人技术的快速发展，MRS 的应用范围不断扩大，涉及领域涵盖工业生产、服务行业、医疗保健等多个领域。多机器人协作技术能够使机器人之间实现信息共享、

任务分配和协同工作，从而提高工作效率和灵活性。群体智能技术是多机器人协作的基础，通过群体智能算法和模型，可以实现机器人之间的协同决策和行动。群体智能技术不仅可以提高机器人系统的整体性能，还可以增强系统的鲁棒性和适应性。因此，多机器人协作与群体智能技术在未来的发展中将发挥越来越重要的作用。

4.3.3 群体智能

群体(swarm)这个词在 19 世纪 60 年代就流行了。早期对群体的定义相对简单，《牛津英语大词典》对其基本定义是“一群大量密集飞行的昆虫”。在动物界中，自然演变出不同的群体行为作为不同动物协同实现共同目标的方式，如觅食、筑巢或对抗敌人。群体中的动物根据它们的感觉运动特征协调行动，产生群体行为，如聚集和群体迁徙。群体智能(swarm intelligence)这个概念最早是由 Beni 和 Wang 在 1989 年提出的，目的是描述一群细胞机器人的动态，是一种群体智能行为的表达形式，动物行为一直是群体智能发展的重要启发源头。群体智能模型建立在对自然系统进行观察的基础上，以了解一般情况下支配群体行为的模式和规则。群体智能的探索在于理解能促进群体行为的条件、规则和交互模式，揭示自然系统中的群体如何形成，设计有效群体行为表达的新颖的人工智能系统。

群体智能应能从简单和局部规则计算中产生复杂和可扩展的群体行为。如图 4-14 所示，在自然界中，动物的行为具有：①适应性，表现为一个群体适应动态环境并应对不同任务的能力；②稳健性，表现为一个群体应对干扰和失败的能力，例如，单个个体的丢失或失能不会对群体产生显著影响；③可扩展性，表现为一个群体对于不同成员数量和不同规模问题表现良好的能力，只要群体成员数量不低于临界数量，增加或减少群体成员就不会导致整体性能显著下降。这些特性也是群体智能设计过程中需要复现的。

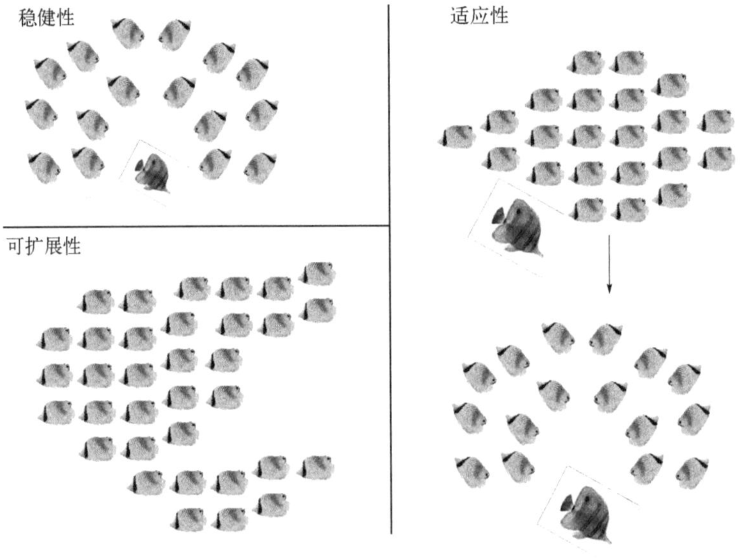

图 4-14　群体的优势

蚁群优化(ant colony optimization, ACO)和粒子群优化(partical swarm optimization, PSO)等元启发式是最流行的群体智能框架，框架中的个体是一个极简单的单元，根据自然群体的个体动物的属性来设计。

(1)蚁群优化算法是由 Marco Dorigo 于 1992 年提出的，是一种用来寻找优秀路径的概率型算法，其灵感来源于蚂蚁在寻找食物的过程中发现路径的行为，主要利用信息素沉积和追踪相关的行为。ACO 基本原理包括以下几个关键点。

信息素的作用：蚂蚁在寻找食物的过程中，会在所经过的路径上释放信息素。信息素的浓度表示路径的优劣，浓度越高，路径越受蚂蚁欢迎。

路径选择：蚂蚁在选择路径时，除了考虑信息素浓度外，还会引入随机性，以增加探索新路径的机会。这种随机性有助于避免早期收敛到局部最优解。蚂蚁在选择下一条路径时，会基于信息素浓度和启发式信息(如距离)来决定，选择概率可以表示为

$$p_{ij}^{k}=\frac{\tau_{ij}^{\alpha}\cdot\eta_{ij}^{\beta}}{\sum\limits_{l\in J_{k}}\tau_{il}^{\alpha}\cdot\eta_{il}^{\beta}} \tag{4-159}$$

其中，p_{ij}^{k} 是蚂蚁 k 从节点 i 选择到节点 j 的路径的概率；τ_{ij} 是节点 i 到节点 j 的路径上的信息素浓度；η_{ij} 是启发式信息(通常为路径长度的倒数)；J_k 是蚂蚁 k 可选择的邻接节点集合；α 和 β 是调节参数，分别控制信息素浓度和启发式信息的影响程度。

信息素更新机制：每次迭代后，信息素会根据蚂蚁选择的路径进行更新。表现良好的路径会增加信息素浓度，而表现不佳的路径信息素会逐渐挥发。这一机制确保了优秀路径的持续吸引力。

信息素的更新通常分为两个部分：挥发和增强。

挥发：在每次迭代后，所有路径的信息素会以一定的速率挥发。这个过程通常用以下公式表示：

$$\tau_{ij}(t)=(1-\rho)\cdot\tau_{ij}(t-1) \tag{4-160}$$

其中，$\tau_{ij}(t)$ 是在时间 t 路径 ij 上的信息素浓度；ρ 是挥发系数，$0<\rho<1$。

增强：经过一轮蚂蚁的搜索后，优秀路径上的信息素浓度会增加。这个过程通常用以下公式表示：

$$\tau_{ij}(t)=\tau_{ij}(t-1)+\Delta\tau_{ij} \tag{4-161}$$

其中，$\Delta\tau_{ij}$ 是在路径 ij 上增加的信息素浓度，通常由路径的质量(如路径的长度)决定：

$$\Delta\tau_{ij}=\sum_{k=1}^{m}\Delta\tau_{ij}^{k} \tag{4-162}$$

其中，m 是当前迭代中使用该路径的蚂蚁数量，$\Delta\tau_{ij}^{k}$ 可以表示为

$$\Delta\tau_{ij}^{k}=\frac{Q}{L_k} \tag{4-163}$$

其中，Q 是常数(信息素强度)；L_k 是蚂蚁 k 经过的路径长度。

迭代过程：蚂蚁会在多次迭代中不断选择路径和更新路径信息素，通过不断迭代，逐渐

找到最优或近似最优解。

适用性：蚁群优化算法适用于处理复杂的组合优化问题。

(2) 粒子群优化算法是一种模仿鸟类或鱼群寻找食物行为的优化算法。它基于每个个体都有一部分经验和信息可与群体其他成员分享的原则，主要用于在多维向量空间中定义客观函数的极值。首先，在空间中随机分布粒子寻找极值。然后，在每次迭代中，每个粒子必须围绕其已经发现的极值点进行搜索。最后，在整个粒子群发现的全局极值点周围收敛，排除局部极值。其流程如图 4-15 所示。

随机初始化粒子群：假设在一个 D 维的目标搜空间中，有 N 个粒子(群体规模)组成一个群体，其中第 i 个粒子在目标搜索空间中的初始位置可表示为一个 D 维的向量，即 $\boldsymbol{X}_i=[x_{i1},x_{i2},\cdots,x_{iD}](i=1,2,\cdots,D)$，该粒子的运动速度也是一个 D 维向量，记为 $\boldsymbol{V}_i=[v_{i1},v_{i2},\cdots,v_{iD}](i=1,2,\cdots,D)$。

计算每个粒子的适应值：从粒子 i 当前经历的所有位置中确定个体最佳位置：

$$\boldsymbol{P}_i(t)=\min_{k=1,2,\cdots,t}\{f(\boldsymbol{X}_i(k))\} \tag{4-164}$$

其中，f 为适应值函数。

计算群体的全局最优位置，即

$$\boldsymbol{P}_{\mathrm{g}}(t)=\min_{k=1,2,\cdots,N}\{f(\boldsymbol{P}_k(t))\} \tag{4-165}$$

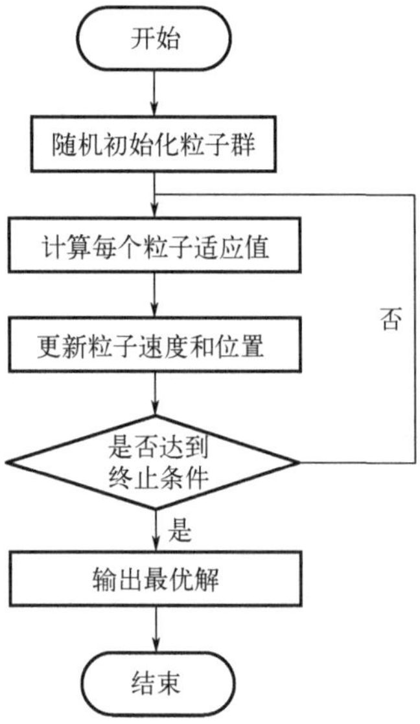

图 4-15　PSO 算法流程

更新粒子速度和位置：第 t+1 次迭代的速度更新为

$$\boldsymbol{V}_i(t+1)=w\boldsymbol{V}_i(t)+c_1r_1(t)[\boldsymbol{P}_i(t)-\boldsymbol{X}_i(t)]+c_2r_2(t)[\boldsymbol{P}_{\mathrm{g}}(t)-\boldsymbol{X}_i(t)] \tag{4-166}$$

其中，第一项称为记忆项，表示上次速度大小和方向的影响，$\boldsymbol{V}_i(t)$表示粒子 i 在第 t 次迭代时的速度；第二项称为自身认知项，是从粒子 i 当前点指向其个体极值点的向量，$\boldsymbol{P}_i(t)$表示粒子 i 个体极值位置；第三项称为群体认知项，是从粒子 i 当前点指向群体全局最优位置的向量。w 表示惯性因子，其值非负，其值越大，全局寻优能力越强，局部寻优能力越弱；其值越小，全局寻优能力越弱，局部寻优能力越强。c_1 和 c_2 分别表示个体学习系数和全局学习系数。$r_1(t)$ 和 $r_2(t)$ 为第 t 次迭代中介于(0,1)的随机数。

在第 t 次迭代的第 i 个粒子向第 t+1 次迭代进化时，根据如下公式更新位置：

$$\boldsymbol{X}_i(t+1)=\boldsymbol{X}_i(t)+\boldsymbol{V}_i(t+1) \tag{4-167}$$

终止条件：有两种终止条件可以选择，一是达到最大迭代次数；二是相邻两次迭代之间的偏差在一个指定的范围内。

4.3.4　群体机器人

群体机器人学研究如何构建一组相对简单的机器人来共同完成单个简单机器人无法胜任的任务，是利用群体智能理论解决单个机器人执行任务所面临的许多问题的一种新方法。群体机器人学强调自组织和涌现，同时关注可扩展性和稳健性问题。事实上，创建一个单一功能强大的机器人通常耗时且昂贵，而且其应对多变情况的灵活性较低。因此，部署一组规模更小、功能更弱、成本更低的机器人来执行各种简单任务更加合理。群体机器人技术主要针对规模问题，即人类无法单独解决的问题。例如，无人机群体用于在事故区域或自然灾害发生后搜索受害者，是群体机器人技术的重要研究领域。

定义 4-1　群体机器人学遵循的规则是一个群体系统应该拥有大量的机器人，任务应该通过群体系统来解决，机器人之间通过通信交换有限的局部信息。

定义 4-2　群体机器人学研究的是如何设计大量相对简单的机器人个体，使得期望的集体行为在机器人个体之间和机器人与环境之间的局部相互作用中体现。

定义 4-3　群体机器人学是研究如何创建不依赖外部基础设施或任何形式的集中控制的机器人群体。在机器人群体中，机器人的集体行为是由机器人个体与其所处的环境之间的局部交互产生的。

群体机器人(swarm robotics)系统是指由至少 3 个机器人组成的系统，可以在有限或者没有人类控制的情况下协作完成任务。协作体现在机器人之间在完成一个任务目标时的相互辅助，这种辅助是自然发生的，而非显式或有计划的。群体机器人的优势在于它们能够共同协作，互相协调，从而提高工作效率和完成任务。通过相互之间的通信和协作，群体机器人可以实现更加复杂和精细的工作，比单个机器人所能完成的任务范围更广。

群体机器人是群体智能在机器人领域的一个直接应用方向，因此继承了群体智能的特征，其具有以下特征：①稳健性，由于机器人的数量众多，群体机器人系统对错误、故障机器人或环境中的干扰具有稳健性，一般来说，群体总是会执行所请求的动作并收敛于其目标；②可演变性，群体中的个体数量不影响解决问题的能力，群体既可以由多个个体组成也可由少量个体构成；③并行性，群体机器人允许将复杂任务划分为子任务，每个机器人可以并行执行，与单个机器人独自完成所有任务相比，效率提升显著；④灵活性，一个给定的群体可移植许多不同的行动；⑤异质性，一个群体可以包含彼此不同且可专门用于特定行动的机器人，提高了群体的灵活性；⑥无领导者，与集体机器人相比，群体机器人没有领导者，每个机器人都具有确切的指令和相同的目标。

群体机器人强调控制的分散化、有限的个体能力，缺乏全局知识以及对大型群体的可扩展性。群体机器人中，每个机器人单元无法独立解决给定的问题，这种限制可能是物理约束(例如，机器人必须移动一些很重的物品)或者时间限制(例如，在有限时间内有很多物品需要收集)，或是对于单个机器人无法获取问题的整体图景，只能获取环境和集体活动的部分信息。这些限制意味着需要合作以确保任务完成并提高效率。自主合作的机器人组可以通过联合力量和信息共享，以分布方式承担给定任务并通过并行性实现更高的效率，从而协同完成复杂任务。群体机器人的重要方面还有系统的冗余性，这与稳健性和可扩展性密切相关。群体机器人系统由同质机器人(或相对较少的异质同质机器人组)组成。这意味着单个或少数机器人的失败对整个系统来说并不重要，因为失败的机器人可以很容易地被另一个队友替代。与集中式系统不同，在群体机器人系统中没有单一故障点，每个组件都可以与其他组件互换。冗余、分布式控制和局部交互也使得可扩展性成为可能，使得机器人系统能够无缝地适应不同的团队规模。相较于集中式系统在面对较大团队规模时故障发生的概率会出现指数级增长的情况，群体机器人在这方面则具有显著优势。

由于以上所有特性都是期望达到的，问题仍然是如何设计和实现这样一个机器人系统。在群体机器人领域，共同的起点是生物学隐喻，其中规范动物社会组织的基本机制可以被简化为简单的规则，以便在机器人群体中实施。这种方法是能够提取许多类型集体行为的基本工作原则。值得注意的是，群体机器人系统并不受限于模仿自然。实际上，在许多情况下，没有生物学例子可以参考，或者在自然系统中观察到的机制难以在机器人群体中实施(例如，在机器人技术中，气味感知是一个未解决的难题，阻止了对真实化学物质进行信息素机制的轻松利用)。尽管如此，即使在没有自然对应物的系统中，也应存在相关性质，即自组织，其中群体行为是不同个体之间众多相互作用的结果。由于自组织，由个体机器人重复执行的简单控制规则可以实现复杂的群体行为。

虽然群体机器人具有巨大的发展潜力，但也面临着一些局限性。这些局限性可能影响群体机器人在各种实际应用中的性能和部署，具体如下。

(1)个体能力有限：群体机器人通常在感知、处理和行动能力上存在限制。这种有限的能力可能会限制它们能够执行的任务类型以及它们能够有效运作的环境。针对这一局限性，当前趋势旨在通过传感器技术、板载处理器能力和更高效的执行系统的进步来提升单个机器人的能力。未来的工作包括整合人工智能和机器学习，以实现更好的决策和更复杂的行为。

(2)算法设计复杂：开发能够从简单个体规则中产生所需集体行为的可靠算法极具挑战。确保这些算法具有鲁棒性、高效率和适应性是一个重大障碍。针对这一问题，研究重点集中在生物启发式算法上，如模仿蚂蚁觅食或鸟类群飞等行为的算法。目前正在探索机器学习，特别是强化学习，以开发能够学习最优行为的算法。未来的工作包括创建更加模块化和可重用的算法框架。

(3)不可预测性：由于机器人之间交互的复杂性和非线性，群体系统可能会表现出不可预测的行为。这种不可预测性可能导致难以预见和控制的结果。目前正在努力通过模拟和理论分析来更好地理解和建模涌现行为。未来的研究旨在开发控制机制，以减轻不良的涌现行为并提高可预测性。

(4)依赖局部信息：群体机器人通常依赖局部信息共享来做出决策，如果局部信息不足或具有误导性，可能导致全局性能不佳。目前正在努力通过增强机器人共享信息的能力，并基于局部和全局信息的结合来做出更明智的决策。未来的工作包括开发混合算法，以在局部自主性和偶尔的全局协调之间取得平衡。

(5)干扰和拥堵：高机器人密度可能导致干扰和拥堵，从而降低群体的整体效率，尤其是在空间受限或资源有限的环境中尤其成问题。目前正在开发先进的路径规划和避碰算法，以最大限度地减少干扰。未来的研究将探索动态密度管理策略，使机器人能够根据任务要求和环境条件调整其密度。

(6)实际部署难度：将群体智能的理论模型转为实际应用中的系统是一项挑战。环境的不可预测性、硬件限制以及实时性要求使得实施过程变得复杂。可以通过广泛的现场测试和迭代开发来弥合理论与实践之间的鸿沟。未来的工作包括创造更加健壮和多功能的机器人平台，并且其能够在多样的显式环境中可靠运行。

(7)维护和扩展成本：由于维护和扩展相关的成本，大规模部署群体机器人系统可能会非常昂贵。这不仅包括初期投资，还包括持续的运营成本。可以通过 3D 打印和模块化设计等制造技术的进步来降低成本，并开发利用群体固有冗余和容错能力的维护策略。未来的工作包括探索使大规模部署更具可行性的经济模型。

尽管存在这些局限性，但群体智能机器人已在各种应用中取得了显著成功，特别是在探索、测绘和集体运输等非关键任务中。然而，将群体智能应用于关键任务会引入一些潜在的弊端和风险。这些弊端和风险包括通信故障、不可预测性、实时决策挑战以及资源限制。解决这些问题将需要控制算法、通信技术和稳健决策框架的进一步发展，以确保群体智能系统在关键、高风险环境中的可靠性和安全性。

4.4　多机器人环境感知技术

多机器人环境感知是指多个机器人(如地面车辆或无人机)利用机载传感器在三维空间中探索未知环境的过程。每个代理通过使用自身测量和从邻居处接收到的共享数据，估计尚未探索区域的环境信息。机器人根据分布式高斯过程模型对下一步移动位置进行预测，优先探索不确定性较高的地方。考虑以下设置：

(1)探索区域是有限的，所有代理都知道探索区域的边界，环境感知过程是时不变的；

(2)每个代理在全球坐标系统中都具有定位和导航能力；

(3)每个代理只能与通信范围内的代理直接通信，两个代理之间的通信是双向的。

同时定位与地图构建(SLAM)是机器人从一个未知位置开始在一个陌生环境中移动，通过携带的传感器同时定位和构建增量地图的过程。SLAM 技术已经发展出两个重要组成部分：前端和后端。前端将传感器的原始数据抽象为模型，以便于估计，而后端则基于抽象数据进行推理。SLAM 算法主要是基于滤波的，通过将当前时刻的位姿估计与前一时刻的位姿关联来优化当前的位姿估计。扩展卡尔曼滤波器(EKF)和粒子滤波器(PF)是经典的滤波方法。借助 SLAM 技术，机器人可以感知环境、在探索区域内进行导航和任务规划。机器人的环境一般是指机器人所处的空间环境，所需要感知的环境内容众多，如距离、气味等，需要丰富的传感器作为硬件支撑。机器人的环境感知能力取决于传感器的性能、机器人的运动能力和智能水平。

近年来，单机器人 SLAM 方法已达到较高的成熟度。但是在大规模场景中，单个机器人构建地图会导致累积误差，一旦机器人发生故障，将无法再进行环境感知。多机器人环境感知技术是指通过多个机器人之间的协作和信息共享，实现对周围环境的全面感知和理解的技术，建立在单机器人环境感知基础之上。MRS 具有并行性、可扩展性、稳健性、灵活性和适应未知环境的能力，可以以协作方式解决复杂问题，特别是在无地图的情况下探索未知的、非结构化空间已成为 MRS 典型应用场景，通过多个机器人共同工作，可以更快速、准确地获取环境信息，提高工作效率和质量。此外，多机器人环境感知技术还可以提升机器人之间的协作能力，实现更高水平的自主工作和智能决策。在现代复杂的工业生产和服务领域，多机器人环境感知技术具有重要意义。

自 20 世纪 90 年代以来，在单机器人 SLAM 研究的基础上，多机器人协作 SLAM (cooperative SLAM, C-SLAM)问题逐渐成为机器人认知领域的研究热点，是多机器人环境感知的基础。C-SLAM 是在没有外部定位系统的环境下(如室内、地下或水下)进行多机器人操作的重要组成部分，其设计具有可扩展性、灵活性、分散性和稀疏性，这些都是群体机器人技术的关键特征。

在多机器人 C-SLAM 中，有四个关键问题需要考虑，这些问题以以下形式表述，如图 4-16 所示。

1）数据通信

在多机器人 C-SLAM 中，系统能够在机器人之间共享数据是一个关键要求。机器人之间可以通过通信交换信息，这些通信渠道可能并不总是可用。通信网络的带宽和覆盖范围是影响 C-SLAM 性能的两个重要因素。

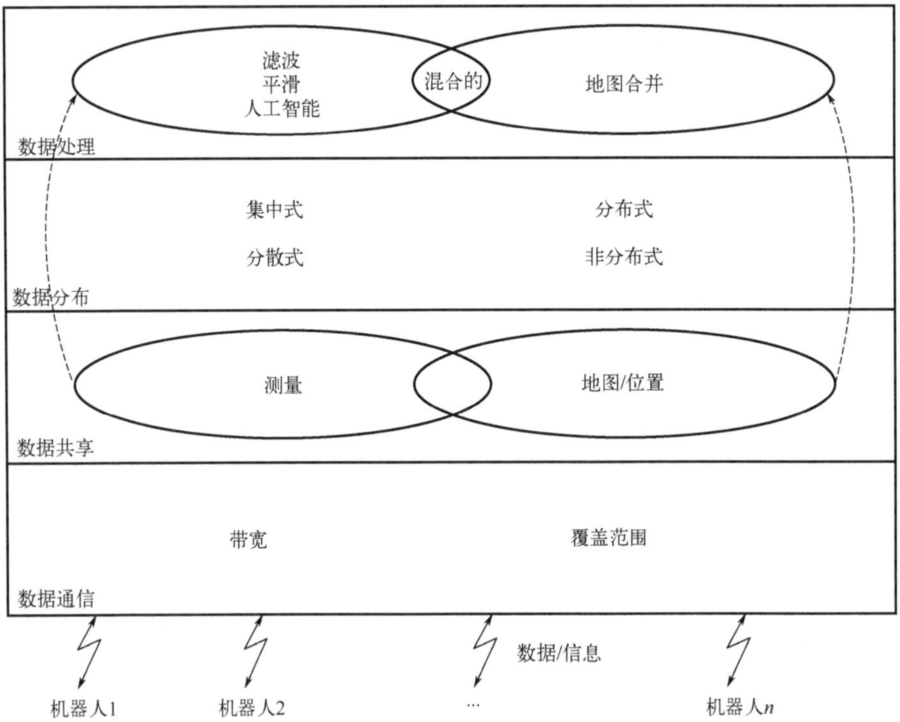

图 4-16　多机器人 C-SLAM 的四个关键问题

2）数据共享

在多机器人 C-SLAM 中，机器人之间共享数据是一个基本问题。过去的 C-SLAM 方法通常可以根据是共享原始传感器数据还是共享处理过的数据进行分类。原始传感器数据为机器人感知到的未经处理信息，如激光测距仪测量和轮子里程计读数。处理过的数据包括地图或机器人的姿态以及经过滤波、平滑处理的传感器数据。原始传感器数据共享需要高带宽和可靠的机器人之间的通信，以及更高的处理能力。相比原始传感器数据共享，分享地图则使用更少的带宽，并且不需要处理冗余的原始数据。然而，其性能依赖于地图的质量。后者的方法通常称为地图合并或地图融合。

3）数据分布

一般来说，多机器人 C-SLAM 可以是集中式或分散式的。在集中式系统中，任务的计算由团队中预定的机器人或外部代理执行。中央代理处理传入的数据，并向其他代理提供所需要的信息和反馈。在分散式系统中，团队中有多个机器人执行任务的计算。显然，这种结构要求机器人具有足够的计算能力来应对处理需求。

根据这些定义，集中式或分散式系统可以是分布式的也可以是非分布式的。例如，一个系统可能是分布式的，其中任务由几个机器人协作完成，中心代理整合所有信息以生成最终结果。多个微型航空器的协作映射是一个同时具备分布式与集中式的特性的例子，任务有多个航空器协作完成(分布式)，但最终信息整合由中央代理处理(集中式)。因此，集中式或分布式系统既可能是分布式的，也可能是非分布式的，具体取决于系统的信息共享与计算分配机制。此外，混合解决方案也适用，其中一些机器人处理数据，而另一些机器人仅使用结果。

4) 数据处理

选择机器人姿态和全局地图估计方法要考虑许多因素，如可用内存、处理器能力和传感器信息。SLAM 技术常用的两种类型的方法分别为 EKF-SLAM 和 GraphSLAM。EKF-SLAM 对系统的非线性模型进行近似、将非线性系统状态估计问题转化为线性问题处理，从而利用卡尔曼滤波框架实现 SLAM。该方法计算开销比较大，每次获取的信息都会被分解为概率分布，使得它尽管有前瞻性，但速度较慢。GraphSLAM 的解决方案也依赖于泰勒展开的近似。与 EKF-SLAM 的不同之处在于 GraphSLAM 累积信息，因此其被认为是一种懒惰和离线的算法。粒子滤波方法是一种非线性过滤解决方案，因此其不对系统模型进行线性化。尽管粒子滤波的计算开销较大，但研究表明，其具有良好的实现方式。例如，FastSLAM 和栅格地图可以降低算法的复杂性。

4.4.1　多机器人空间定位

对于 MRS，确定每个机器人相对于共同参考坐标系的位置和方向是各种合作任务中至关重要的，如监视与侦查、搜索与救援、编队控制和探索等。传统的 MRS 定位方法通常依赖于全球定位系统(GPS)或室内的运动捕捉系统，这两者都需要外部基础设施，并且在某些环境中可能不适合，如室内或者水下。

多机器人空间定位是指多个机器人在同一空间中通过各自的传感器和算法确定自身位置的过程。多机器人空间定位已经成为实现自动化和智能化的重要手段。多机器人空间定位的关键在于精准的定位算法和可靠的传感器技术。通过不断优化算法和提升传感器性能，可以提高多机器人空间定位的准确性和稳定性。同时，多机器人之间的协作和通信也是实现空间定位的关键，需要建立良好的通信网络和协作机制。

合作定位技术为确定 MRS 中机器人的位置和方向提供了一种灵活且可靠的解决方案。在这种技术中，一组机器人通过整合来自本体传感器(如轮上编码器、惯性测量单元和里程计等)的自我信息以及来自外部传感器(如摄像头、激光测距仪、超宽带和通信模块)的机器人间相对测量，协同估计它们在共同参考坐标系下的姿态。通过在机器人之间交换估计的姿态和不确定性信息，个体姿态估计可以随时间的推移而得到优化。

在 MRS 中，合作定位可以通过集中式框架实现。在这种方法中，制定一个融合中心或领导机器人，负责收集和处理所有成员机器人的信息，以估计每个机器人在环境中的全局位置或状态。集中式合作定位具有某些优势，如协调的简单性和统一的估计方法。特别地，集中式方法能够准确跟踪机器人之间的相互关系，从而增强定位性能。

为了克服集中式方法的局限性，最近的研究提出去中心化框架。在去中心化框架中，每个机器人维护一个本地滤波器，并与邻近机器人交换本地信息，以实现合作定位。机器人可以动态地加入或离开系统，而不会干扰整个定位过程。去中心化框架对故障更具鲁棒性，因为没有单一的融合中心或领导机器人。去中心化框架提供了更好的可扩展性。计算负载分散到各个机器人上，使系统能够更高效地扩展并处理更大规模的机器人团队。但是，随着机器人数量的增加，也可能面临通信带宽限制、潜在单点故障和可扩展性不足的问题。然而，去中心化框架的挑战在于处理不同机器人之间的估计值的相互关联，以防止重复计算。重复计算发生在两个机器人将共享信息视为不相关时，导致一致性问题和估计精度的下降，使得估计器变得不可靠。因此，去中心化框架需要为团队成员之间的数据融合提供一致的估计算法。如果一个估计器是一致的，那么估计误差的均值为零，并且其协方差小于或等于估计器性能的基本标准之一。如果一个估计器不一致，则估计器计算的协方差往往会过于自信，因此计算出的状态估计准确性未知，估计器也不可靠。

C-SLAM 可以分为集中式和分布式。在集中式架构中，一个中央服务器处理复杂的优化任务，而其他机器人则与服务器通信以传输处理过的数据。全局地图的优化和融合在中央服务器上进行，机器人被分配适当的任务以确保系统的效率和稳定性。在分布式架构中，每个机器人都是一个独立节点，能够执行 SLAM 前端任务并与其他机器人共享数据，如环境信息、定位姿态或地图。使用专门设计的分布式算法来构建全局一致的地图，并调整彼此之间的任务分配。即使系统内的某些独立节点出现故障，也不会影响系统的整体功能。不同的 C-SLAM 架构及其优化的示例如图 4-17 所示，可以为不同应用场景创建 C-SLAM 框架，包括源寻求、使用不同类型的传感器、前端和后端方法以及架构。

C-SLAM 要求机器人了解自身的姿态以及其他机器人的姿态。在 C-SLAM 中，机器人的局部地图之间的对齐或变换矩阵通常是未知的。由于传感器、计算等方面存在误差，相对变换矩阵中存在不确定性，这表现为协方差矩阵。利用协方差矩阵更新相对姿态成为 C-SLAM 中的关键问题。准确估计机器人之间的相对位置可以显著减少 SLAM 的累积误差。虽然 GNSS 测量是一种理想的方法，但在某些环境中，如隧道或地下等，其无法使用，可以用 UWB 代替 GNSS 进行机器人定位，但这需要在环境中预先安装设备。UWB 传感器也可以添加到机器人上，仅测量对象相对位置，这可以显著提高估计精度。对于高相似度的环境，以相互定位获得高质量的姿态修正和定位。除了引入新传感器外，还可以参考回环闭合检测，利用从不同机器人前端提取的特征点或点云计算相对位置。

对于多机器人 C-SLAM，给出如下假设。

(1) 一组 M 个独立的机器人在一个 N 维空间中运动。每个机器人的运动由其自身的线性或非线性运动方程描述。

(2) 每个机器人配备本体感知和外部感知传感器，以便传播和更新其自身的位置估计。这些传感器测量机器人的本体运动，并监测环境中的定位特征，如特征点。

(3) 每个机器人携带外部传感器，使其能够检测和识别邻近区域的其他机器人的运动，并测量它们各自的位移(相对位置和方向)。

(4) 所有机器人均配备通信设备，允许在群体内交换信息。

该问题在于确定利用群体成员之间相互作用过程中交换的信息的方法，同时考虑可能的独立性和相互依赖性。关注的是如何以便于分布式处理、最小化通信需求的方式来表述该问题。机器人之间的通信仅在集体定位的更新周期内是必要的。也就是说，仅在两个机器人相遇时进行通信。

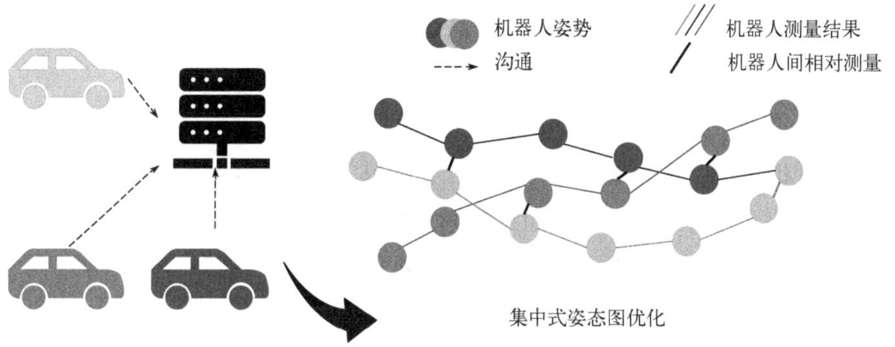

(a) 集中式C-LAM

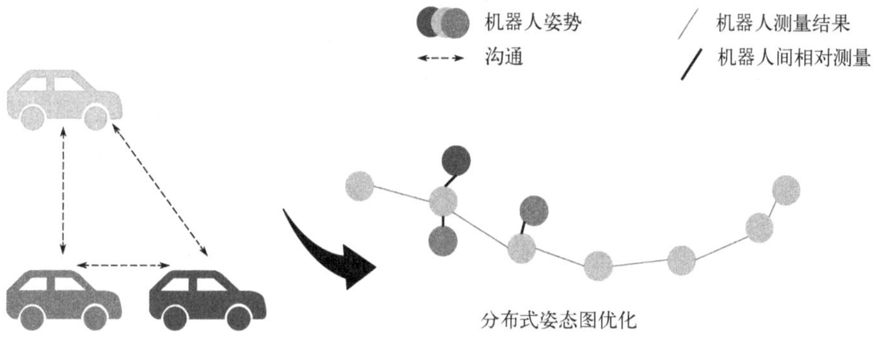

(b) 分布式C-LAM

图 4-17　集中式和分布式 C-SLAM

问题描述：考虑一组 n 个移动机器人在一个公共参考坐标系下进行定位。每个机器人 $i(i\in\{1,2,\cdots,n\})$ 能够通过共享网络与其他机器人进行通信。网络连接是动态变化的，因为机器人可能随时加入或离开。此外，通信网络还受到通信故障和带宽限制的影响。每个机器人 i 都配备了本体感知传感器以获取自我运动测量，令 $\boldsymbol{x}_{i,k}\in\mathbb{R}^d$ 表示机器人 i 在时刻 k 的局部状态。不同机器人的状态向量可能不同。机器人 i 的运动学模型可以用以下通用模型描述：

$$\boldsymbol{x}_{i,k}=f_i(\boldsymbol{x}_{i,k-1},u_{i,k},v_{i,k}) \tag{4-168}$$

其中，$u_{i,k}$ 表示自我运动测量；$v_{i,k}$ 表示过程噪声，假定服从高斯分布 $N(0,\boldsymbol{Q}_{i,k})$。

机器人通过车载传感器(如 GPS)或从已知地标间歇性地获取绝对测量。机器人 i 的绝对测量模型可以描述为

$$z_{i,k}=g_i(\boldsymbol{x}_{i,k})+w_{i,k} \tag{4-169}$$

其中，$w_{i,k}$ 表示均值为零、协方差为 $\boldsymbol{R}_{i,k}$ 的高斯噪声。

每个机器人搭载外部传感器(如 LiDAR 或者摄像机)以获取机器人之间的相对测量。相对测量的类型并不局限，可以是相对距离、相对方位或这些测量的组合。机器人 i 从另一个机器人 j 观察到的相对测量模型可以写成如下形式：

$$z_{ij,k}=h_i(x_{i,k},x_{j,k})+w_{ij,k} \tag{4-170}$$

其中，$w_{ij,k}$表示相对测量噪声，该噪声符合均值为零的高斯分布$N(0,\boldsymbol{R}_{ij,k})$。为简化起见，假设所有传感器测量都是同步的且相互独立。

在去中心化的合作定位系统中，每个机器人$i(i\in\{1,2,\cdots,n\})$维护一个本地估计器，仅基于其自我运动测量和偶尔获得的绝对测量和相对测量来跟踪自己的状态估计$\hat{x}_i$和协方差$\hat{\boldsymbol{P}}_i$。为了减轻通信负担并减少对网络连接的依赖，任何两个机器人仅在其中一个机器人对另一个机器人进行相对测量时进行通信。这是唯一进行通信的情况。也就是说，通信仅允许在每个机器人与其邻近机器人之间进行，并且仅交换本地状态和协方差估计。设$N_{i,k}$为机器人i在时刻k的邻近机器人集合，n_i为集合的势，机器人i的邻近机器人为$i_\tau(\tau\in\{1,2,\cdots,n_i\})$，$\tau$指的是机器人$i$从其邻近机器人集合中获得相对测量的机器人。

在整个估计过程中，每个机器人主要执行两个操作：自我运动传播和测量更新。这两个操作是递归实现的。具体而言，一旦获得自身运动信息，机器人就会立即向前传播其自身状态和协方差。在自身运动传播之后，如果机器人i检测到与其邻近机器人i_τ之间的相对测量，它就会与邻近机器人进行通信，请求它们的先前状态$\check{\boldsymbol{x}}_{i_1,k},\cdots,\check{\boldsymbol{x}}_{i_{n_i},k}$和先前的协方差$\check{\boldsymbol{P}}_{i_1,k},\cdots,\check{\boldsymbol{P}}_{i_{n_i},k}$。然后，邻近机器人将其先前状态和协方差发送给机器人i。在接收到这些信息后，机器人i会立即使用其自身的先前信息($\check{\boldsymbol{x}}_{i,k},\check{\boldsymbol{P}}_{i,k}$)、邻近机器人的先前信息以及可用的相对或绝对测量来更新其状态和协方差。当仅有绝对误差时，机器人不需要与其他机器人通信，可以直接更新其状态和协方差。

接下来，将详细介绍去中心化合作定位系统中自我运动传播和测量更新的具体过程。

1. 传播

对于每个机器人i，令$\hat{\boldsymbol{x}}_{i,k-1}$和$\hat{\boldsymbol{P}}_{i,k-1}$分别表示在上一时刻$k$–1获得的状态和协方差估计。一旦通过其车载传感器获得最新的自身运动信息$u_{i,k}$，机器人就会立即使用EKF传播其自身的状态和协方差，具体依据是

$$\check{\boldsymbol{x}}_{i,k}=f(\hat{\boldsymbol{x}}_{i,k-1},u_{i,k},0) \tag{4-171}$$

$$\check{\boldsymbol{P}}_{i,k}=\boldsymbol{F}_{i,k}\hat{\boldsymbol{P}}_{i,k-1}\boldsymbol{F}_{i,k}^{\mathrm{T}}+\boldsymbol{G}_{i,k}\boldsymbol{Q}_{i,k}\boldsymbol{G}_{i,k}^{\mathrm{T}} \tag{4-172}$$

其中，$\boldsymbol{F}_{i,k}$和$\boldsymbol{G}_{i,k}$是雅可比矩阵，计算如下：

$$\boldsymbol{F}_{i,k}=\left[\frac{\partial f_i(\hat{\boldsymbol{x}}_{i,k-1},u_{i,k},0)}{\partial \boldsymbol{x}_{i,k-1}}\right]_{\hat{\boldsymbol{x}}_{i,k-1}},\quad \boldsymbol{G}_{i,k}=\left[\frac{\partial f_i(\hat{\boldsymbol{x}}_{i,k-1},u_{i,k},0)}{\partial v_{i,k}}\right]_{\hat{\boldsymbol{x}}_{i,k-1}} \tag{4-173}$$

2. 更新

这里介绍一种批量融合方法，该方法允许同时处理多个并发的绝对或相对测量，并在没有机器人间相关性的情况下联合估计机器人i及其邻近机器人的状态。

定义时刻k的联合状态为

$$\boldsymbol{S}_{i,k}=[\boldsymbol{x}_{i,k},\boldsymbol{x}_{i_1,k},\cdots,\boldsymbol{x}_{i_{n_i},k}] \tag{4-174}$$

包括机器人 i 和其邻近机器人的状态。相应地，机器人 i 及其邻近机器人的先前状态估计表示为

$$\check{\boldsymbol{S}}_{i,k}=\left[\check{\boldsymbol{x}}_{i,k},\check{\boldsymbol{x}}_{i_1,k},\cdots,\check{\boldsymbol{x}}_{i_{n_i},k}\right] \tag{4-175}$$

将所有绝对和相对测量表示为

$$\boldsymbol{Y}_{i,k}=[z_{i,k},z_{ii_1,k},\cdots,z_{ii_{n_i},k}] \tag{4-176}$$

值得注意的是，式(4-176)中的绝对测量 $z_{i,k}$ 不是必需的，因为绝对测量不是连续获得的。

基于式(4-175)中先前状态估计以及式(4-176)中可获得的绝对或相对测量，可以运用经典的 EKF 通过最优联合后验状态估计和最优协方差估计实现式(4-174)中联合状态的最优估计：

$$\hat{\boldsymbol{S}}_{i,k}^{*}=\check{\boldsymbol{S}}_{i,k}+\boldsymbol{K}^{*}r\left(\check{\boldsymbol{S}}_{i,k}\right) \tag{4-177}$$

$$\hat{\boldsymbol{P}}_{i,k}^{*}=\left(\check{\boldsymbol{P}}_{k}^{-1}+\boldsymbol{H}_{k}^{\mathrm{T}}\boldsymbol{R}_{k}^{-1}\boldsymbol{H}_{k}\right)^{-1} \tag{4-178}$$

其中，$\boldsymbol{K}^{*}$ 表示最优增益矩阵，$\boldsymbol{K}^{*}=\check{\boldsymbol{P}}_{k}\boldsymbol{H}_{k}^{\mathrm{T}}\left(\boldsymbol{H}_{k}\check{\boldsymbol{P}}_{k}\boldsymbol{H}_{k}^{\mathrm{T}}+\boldsymbol{R}_{k}\right)^{-1}$；$\boldsymbol{R}_{k}$ 表示联合测量噪声协方差，$\boldsymbol{R}_{k}=\mathrm{diag}\{\boldsymbol{R}_{i,k},\boldsymbol{R}_{ii_1,k},\cdots,\boldsymbol{R}_{ii_{n_i},k}\}$，$\boldsymbol{R}_{i,k}$ 和 $\boldsymbol{R}_{ii_\tau,k}$ 为 $z_{i,k}$ 和 $z_{ii_\tau,k}$ 的噪声协方差。残差函数 $r\left(\check{\boldsymbol{S}}_{i,k}\right)$ 定义为

$$\mathrm{r}\left(\check{\boldsymbol{S}}_{i,k}\right)=\begin{bmatrix} z_{i,k}-g_{i}\left(\check{\boldsymbol{x}}_{i,k}\right) \\ z_{ii_1,k}-h_{ii_1}\left(\check{\boldsymbol{x}}_{i,k},\check{\boldsymbol{x}}_{i_1,k}\right) \\ \vdots \\ z_{ii_{n_i},k}-h_{ii_{n_i}}\left(\check{\boldsymbol{x}}_{i,k},\check{\boldsymbol{x}}_{i_{n_i},k}\right) \end{bmatrix} \tag{4-179}$$

雅可比矩阵 $\boldsymbol{H}_{k}$ 定义为

$$\boldsymbol{H}_{k}=\begin{bmatrix} \boldsymbol{H}_{i,k} & 0 & \cdots & 0 \\ \boldsymbol{H}_{ii_1,k}^{(i)} & \boldsymbol{H}_{ii_1,k}^{(i_i)} & \cdots & 0 \\ \vdots & \vdots & & \vdots \\ \boldsymbol{H}_{ii_{n_i},k}^{(i)} & 0 & \cdots & \boldsymbol{H}_{ii_1,k}^{(i_{n_i})} \end{bmatrix} \tag{4-180}$$

其中，$\boldsymbol{H}_{i,k}$ 和 $\boldsymbol{H}_{ii_\tau,k}^{(i_\tau)}(i\in N_i)$ 分别定义为

$$\boldsymbol{H}_{i,k}=\left[\frac{\partial g_i(\boldsymbol{x}_{i,k})}{\partial \boldsymbol{x}_{i,k}}\right]_{\check{\boldsymbol{x}}_{i,k}},\quad \boldsymbol{H}_{ii_\tau,k}^{(i_\tau)}=\left[\frac{\partial h_{ii_\tau}\left(\check{\boldsymbol{x}}_{i,k},\check{\boldsymbol{x}}_{i_\tau,k}\right)}{\partial \boldsymbol{x}_{i_\tau,k}}\right]_{\check{\boldsymbol{x}}_{i,k},\check{\boldsymbol{x}}_{i_\tau,k}} \tag{4-181}$$

$\check{\boldsymbol{P}}_k$ 表示联合先验协方差矩阵，定义为

$$\check{\boldsymbol{P}}_k=\begin{bmatrix}\check{\boldsymbol{P}}_{i,k} & \check{\boldsymbol{P}}_{ii_1,k} & \cdots & \check{\boldsymbol{P}}_{ii_{n_i},k}\\ \check{\boldsymbol{P}}_{i_1i,k} & \check{\boldsymbol{P}}_{i_1,k} & \cdots & \check{\boldsymbol{P}}_{i_1i_{n_i},k}\\ \vdots & \vdots & & \vdots\\ \check{\boldsymbol{P}}_{i_{n_i}i,k} & \check{\boldsymbol{P}}_{i_{n_i}i_1,k} & \cdots & \check{\boldsymbol{P}}_{i_{n_i},k}\end{bmatrix} \tag{4-182}$$

其中，$\check{\boldsymbol{P}}_{i,k}$ 为机器人 i 的协方差；$\check{\boldsymbol{P}}_{i_\tau,k}$ 表示机器人 i 的邻近机器人协方差；$\check{\boldsymbol{P}}_{jl,k}(j,l\in N_i\cup\{i\},\ j\neq l)$ 为机器人间交叉相关矩阵。

4.4.2　多机器人信息融合

多机器人信息融合是指将多个机器人收集到的信息进行整合和分析，以提高 MRS 的性能和效率。通过信息融合，不同机器人之间可以共享数据，相互协作完成任务。这种方法可以使机器人系统更加智能和灵活，提高其适应各种复杂环境的能力。多机器人信息融合的关键在于如何有效地整合和处理各个机器人的数据。需要设计合适的算法和模型，将不同机器人的信息进行融合，消除冲突和重复，确保数据的准确性和一致性。同时，还需要考虑数据的安全性和隐私保护，防止信息泄露和被恶意利用。

在数据处理的抽象层次方面，多机器人信息融合通常分为三个类别，即数据层融合、特征层融合和决策层融合。信息融合的表示如图 4-18 所示。

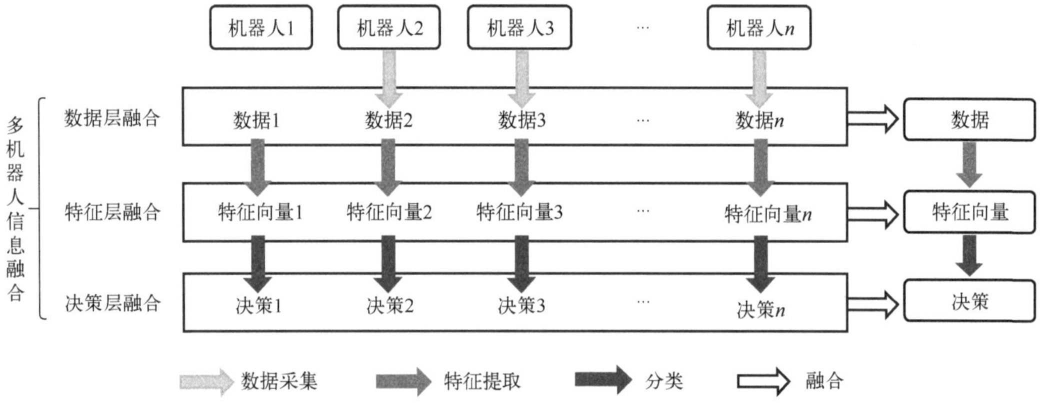

图 4-18　多机器人信息融合分类

数据层融合研究的关键技术主要包括降噪、特征提取、数据分类和数据压缩的设计与实现。数据层融合设计集成由多个机器人的多个传感器收集的数据，以提高识别系统的可

靠性、稳健性和泛化能力。当系统设计多个同质传感器测量相同物理现象时，传感器数据可以直接融合；相反，来自异质传感器的数据不能直接融合，必须采用特征层或决策层融合技术。

特征层融合指的是多个数据源(由不同传感器节点或单一节点配备多个物理传感器生成)提取的特征集可以融合，形成一个新的高维特征向量，用于分类/模式识别步骤的输入。特征层融合通常用于表征数据测量分离信号。在此背景下，从异质或同质传感器在不同位置提取的特征，通过支持向量机(SVM)、决策树(DT)和隐马尔可夫模型(HMM)等机器学习进行自动特征表示，以解决时空依赖性问题。

决策层融合是从多个机器人本体决策生成或选择假设的过程。决策层融合的输出是从多个同质或异质传感器的本地决策中获得的独特决策，而高层决策是通过对原始传感数据或特征级处理提取的信息达到某一个水平来实现的。

在 C-SLAM 中，机器人生成的每个局部地图必须转换到相同的坐标系，然后通过优化算法来最小化全局误差，构建一个统一的全局地图。地图合并的方式是 C-SLAM 中的一个关键问题。因为不同机器人的局部地图可能来自不同的视角和尺度，为了提高全局地图的精度，需要使用平移、旋转和缩放等不改变几何相似性的描述符来辅助地图融合。

尽管 C-SLAM 中存在一些复杂的设计，但机器人普遍性的问题仍未得到解决。目前的多机器人 C-SLAM 框架能够构建全局一致的地图，但机器人选择、环境条件和计算性能等因素可能限制其有效性。需要进一步研究以解决这些问题并提高 C-SLAM 效率。

1) 多传感器融合

多传感器融合可以解决单一传感器存在的不足之处，为不同环境定制传感器类型是多机器人 C-SLAM 的典型解决方案。多传感器融合往往紧密集成到系统中，收集的数据高度交织，难以独立修改或操作。构建灵活且稳健的框架，以支持多种传感器并适应新需求是一项挑战。

2) 大规模环境中协作算法

在大规模场景中，机器人通常会缓存数据和场景地图，这可能导致环境特征的丢失或相似性。因此，必须使用准确且高效的回环闭合检测算法。随着位姿图大小的增加，后端优化算法也必须相应调整。为大规模和高度动态场景开发多机器人 C-SLAM 方法是一项显著的挑战。

本 章 小 结

微课

本章涵盖了机器人与环境共融交互技术的多个重要方面，涉及从环境建模、路径规划到机器人与环境交互的控制方法、多机器人系统建模等多个层面。首先，通过分析动态环境建模与路径规划技术，探讨了栅格地图、特征地图、拓扑地图、语义地图等不同的环境地图表示方法，以及 EKF-SLAM、PTPSM 等先进的定位技术。接着，深入讲解了路径规划方法，包括全局路径规划的 Dijkstra 算法、局部路径规划的 DWA 算法以及基于仿人类推理的 *Q*-learning 的避障算法，展示了机器人在复杂环境中的智能决策过程。在机器人与环境的交互动力学与控制方面，重点介绍了机器人标定、参数辨识以及力控制的基础方法，特别是双臂机器人在协同操作中的手眼协调控制技术，展示了机器人在多任务协调中的能力与智能。在多机器人协作与环境感知方面，介绍了多机器人系统建模方法、控制方法，然后结合群体智能技术进行了探讨。最后，阐述了多机器人环境感知面临的挑战、当前的解决方案以及未来的发展方向。

课 后 习 题

1. 简述移动机器人路径规划过程中所采用的方法及目的。

2. 对比多自由度机器人运动学建模方法，并简述利用对偶四元数代数计算方法的优势；简述本章进行多自由度机器人标定以及参数辨识的方法。

3. 本章为实现双臂机器人的主动柔顺控制采用了哪些方法？利用手眼系统运动目标检测解决了哪些问题？

4. 什么是群体智能？群体智能方法有哪些？

5. 多机器人系统分类有哪些？

6. 多机器系统中分布式控制与集中式控制各自的优缺点是什么？

第 5 章　机器人共融交互技术实例

本章通过实例对第 4 章介绍的相关共融技术理论与方法进行验证，主要利用了移动机器人、视觉传感器、激光雷达、徕卡绝对跟踪仪 AT960、双臂机器人平台 SDA5F 以及六维力传感器、微创手术机器人等仪器设备。在不同的实例中，对设备的安装及使用方法以及实验展开的流程进行了详细介绍，最后通过一系列相关实验的数据分析与对比研究，对前面所提出的理论及方法的有效性和先进性进行了验证与分析。

5.1　动态环境移动机器人导航实例

针对本书 4.1 节介绍的动态环境建模与路径规划技术，通过实际的机器人来对其方法进行应用和说明。本节主要阐述了移动机器人系统的搭建，对 PTPSM 算法的准确性、实时性、鲁棒性以及建图效果进行验证；基于 *Q*-learning 的避障实验验证了算法能够以类人的方式依次避障，同时能够使移动机器人始终在其运动学允许的范围内运行。

5.1.1　移动机器人系统搭建

移动机器人系统的搭建包括机器人的运动控制、传感器反馈以及通信连接。系统设计直接影响着移动机器人的运动性能指标、各传感器数据的回传速率以及通信的可靠性。移动机器人的环境感知主要有两种传感器：RGB-D 摄像头以及激光雷达。实验所用移动机器人如图 5-1 所示。机器人是一个自制的差动机器人，两个无刷直流电机驱动机器人的驱动轮。激光雷达的型号是 SICK TIM551，视觉传感器为 Kinect。徕卡绝对跟踪仪 AT960 和 T-MAC 的作用是记录机器人的准确位姿，以此为基础进行算法的性能评估。移动机器人系统搭建从控制系统、系统驱动与反馈电路以及软件系统设计进行阐述。

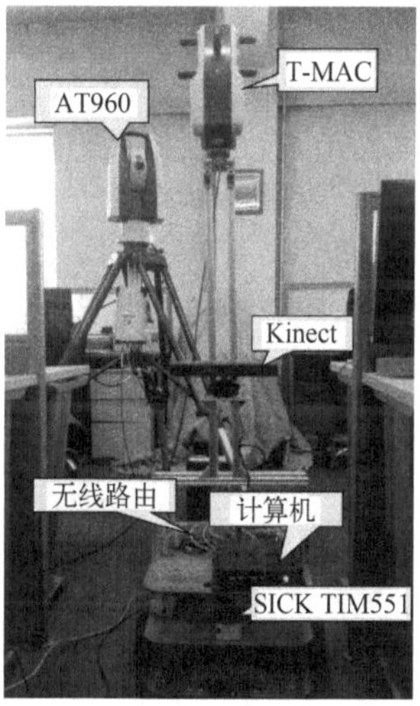

图 5-1　实验平台

1. 控制系统

底层硬件系统以 STM32ZET6 的主控芯片为核心，主控 MCU 从工控机端接收控制指令并发送至从控 MCU。从控芯片为 STM32C8T6，该芯片起到了驱动电机控制器的作用，控制系统框图如图 5-2(a)所示。

2. 系统驱动与反馈电路

底层硬件选择 JY01 无刷直流电机专用驱动芯片来控制电机的三相桥电路。该芯片能够根据所选电机的实际情况自行配置欠压和过流保护模块，且该芯片内部还集成有电子制动和电子转向模块。系统驱动与反馈电路如图 5-2(b)所示。

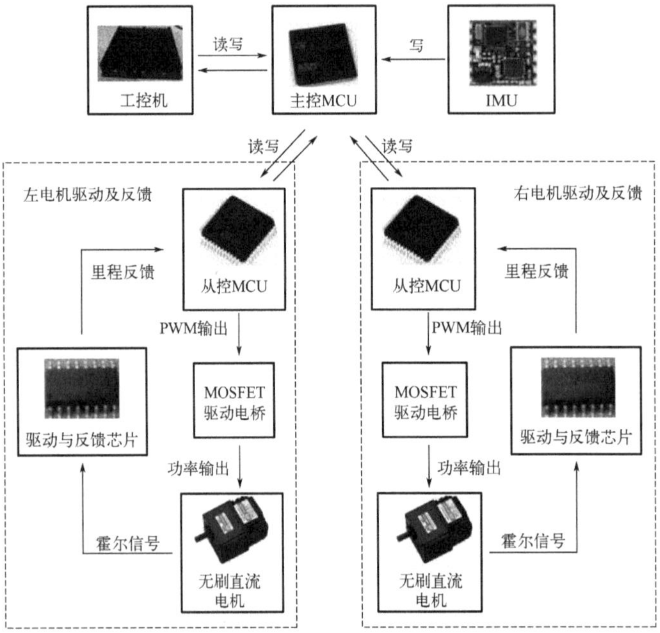

(a) 控制系统框图

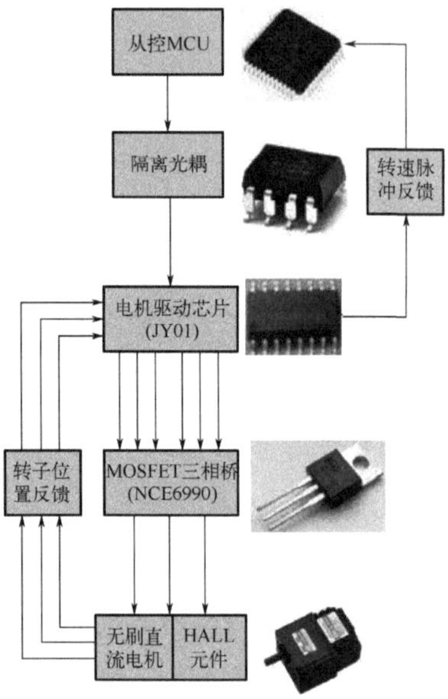

(b) 系统驱动与反馈电路

图 5-2　系统硬件框架

3. 软件系统设计

移动机器人底层软件主要涉及主控 MCU 程序流程、从控 MCU 程序流程以及工控机的读写节点。从控 MCU、主控 MCU 以及工控机之间的反馈信息与指令信息如图 5-3 所示。

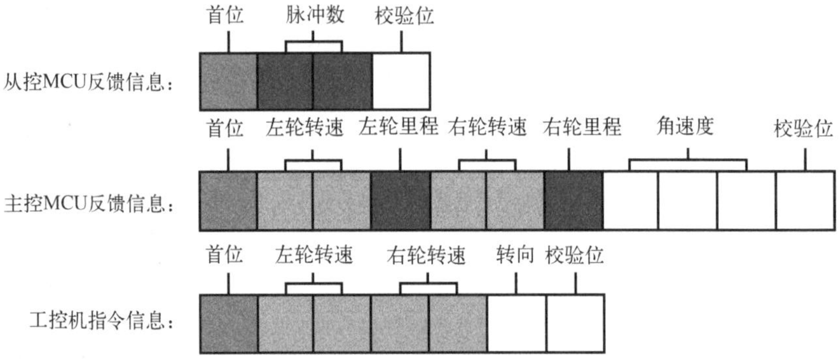

图 5-3　反馈信息与指令信息

移动机器人的整体软件控制流程如图 5-4 所示。从控 MCU 接受来自无刷直流电机的霍尔传感器的脉冲信号，根据此信号计算单侧电机的速度，并于给定速度比较，通过 PI 运算输出相应的 PWM 波。同时主控 MCU 计算单侧车轮的转速与位移。主控 MCU 将机器人的速度、线位移与从 IMU 获得的角位移一起向工控机进行传输。

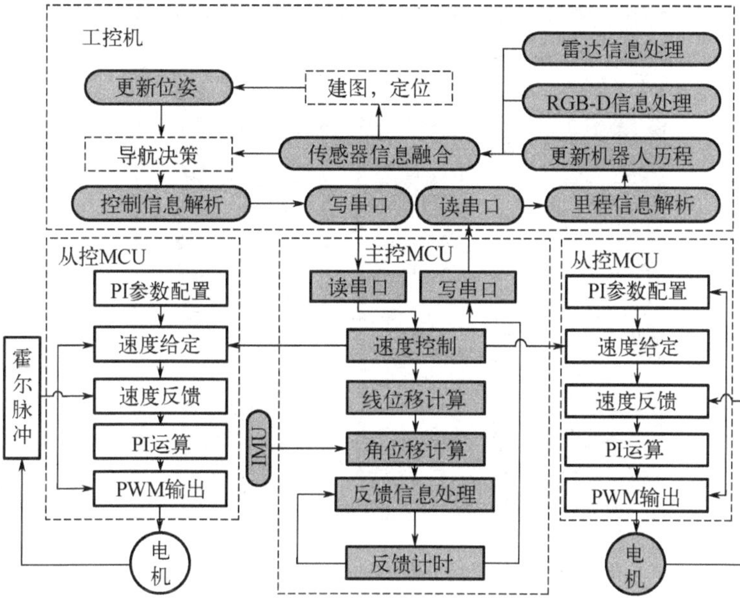

图 5-4　整体软件控制流程

工控机采用机器人操作系统(ROS)，该系统能够方便地交换各节点之间的信息。工控机与主控 MCU 采用串口通信的方式交换数据，工控机读串口节点直接接收主控 MCU 提供的速度、线位移以及角位移，其他节点将处理读串口节点发布的信息以计算移动机器人的位姿。

5.1.2　基于 PTPSM 算法的位姿跟踪与建图实验

基于PTPSM算法的位姿跟踪与建图实验主要验证了蒙特卡罗定位的PTPSM算法位姿估计的准确性、实时性、鲁棒性以及建图的效果。

1. 栅格地图预处理

在栅格地图的预处理过程中，栅格地图中每一个栅格的栅格距离被确定，同时栅格地图中的每一条长直线与其邻近区域被确定。如图 5-5(a)所示，实验场地包括一个 40m×3m 的走廊和一个办公室内的几个狭窄通道。图 5-5(b)显示了栅格地图中逐个栅格距离的预处理。随着栅格距离的减小，颜色变暗。图 5-5(c)显示了走廊一侧的直线。在图 5-5(c)中还显示了所选直线的邻近区域。

2. 验证位姿跟踪算法准确性与实时性

本节将通过实验验证 PTPSM 的准确性与实时性。进行实验的地点是狭窄的走廊。狭窄的走廊具有丰富的特征，而且没有障碍物遮挡，给算法的精确定位提供了良好的外部环境。对移动机器人的位姿跟踪实验共分为两项：一项实验为静态定位实验；另一项实验为动态定位实验。下面将对这两项实验进行详细分析。

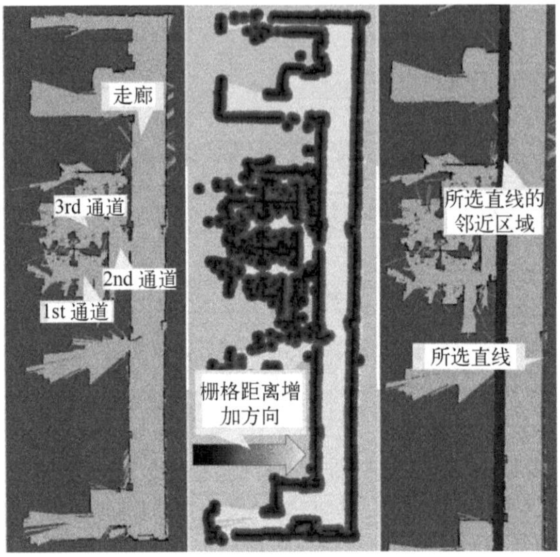

(a) 原始地图　　(b) 距离预处理　　(c) 直线预处理

图 5-5　栅格地图预处理

1) 静态定位实验

在静态定位实验中，移动机器人将不受外部环境因素的干扰，因此能够更为客观地对结果进行分析。本实验的主要目的在于证明位姿跟踪算法能够在小干扰下对移动机器人进行精准定位，并给出定位的精度。

实验中，将移动机器人放置于狭窄的通道内，其在世界坐标系原点保持静止，在原点附近手动设置较小的位姿干扰。较小的位姿干扰在每一维度上都符合正态分布。X 方向与 Y 方向的干扰符合正态分布 $N(0.1,0.02)$ ，航向角的干扰符合正态分布 $N(0.1,0.04)$ 。通过对上述正态分布的采样，可以得到在 X 维度、Y 维度和角度维度的 5 个干扰样本。

通过上述各维度正态分布的采样，可以生成的测试样本数为 125。利用这些测试样本进行估计对评价算法修正小干扰的能力具有统计意义。用于评估修正小干扰能力的统计指标包括：①X 轴偏差；②Y 轴偏差；③航向角偏差；④定位时间。前三项用以评估算法的定位精度，最后一项用以评估算法的定位时间。这四项统计指标可以全面地反映算法定位的准确性以及实时性。

为了更全面地对实验结果进行评价，实验结果分析将引入均值、标准差、中位数和最大偏差等统计指标来描述该算法的方法指标，如表 5-1 所示。综合来看，移动机器人的 X 轴偏差和 Y 轴偏差小于 0.11m，航向角偏差小于 0.1rad，定位时间小于 30ms。

表 5-1　位姿跟踪算法的统计指标

统计指标	均值	标准差	中位数	最大偏差
X 轴偏差/m	0.0682	0.0272	0.0709	0.109
Y 轴偏差/m	0.0659	0.0278	0.0688	0.109
航向角偏差/rad	0.0207	0.0118	0.0202	0.0969
定位时间/ms	24.98	—	24.997	—

2）动态定位实验

动态定位实验的目的在于验证位姿跟踪算法在动态运动中对位姿跟踪的能力，并与蒙特卡罗定位进行比较。

在动态定位实验中，移动机器人被安置在第一个狭窄的通道上。移动机器人在整个实验过程中需要依次通过三条狭窄的通道最终到达预定位姿。由于在整个实验过程中移动机器人所处的环境都具有丰富的特征可供参考，因此在该实验中位姿跟踪算法应该能够准确定位机器人。

PTPSM 算法将每隔一段距离就对移动机器人进行位姿跟踪。在动态定位实验中，对移动机器人的第 1~9 次定位在第一个通道中进行，第 10~21 次定位在第二个通道进行，其他定位在第三个通道中进行。

安装于移动机器人本体的 AT960 将在每次算法进行定位时记录当前“真值”，定位算法所给定位姿与 AT960 测量得出的数值进行比对，得出算法的定位精度。

图 5-6（a）~（c）给出了真实世界中动态位姿跟踪的过程。相应的 RVIZ 界面如图 5-6（d）~（f）所示。由于通道内的特征丰富，大部分激光点与被占有的栅格重合。因此，位姿跟踪结果是准确的。

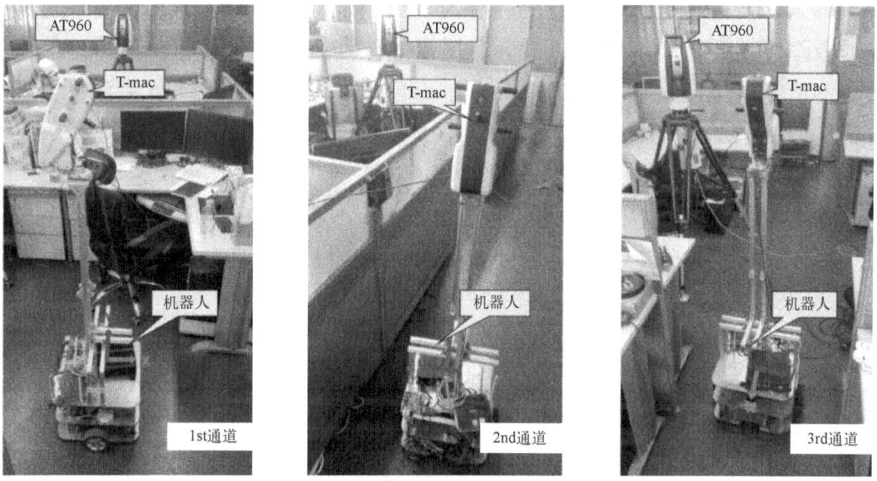

（a）机器人处于 1st 通道　　（b）机器人处于 2nd 通道　　（c）机器人处于 3rd 通道

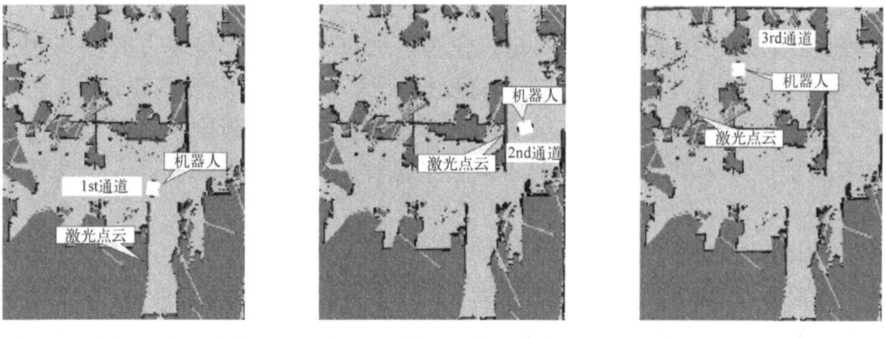

（d）RVIZ 中机器人在 1st 通道　　（e）RVIZ 中机器人在 2nd 通道　　（f）RVIZ 中机器人在 3rd 通道

图 5-6　动态位姿跟踪测试

表 5-2 引入均值和最大偏差这两种统计指标来定量评价 PTPSM 与 MCL 的位姿跟踪偏差。可以看出本节所提出的 PTPSM 的偏差小于 MCL。

表 5-2　PTPSM 与 MCL 的比较

统计指标	均值	最大偏差
PTPSM X 轴偏差/m	0.056	0.112
MCL X 轴偏差/m	0.102	0.189
PTPSM Y 轴偏差/m	0.061	0.122
MCL Y 轴偏差/m	0.097	0.188

3. 验证位姿跟踪算法鲁棒性

本节将通过一个实验验证位姿跟踪算法的鲁棒性。事实上，由于环境对算法的鲁棒性有很大的影响，所以无法通过定量分析来评价算法的鲁棒性。因此，下面的实验将给出几个案例，并在特定条件下给出实验结果。

移动机器人在实际运行过程中有可能因为定位错误而距离其正确的位姿较远，因此一个可靠的位姿跟踪算法还需要能够将机器人从错误的位姿恢复。本实验将就特定的环境给出移动机器人能够从错误位姿进行恢复的情况并进行分析，同时给出无法从错误位姿进行恢复的例子以及产生原因。

在实验中，移动机器人被放置在一个狭窄的通道中，并且在世界坐标系原点保持静止。人为对机器人设定较大的错误位姿，分别分析不准确位置和姿态将会对位姿跟踪算法产生的影响以及是否能够较好地进行重定位。人为设定的偏置初始值、终止值及步长见表 5-3。

表 5-3　偏置初始值、终止值及步长

变量	初始值	终止值	步长
X 轴偏置/m	0	0.4	0.05
Y 轴偏置/m	0	0.4	0.05
角度偏置/(°)	0	90	5

图 5-7 (a) 显示了机器人正确的初始位姿，大部分激光点与被占有栅格重合。在图 5-7(b) 中，由于环境的对称性，算法未能将机器人从不准确的位置重新定位。在图 5-7(c) 中，由于算法陷入局部最小值，算法未能从不准确的方向重新定位机器人，由于实验中的环境与栅格地图中的环境有很大的不同，且偏移距原点较远，机器人无法重新定位到全局最优状态。

图 5-8 给出了从不准确位置和姿态重新定位机器人的成功率。一开始位姿跟踪算法能够对机器人的位置和姿态进行修正，因为机器人的“真实”位姿是局部最小的。然而随着线性偏置和角度偏置的增大，重新定位机器人的成功率将急剧下降到零。因此，该算法能够在偏置量适中的情况下对机器人进行重新定位。

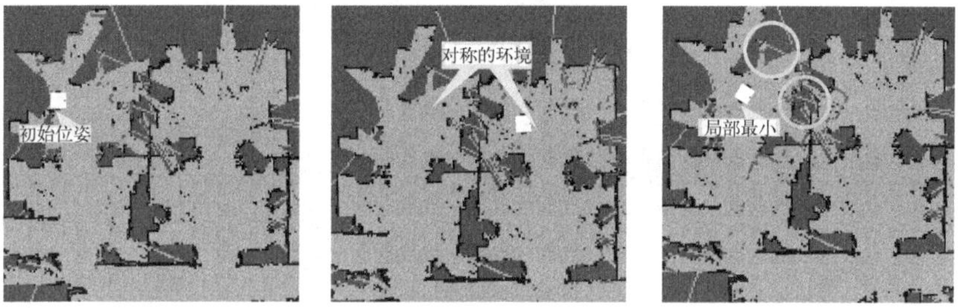

(a) 正确的初始位姿　(b) 对称环境引起的错误　(c) 局部最小引起的错误

图 5-7　初始位姿与位姿跟踪错误

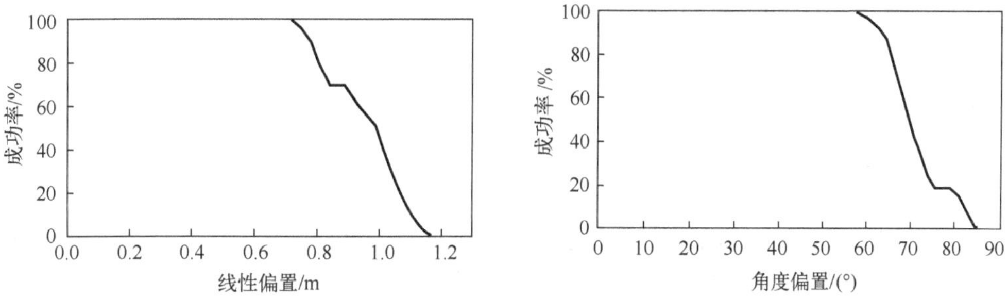

图 5-8　线性偏置与角度偏置下的重新定位成功率

4. 建图算法实验验证

基于渐进式扫描匹配的位姿跟踪算法能够使机器人的位姿跟踪偏差保持在一个较小的范围，因此可以以其为基础逐渐绘制出二维栅格地图。由于二维栅格地图的绘制精度与外部环境有关，而且无法对其进行精确测量，因此本实验的目的在于定性验证移动机器人将以较小的误差绘制环境的二维栅格地图。

本实验中，移动机器人被放置在一个普通的办公楼层中，如图 5-9 所示。环境中有许多可供参考的特征，如花盆、立柱、电梯、楼道口等。实验场景长约 40m，宽约 8 米。机器人需要在此环境中实现二维栅格地图的建立。

图 5-9　建图实验环境

由于楼道具有较长的长度，而激光雷达的量程有限，因此实验所建立的二维栅格地图中通道有些弯曲，但是环境中的大量细节被很好地保留了下来。从图中可以清晰地辨别出电梯、花盆区域、立柱以及楼道口信息。这些信息所对应的标志如图 5-10 中图例所示。

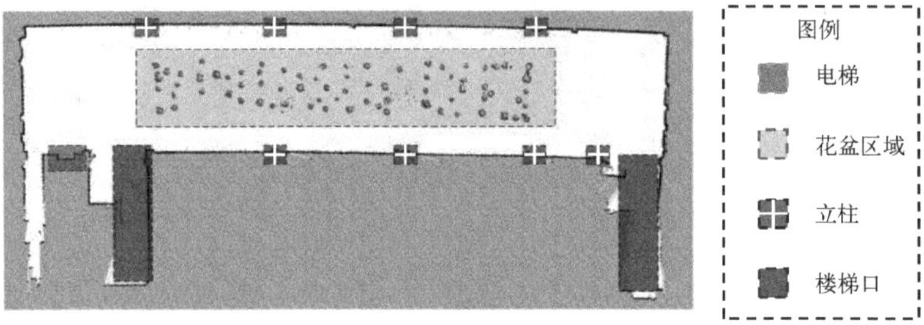

图 5-10　栅格地图以及标志

5.1.3　基于 Q-learning 的避障实验

基于 *Q*-learning 的避障实验主要验证了移动机器人能够以仿人的方式依次避开障碍物，以达到较好的避障效果。

1. 在动态环境中测试机器人

经过训练的 *Q*-table 可以用来在实际环境中对机器人进行导航。实验使用了多种不同的场景进行测试。最具代表性的测试场景同时包括了静态和动态障碍物。静态障碍物是不同形状的盒子，动态障碍物是另一个用纸做的圆柱覆盖的移动机器人。

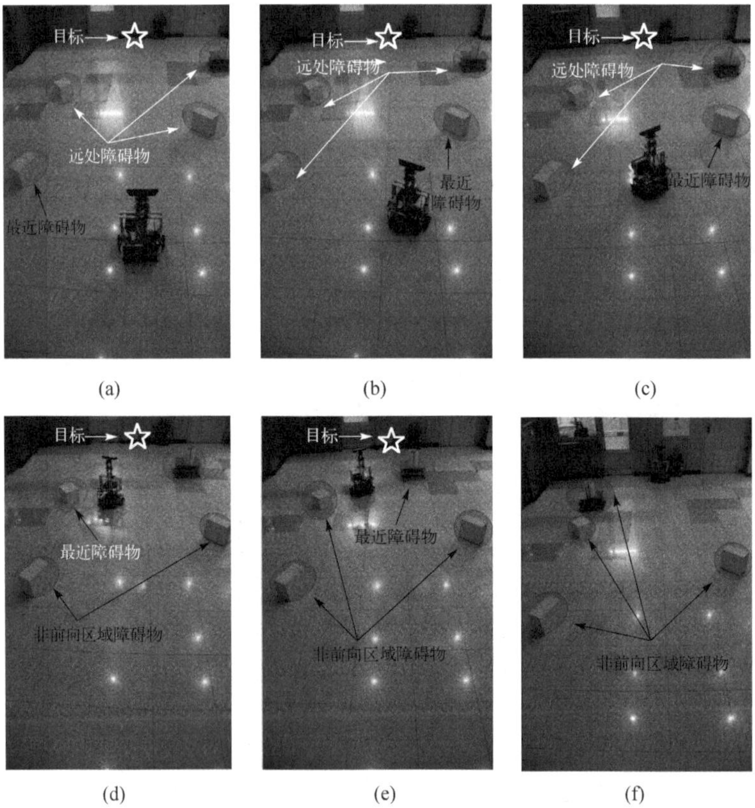

图 5-11　动态环境下机器人避障过程

实验中机器人的初始位置处于(0, 0)，机器人的航向角为 0°，目标的位置在(0, 7.2)。计算机器人当前状态并选择能够避开障碍物的最高 Q 值。

在实际世界中的避障过程如图 5-11 (a)~(f) 所示。机器人所处的状态如图 5-12 (a) 所示。

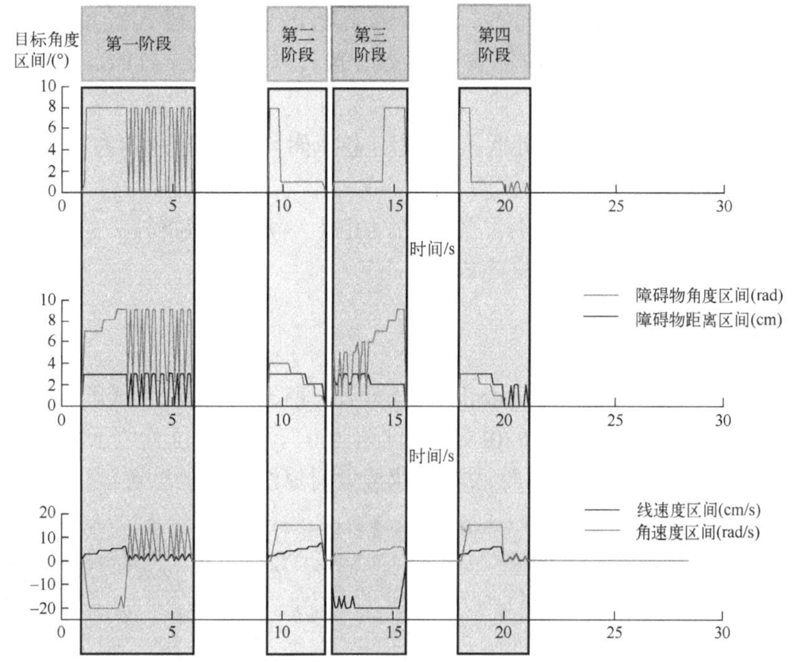

(a) 机器人避障状态

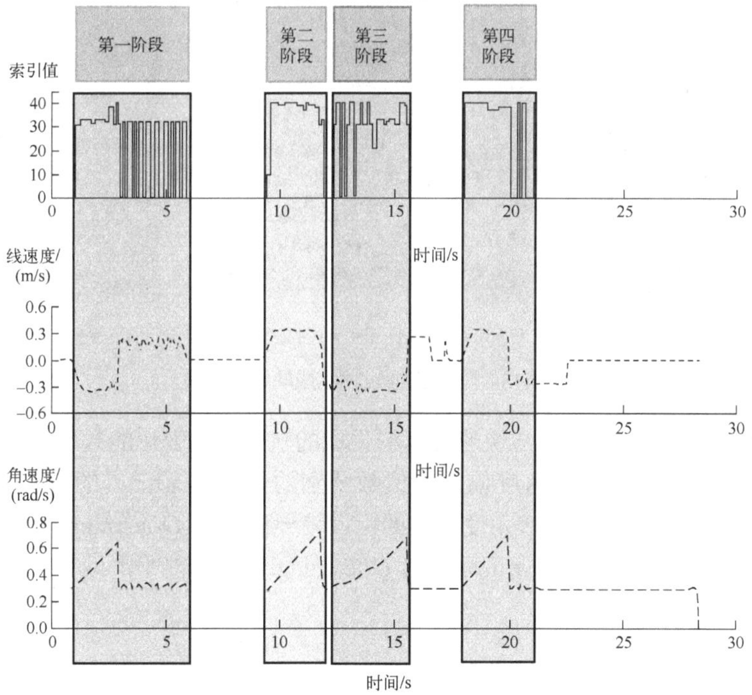

(b) 机器人避障行为

图 5-12　机器人避障状态以及行为

机器人的行为是一个索引值。索引值以及根据索引值计算得到的线速度和角速度可以从图 5-12(b)得到。如果机器人处于安全区域，则索引值为 0。

整个实验过程包括四个阶段的避障。第一阶段为 0.9~5.8s。此阶段中，机器人遇到第一个静态障碍物，并尝试避开它。由于障碍物出现在机器人的前向区域的边缘，3.1~5.8s 机器人频繁切换其安全与不安全状态。第二阶段为 9.4~11.8s。此阶段中，机器人遇到第二个静态障碍物。在第三阶段 12.3~15.5s 中，机器人遇到第三个静态障碍物。第四阶段为 18~21s。此阶段中，机器人遇到动态障碍物。在避开动态障碍物后机器人终于达到了目标的位置。

在每个阶段，线速度将有一个明显的提升，机器人倾向于保持较高的角速度。这表明经过训练机器人倾向于以最高速度避开障碍物。

2. 与快速搜索树的比较实验

本实验的主要目的是比较由 *Q*-learning 算法与快速搜索树算法生成的轨迹。如图 5-13(a)所示，机器人在实验中的原点位于(0, 0)处，航向角为 0°，目标的位置位于(0, 7.6)。图 5-13(b)与图 5-13(c)分别显示了 *Q*-learning 算法与快速搜索树算法生成的轨迹。

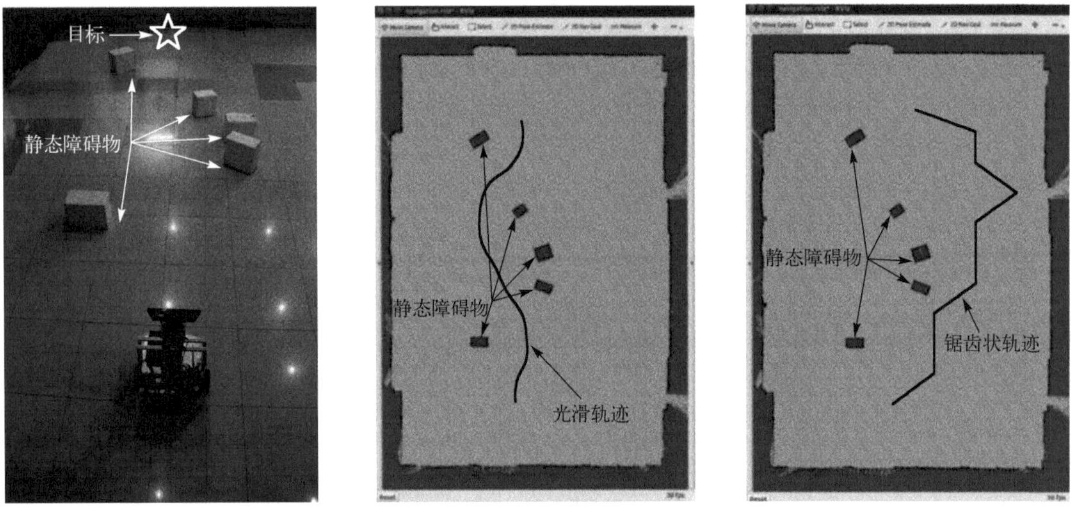

(a) 实验场景　　(b) *Q*-learning算法生成的轨迹　　(c) 快速搜索树算法生成的轨迹

图 5-13　与快速搜索树生成轨迹的比较

表 5-4 显示的是 *Q*-learning 与快速搜索树生成的轨迹角度变化的数理统计指标的比较。快速搜索树的平均角度偏差和角度偏差中位数分别约是 *Q*-learning 的 157 倍和 27 倍。*Q*-learning 与快速搜索树生成轨迹角度偏差的巨大差异说明了 *Q*-learning 能够生成更为平滑的轨迹。表 5-4 中的各项数理统计指标说明 *Q*-learning 算法更能平滑地在机器人运动学范围内对机器人进行导航。

表 5-4　Q-learning 与快速搜索树生成的轨迹角度变化情况

统计指标	Q-learning	快速搜索树
最大角度偏差/rad	0.033937	1.5708
最小角度偏差/rad	−0.03491	−0.7854
平均角度偏差/rad	0.001992	0.31416
角度偏差中位数/rad	0.016968	0.463
角度偏差方差/rad^2	0.000602	0.888269

5.2　机器人与环境交互实例

在本书前面的内容中介绍了机器人运动学标定、关节刚度参数辨识、机械臂和负载动力学参数辨识、双臂协调控制方法、双臂机器人导纳控制、手眼标定、采用推理学习和决策的双臂机器人手眼协调操作方法等。在本节中首先介绍所使用的双臂机器人手眼平台，再通过相关实验对前面所提出的算法进行分析和验证。

5.2.1　机器人标定实验

1. 机器人运动学标定实验

为了验证前面提出的运动学参数误差模型和辨识方法，在双臂机器人平台 SDA5F 上进行了实验。实验系统包含徕卡绝对跟踪仪(Leica absolute tracker, AT960)、跟踪控制探头(T-MAC)、靶球(SMR)和双臂机器人 SDA5F。SDA5F 具有两个冗余自由度串联机械臂，相对非冗余机器人具有更加灵活的操作性能。实验设置示意图如图 5-14 和图 5-15 所示，机械臂的末端执行器上建立工具坐标系{T}，基坐标系{Base}设置在机器人基座中的垂直旋转轴上，AT960 固定在 SDA5F 的前方并且处于机械臂的工作空间之外，T-MAC 安装在机械臂的末端法兰上，SMR 安装在 T-MAC 的安装接触面近侧位置。

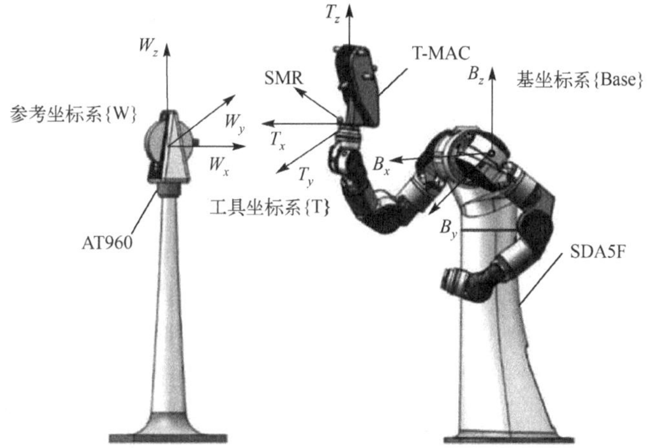

图 5-14　机器人运动学标定配置示意图

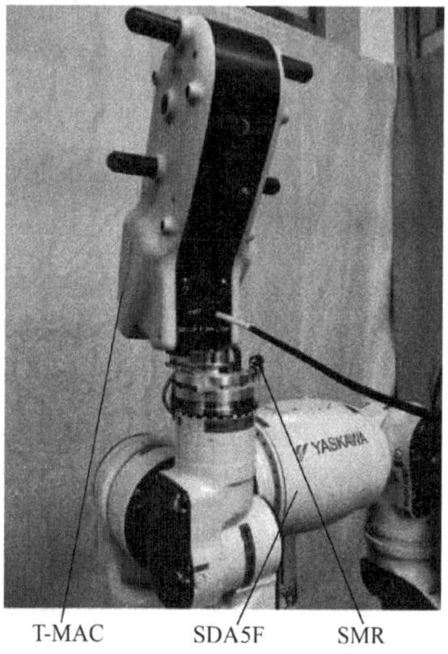

图 5-15　T-MAC 安装方式

SDA5F 的两个机械臂分别为 R1 和 R2，以 R1 为左臂，以 R2 为右臂。R1 与 R2 具有相同的关节构型，并且实际上这两者以基座轴为轴对称。每个机械臂具有七个旋转关节，加上基座轴一共有 15 个旋转关节，具有典型的串联机器人结构，因此可以在这两个机械臂上验证前述所提的运动学参数辨识算法。在实验中分别测量两个机械臂末端执行器的位姿数据，辨识出各自的运动学参数结果。由于两个机械臂的结构相同，辨识结果应该会在一定程度上接近。实验开始时先建立工具坐标系，并使用该坐标关联 T-MAC 和末端执行器，此时对 SMR 的测量数据需要表示在基坐标系中。在标定过程中，测量 T-MAC 相对于末端执行器的初始位姿参数会影响到辨识效果，因此需要重点考虑 T-MAC 的测量方法并使测量过程具有良好的数据状态。T-MAC 的多个传感器在测量系统的空间中组成四面体，每个面都有反射镜和传感节点，并且每个面相对于工具坐标系具有不同的姿态，需要在实验中选择其中一个面作为辅助面并获取测量数据。图 5-15 中标明了安装在末端执行器上的 T-MAC 和 SMR 的相对位姿状态。跟踪仪的测量不确定度为 $\pm 15\mu m + 6\mu m / m$ 。

前述所提出的 MDQBC 算法相对 DQBC 算法包含很多的参数，但同时机器人 SDA5F 的任意两个连续的旋转关节轴都不平行。因此，标定实验中使用的是 DQBC 算法。为了验证表示效果，实验中随机选取了工作空间中机器人的 160 个位姿数据，并且分为八组，每组包括 20 个位姿数据。由于在运动学标定中需要完整的位姿测量，因此可以使用徕卡绝对跟踪仪 AT960 和 T-MAC 设备联合测量位姿数据，并且可以同时换算出末端执行器在工作空间中每个点的位置和姿态，再将实验测量数据形成组合矩阵纳入辨识计算。

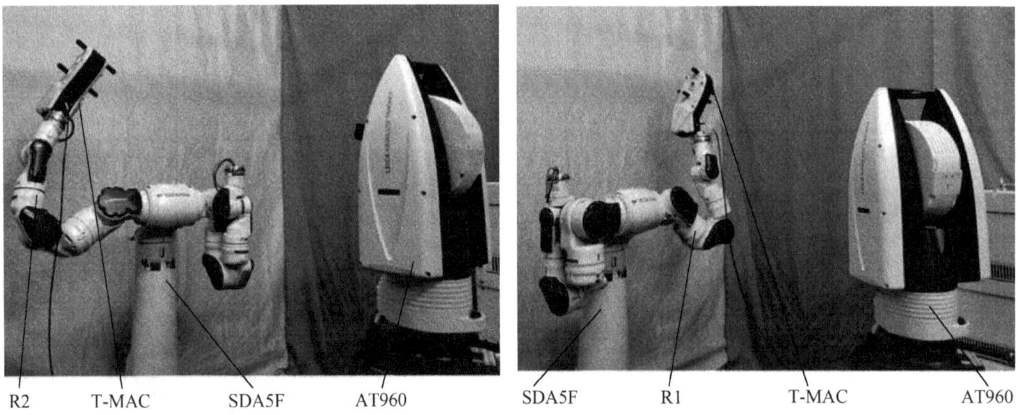

图 5-16　机器人运动学标定过程

图 5-16 显示了实验过程中的两个机械臂，表 5-5 列出了 R1 的运动学参数辨识结果，表 5-6 列出了 R2 的运动学参数辨识结果。表 5-5 和表 5-6 中两个机械臂的名义运动学参数可以从制造商的手册数据中获得，每个表格的第三列是通过 DQBC 方法获得的估计偏差值，第四列是使用标准 D-H 方法获得的辨识结果。DQBC 方法和标准 D-H 方法都需要完整的位姿测量，以便在实验中较好地辨识出运动学模型中的参数。图 5-17 是标定前末端执行器位移的名义值与测量结果之间的差值直方图。图 5-17(a) 和图 5-17(b) 的水平轴是数据组数，竖直轴是差值的绝对值。图中的数据显示定位精度的距离误差绝对值小于 4mm。从表 5-5 和表 5-6 中的结果分析，对比每个表中的第三列数据与第四列数据，可以看出 DQBC 方法和标准 D-H 方法所获得的辨识结果具有相同的数量级，DQBC 方法的效果与标准 D-H 方法相近。如图

5-18 和图 5-19 所示，在两次迭代之后，两个末端执行器的位置和姿态精度都有所提高。图 5-20 是 R1 的标定结果，标定前位置精度为 3.3659mm，姿态精度为 0.0033rad。经过误差补偿后，位置精度为 0.4523mm，姿态精度为 0.0005rad。图 5-21 是 R2 的标定结果，标定前位置精度为 3.7913mm，姿态精度为 0.004rad。经过误差补偿后，位置精度为 0.7109mm，姿态精度为 0.0003rad。同时，图 5-20 和图 5-21 显示了位姿误差与数据组数之间的曲线联系。从图中的曲线变化可看出，数据组数会影响标定的效果。在计算过程中使用近 20 个位姿数据就能提高位置和姿态的精度。在使用 160 个位姿数据时，精度并不会显著提高。

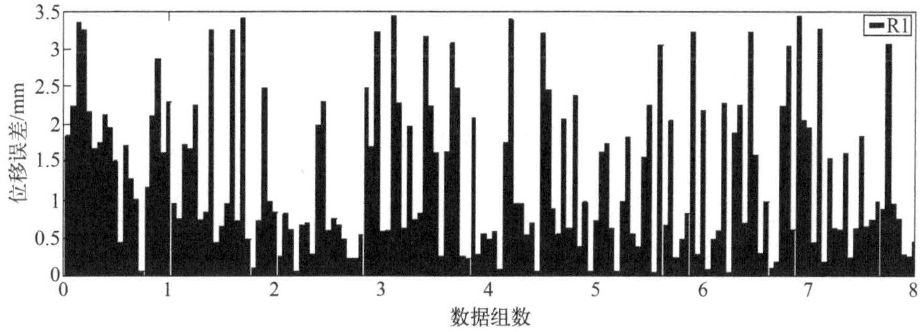

(a) 机械臂R1位移误差

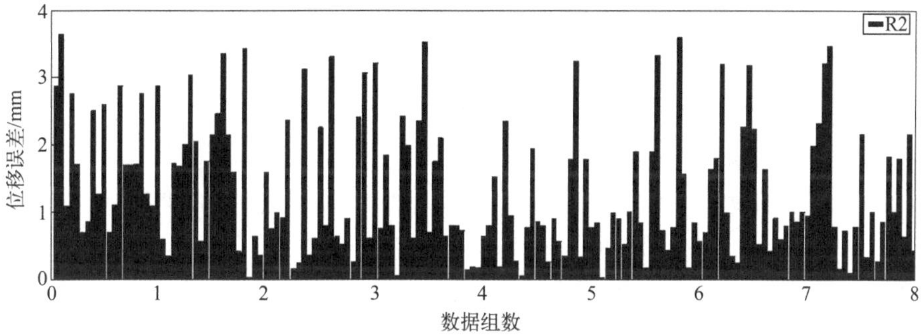

(b) 机械臂R2位移误差

图 5-17　机器人标定前测量误差

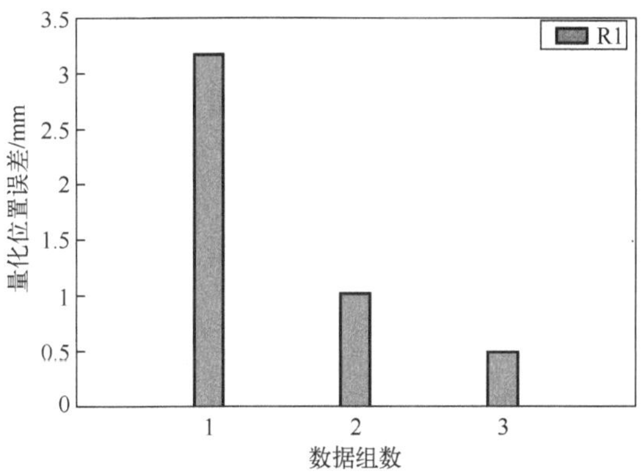

(a) 位置误差

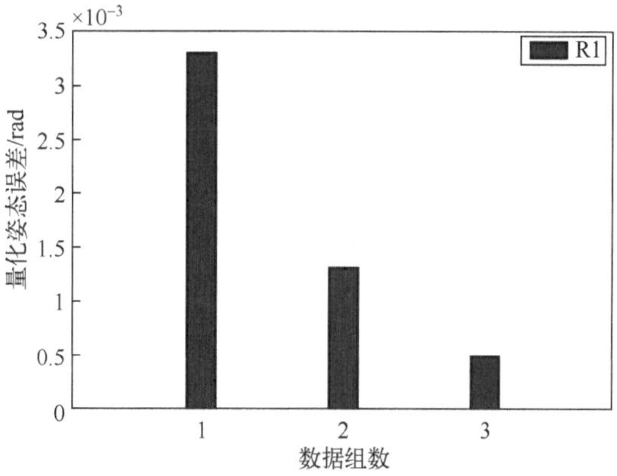

(b) 姿态误差

图 5-18　机械臂 R1 偏移误差

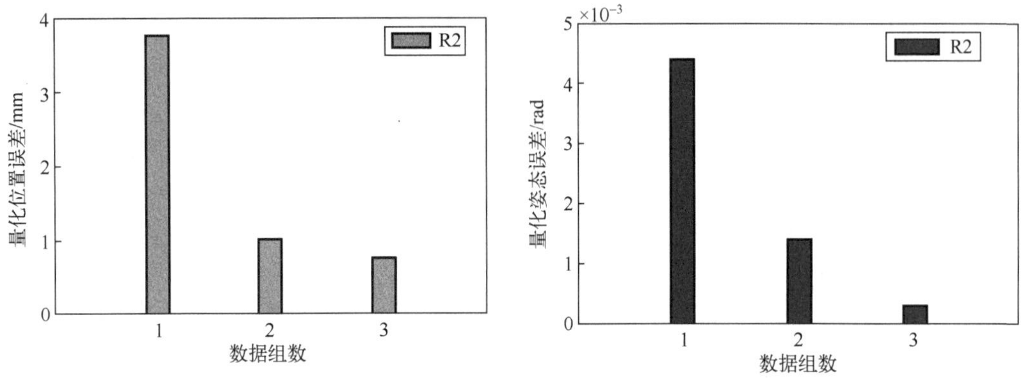

(a) 位置误差　　(b) 姿态误差

图 5-19　机械臂 R2 偏移误差

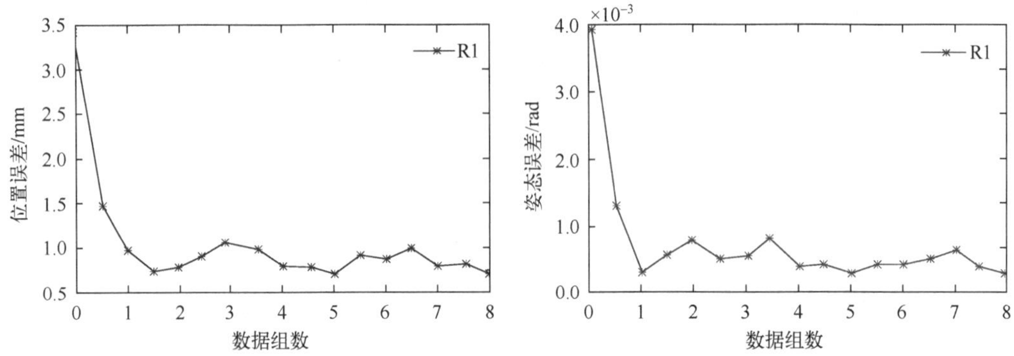

(a) 位置误差　　(b) 姿态组数

图 5-20　机械臂 R1 标定后的位姿误差

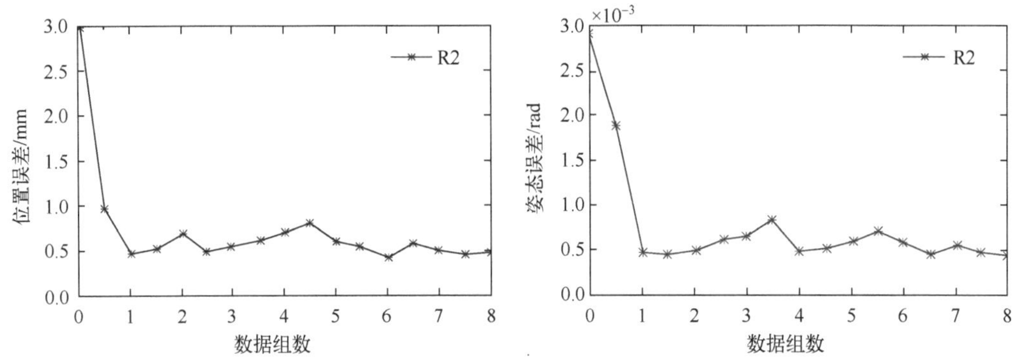

(a) 位置误差　　(b) 姿态组数

图 5-21　机械臂 R2 标定后的位姿误差

而且随着位姿数据组数的增加，曲线变化的趋势也逐步减小，验证了 DQBC 算法在运动学参数辨识中的有效性。

同时，图 5-20 和图 5-21 中曲线表明随着数据组数的增加，位置和姿态的精度是非线性的变化状态。这是因为在工作空间中测量的数据是有限数目的，同时辨识方程的解是数值的，而且在实验中会不可避免地产生测量误差以及其他未建模非线性因素的影响。

表 5-5　机械臂 R1 运动学参数辨识结果

连杆运动学参数	名义值	DQBC 方法(10^{-3})	标准 D-H 方法(10^{-3})
α_0/rad	0	−0.0761	0.1127
a_0/mm	0	−0.0049	−0.0052
θ_1/rad	0	0.6738	−0.0262
d_1/mm	0	−0.0001	0.0013
α_1/rad	$-\pi/2$	−0.0493	0.5156
a_1/mm	150	−0.0051	−0.0036
θ_2/rad	$\pi/2$	0.2457	−0.2650
d_2/mm	243	0.0000	0.0003
α_2/rad	$\pi/2$	0.0106	0.3369
a_2/mm	0	−0.0086	−0.0035
θ_3/rad	0	0.1210	0.4642
d_3/mm	0	0.0000	0.0034
α_3/rad	$-\pi/2$	−0.0301	0.2376
a_3/mm	0	0.0049	−0.0034
θ_4/rad	π	0.7655	−0.1479
d_4/mm	270	0.0159	−0.0004
α_4/rad	$\pi/2$	0.0049	−0.3533
a_4/mm	85	0.0056	−0.0030
θ_5/rad	$\pi/2$	−0.7876	−0.2579
d_5/mm	0	0.0156	−0.0019
α_5/rad	$-\pi/2$	−0.0677	0.1790
a_5/mm	60	−0.0023	−0.0046
θ_6/rad	0	−0.4044	0.4376
d_6/mm	−270	−0.0167	0.0015
α_6/rad	$-\pi/2$	0.0963	−0.3365
a_6/mm	0	0.0049	−0.0029
θ_7/rad	0	−0.1541	−0.0265
d_7/mm	0	0.0169	−0.0016
α_7/rad	$-\pi/2$	0.0116	−0.0620
a_7/mm	0	0.0067	−0.0026
θ_8/rad	0	0.2888	0.1924
d_8/mm	−148	−0.0165	0.0041

实验中使用对偶四元数代数分析了串联机器人的正向运动学，提出了串联机器人运动学参数辨识的误差模型，并利用误差模型进行机器人运动学标定。根据实验过程和结果，可以得出以下结论。

(1) 可以使用对偶四元数以紧凑的方式表示串联机器人的正向运动方程，使用标准 D-H

模型的符号表示方法建立运动学模型并推导运动学参数误差模型具有直观的几何含义。

(2) 在使用对偶四元数代数的误差模型的基础上实现了串联机器人运动学标定，并分别使用标准 D-H 模型表示法和修正的 D-H 模型表示法来推导出运动学参数辨识算法 DQBC 和 MDQBC。实验结果验证了误差模型和标定过程的有效性以及计算效率。

表 5-6　机械臂 R2 运动学参数辨识结果

连杆运动学参数	名义值	DQBC 方法 (10^{-3})	标准 D-H 方法 (10^{-3})
α_0/rad	0	−0.1419	−0.6757
a_0/mm	0	0.0001	0.0104
θ_1/rad	0	0.2912	0.2965
d_1/mm	0	0.0030	−0.0035
α_1/rad	$-\pi/2$	0.0649	−0.8732
a_1/mm	150	−0.0029	0.0079
θ_2/rad	$\pi/2$	−0.1253	0.5685
d_2/mm	−243	−0.0032	0.0004
α_2/rad	$-\pi/2$	0.0773	0.6991
a_2/mm	0	−0.0028	0.0079
θ_3/rad	0	−0.1370	−0.9619
d_3/mm	0	−0.0002	−0.0059
α_3/rad	$\pi/2$	0.1909	−0.6310
a_3/mm	0	−0.0004	0.0061
θ_4/rad	$-\pi$	−0.4763	0.6106
d_4/mm	−270	0.0030	−0.0014
α_4/rad	$-\pi/2$	−0.1663	0.8378
a_4/mm	85	−0.0012	0.0055
θ_5/rad	$\pi/2$	−0.0596	0.5895
d_5/mm	0	−0.0040	0.0069
α_5/rad	$\pi/2$	−0.1070	−0.4565
a_5/mm	60	−0.0007	0.0093
θ_6/rad	0	0.2481	−0.9373
d_6/mm	270	0.0040	−0.0052
α_6/rad	$-\pi/2$	0.0967	0.4305
a_6/mm	0	−0.0003	0.0059
θ_7/rad	0	−0.0552	0.1276
d_7/mm	0	−0.0041	0.0049
α_7/rad	$\pi/2$	−0.1627	0.1652
a_7/mm	0	0.0025	0.0038
θ_8/rad	0	0.3182	−0.5456
d_8/mm	148	0.0034	−0.0099

2. 机器人手眼标定实验

实验中所使用的 SDA5F 机器人手眼系统包括两个摄像头，因此需要对每个摄像头进行手眼标定。如图 5-22 所示，两个摄像头分别固定在机器人基座轴附近，其中一个摄像头的观测方向朝水平面往上一定角度，模拟人的仰望视角；另一个摄像头的观测方向朝水平面往下一定角度，模拟人的俯瞰视角。为满足后续实验的需要，两个摄像头坐标系的预估安装位置之间的连线不在与机器人坐标系 *XOZ* 平面平行的平面内。图 5-22 中摄像头 1 为视角朝下的单目 RGB 摄像头，摄像头 2 为视角朝上的单目 RGB 摄像头。前面所述的手眼标定算法主要考虑的是摄像头的外部参数，需要获取已知二维靶标参数的图像数据，并且使靶标跟随机械臂末端运动。因此，将二维靶标固定在机械臂的末端，安装靶标时预先使其位姿状态接近机械臂末端位姿。为了尽量使观测数据受到的不利影响在可控范围之内，使用表面平整和精度合适的二维靶标，并且获取多组实验数据进行反复标定。

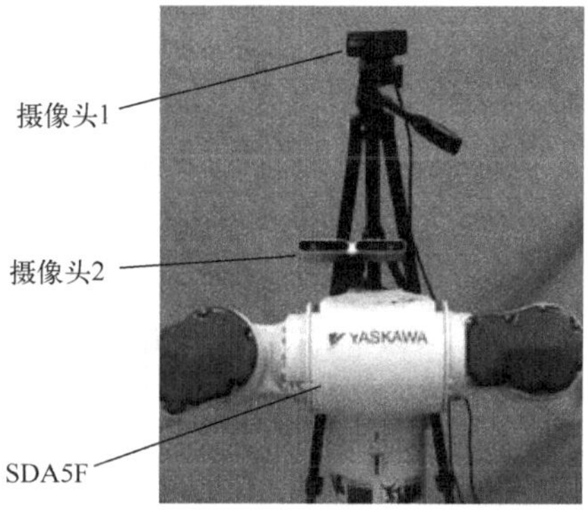

图 5-22　手眼系统的配置示意图

在实验的过程中，分别利用两个机械臂和两个摄像头进行手眼标定。在图 5-23(a)中，在机械臂 R1 末端固定标定板，然后控制机械臂 R1 运动到不同位姿，通过摄像头 1 采集多组图像数据。同样的方式，在图 5-23(b)中，控制右机械臂 R2 运动到摄像头 2 视场范围内的不同位姿状态下，获取多组图像数据。

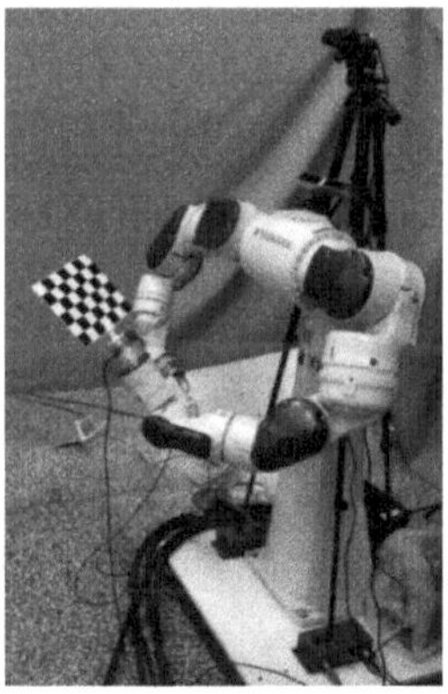
(a)标定左机械臂 R1 和摄像头 1

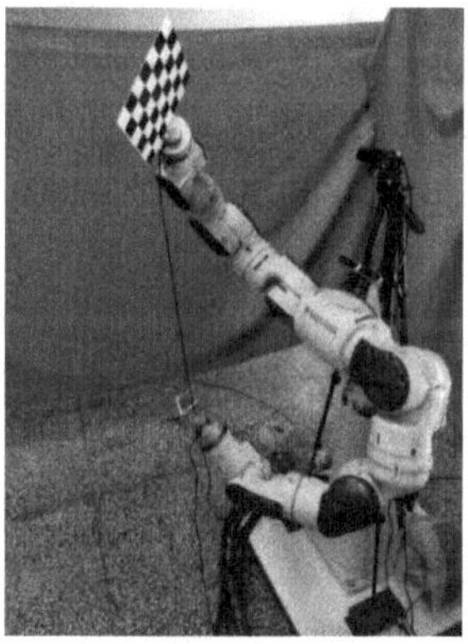
(b)标定右机械臂 R2 和摄像头 2

图 5-23　双臂机器人手眼标定

图 5-24 表示在 1500mm 距离范围内采用两种方法进行手眼标定后，在不同距离尺度上的位置误差百分比和姿态误差情况。由于在采集实验数据的过程中会受到测量误差、机器人定位误差和其他未建模非线性因素干扰，使用标定后的位置误差与标定距离的百分比作为对位置误差的评价指标。

从图 5-24(a)和图 5-24(b)中的两种方法的标定结果曲线可以看出，实验中使用前面提出的手眼标定算法的位置误差百分比在 0.2 以内，姿态误差在 0.1rad 以内，说明了所提出的改进形式的对偶四元数手眼标定算法的有效性。

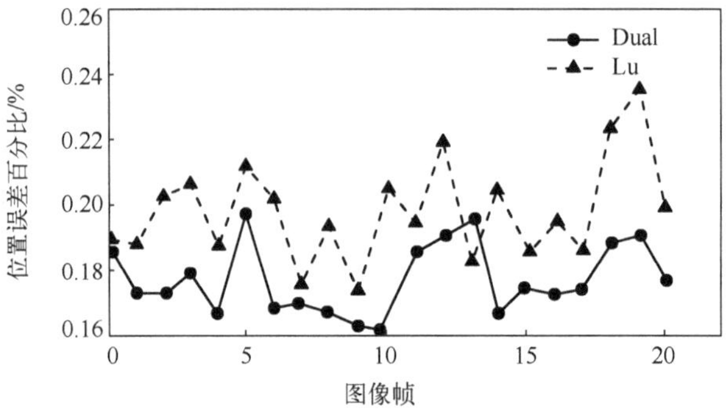

(a) 不同距离尺度上标定结果位置误差对比

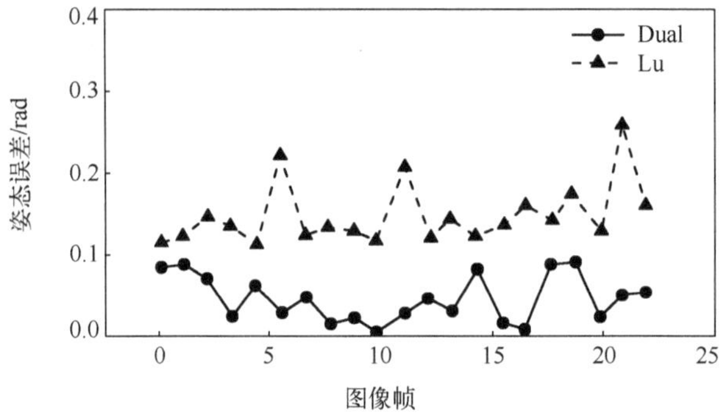

(b) 不同距离尺度上标定结果姿态误差对比

图 5-24　不同距离尺度上标定结果位姿误差对比

5.2.2　机器人参数辨识实验

1. 机器人关节刚度参数辨识实验

为了验证上述刚度参数辨识算法和变形补偿算法的有效性，本节在双臂机器人 SDA5F 上进行实验。实验分为两个部分：第一部分是首先辨识出机器人两个机械臂的关节刚度参数，然后根据刚度特性与机器人位形之间的约束方程计算在给定载荷情况下引起的末端执行器变形量；第二部分是在建立刚度特性矩阵的基础上对末端带有力传感器的双臂机器人钻电路板操作进行变形补偿，并对比补偿前后机械臂末端受力情况的差异。

图 5-25 中显示了实验所用设备的安装状态，包括双臂机器人 SDA5F、徕卡绝对追踪仪 AT960 和跟踪仪探头(T-MAC)。图 5-25 中已知负载安装于机器人末端法兰的连接件上，T-MAC 安装于机器人末端法兰上，用于测量换算出末端执行器的位姿，力传感器安装在机器人的末端执行器上，T-MAC 安装在力传感器上，靶球(SMR)安装在 T-MAC 的安装位置附近。AT960 在 SDA5F 工作区之外测量末端执行器在负载作用下的变形量，再结合第 4 章的方法建立机器人关节刚度模型，根据在末端执行器力传感器上测得的力和力矩数据辨识出理论模型中的关节刚度参数。

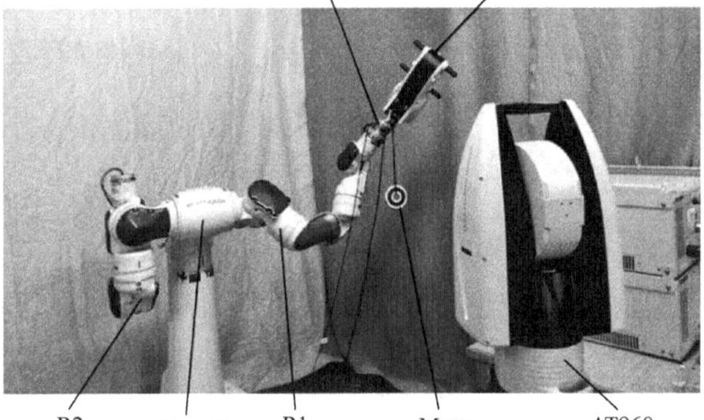

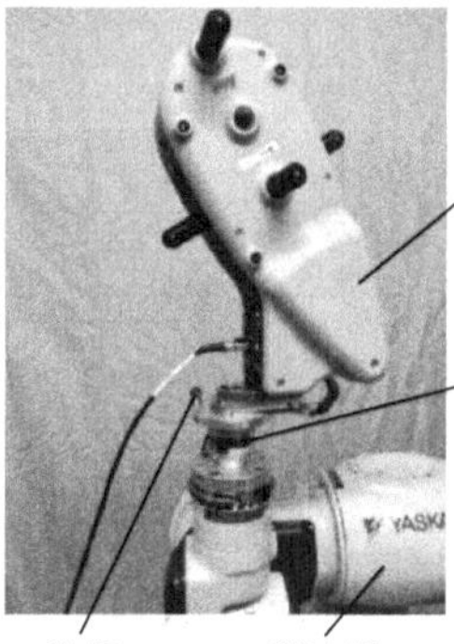

图 5-25　实验所用设备的安装状态

当机械臂末端受到不同负载作用力时，末端力传感器测量出不同的力和力矩，末端执行器的变形量Δx出现不同的变化。当机械臂处于不同位形时，负载作用于力传感器上的力和力矩也有差异。为获得较好的辨识结果，实验中需要测量末端执行器的多组数据，综合不同情况下的多组数据进行转换，从而获得对应实验数据，可以建立以下公式：

$$\boldsymbol{Y}=\boldsymbol{AX} \tag{5-1}$$

$$\boldsymbol{A}=[A_1\cdots A_m]^{\mathrm{T}} \tag{5-2}$$

$$\boldsymbol{Y}=[y_1\cdots y_m]^{\mathrm{T}} \tag{5-3}$$

式(5-1)的解可以表示为

$$\boldsymbol{X}=(\boldsymbol{A}^{\mathrm{T}}\boldsymbol{A})^{-1}\boldsymbol{A}^{\mathrm{T}}\boldsymbol{Y} \tag{5-4}$$

在测量了末端执行器体现出的变形量和受到的负载力和力矩之后，使用式(5-4)来计算关节刚度参数的估计值。在表 5-7 和表 5-8 中列出的辨识结果是多个计算值的统计平均值。从表中的结果可以看出数据值不大。

表 5-7　机械臂 R1 关节刚度参数辨识结果

关节号	1	2	3	4	5	6	7	8
估计值	0.06	0.07	0.45	0.05	0.10	0.03	0.21	9.95

表 5-8　机械臂 R2 关节刚度参数辨识结果

关节号	1	2	3	4	5	6	7	8
估计值	0.02	0.10	0.23	0.06	0.20	0.02	0.15	9.50

机器人的两个机械臂具有相同的关节配置，但是 R1 的关节刚度参数估计值与 R2 的关节刚度参数估计值有差异。这一状态与不同机械臂具有不同的装配状态和受到测量噪声、计算误差、手臂位形以及其他非线性未建模因素的影响相关。

利用辨识出的关节刚度参数估计值，计算给定外部载荷下末端执行器体现出的变形量。本节将名义值和校准值之间的姿态误差ΔE分为位置误差ΔP和姿态误差ΔO两个部分：

$$\Delta E=\Delta P+\Delta O \tag{5-5}$$

$$\Delta P = P_{\text{cal}} - P_n \tag{5-6}$$

$$\Delta O = O_{\text{cal}} - O_n \tag{5-7}$$

其中，P_{cal}和O_{cal}分别是估计的位置值和姿态值；P_n和O_n分别是理想状态下的位置值和姿态值。

位置误差ΔP的矢量分量计算出的范数由式(5-8)计算：

$$\Delta P = \sqrt{\Delta P_x^2 + \Delta P_y^2 + \Delta P_z^2} \tag{5-8}$$

其中，ΔP_x是沿x轴方向的误差；ΔP_y是沿y轴方向的误差；ΔP_z是沿z轴方向的误差。

类似地，姿态误差ΔO的矢量分量计算出的范数由式(5-9)计算：

$$\Delta O = \sqrt{\Delta O_x^2 + \Delta O_y^2 + \Delta O_z^2} \tag{5-9}$$

其中，ΔO_x是绕x轴方向的误差；ΔO_y是绕y轴方向的误差；ΔO_z是绕z轴方向的误差。

在辨识出理论模型中的关节刚度参数之后，结合刚度特性模型将给定的负载加载到末端执行器上计算出变形，并进行仿真。给定的负载是质量为0.153kg的哑铃。结果表明，R1的位置误差在[0, 3.5]mm内，姿态误差在[0, 0.0045]rad内；R2的位置误差在[0, 4.2]mm内，姿态误差在[0, 0.0037]rad内。

钻孔是加工制造行业中的典型任务，利用工业机器人也可以执行钻孔任务，同时在规模化生产中具有高灵活性和低成本的特点。SDA5F是拟人机器人，在加工制造行业应用的过程中具有模拟人类操作的特点。在电气类的加工制造中，对电路板进行钻孔是一种常见的作业任务，而手工钻孔是劳动密集型的操作，长时间的钻孔操作容易使人疲劳，因此使用自动化机构完成钻孔作业显得较为便捷。本节实验的第二部分是使用 SDA5F 机器人在电路板上执行钻孔任务。

图5-26表示实验的设置状态。在R1和R2的末端法兰上分别安装了两个六维力传感器。电路板由安装在R1末端力传感器1上的紧固夹具固定，钻头工具安装在力传感器2上。在安装钻头工具、紧固夹具和力传感器之前先测量出其总质量，再结合测量出的总质量参数计算出末端执行器体现出的变形量，并将其补偿到机器人的位姿控制量中。

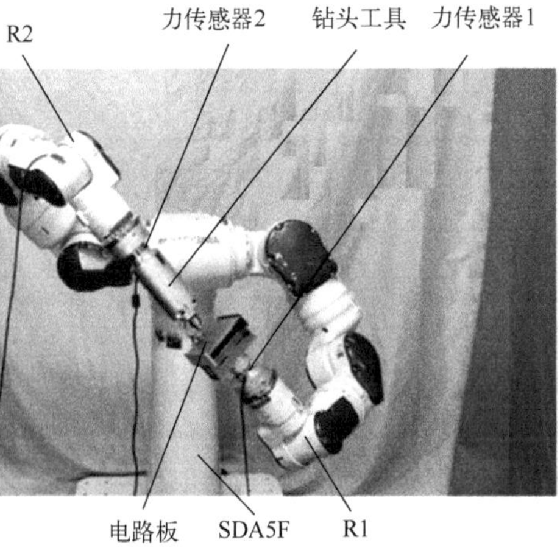

图5-26　双臂机器人钻电路板实验

在实验中使用的是硬质合金钻头，钻头直径为 0.5mm，安装在 R2 的末端。电路板的尺寸为 200mm×150mm×2mm，固定在作为支撑侧并安装有夹持工具的 R1 末端。六维力传感器 1 和 2 同时测量操作过程中受到的力和力矩。实验开始前在电路板上选择钻孔的目标位置，并手动设置 R2 相对电路板的进给速度，钻轴方向垂直于电路板平面。钻孔的位置和钻头的姿态影响钻孔操作的效果，并且会对两个力传感器产生相互作用力，因此变形补偿添加至机器人控制量之前和之后机器人末端受到的作用力和力矩会出现差异。在钻孔操作过程中，将钻头的速度设置为一个恒定的控制量，可以较好地测量出变形补偿前后的力和力矩差异。安装在六维力传感器 2 上的钻头在电路板上钻孔时，R1 工具坐标系的 z 轴平行于钻头轴线方向。

图 5-27(a)显示 R1 的位置精度有所提高，最大位置误差小于 1.81mm。图 5-27(b)显示 R1 的姿态误差改善至小于 0.0019rad。图 5-28 所示为分别在有变形补偿和无变形补偿时测量 10 个位姿数据的情况，由式(5-6)和式(5-7)计算两个机械臂的位置和姿态误差。图 5-28(a)显示 R2 的最大位置误差值改善至小于 1.72mm。图 5-28(b)显示 R2 的姿态误差改善至小于 0.0037rad。

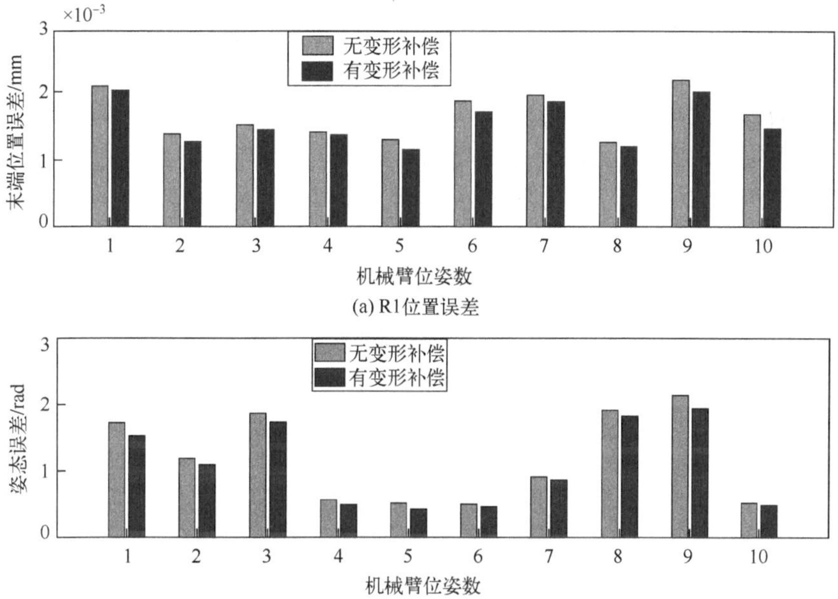

(a) R1位置误差

(b) R1姿态误差

图 5-27　机械臂 R1 刚度变形补偿前后位姿误差对比

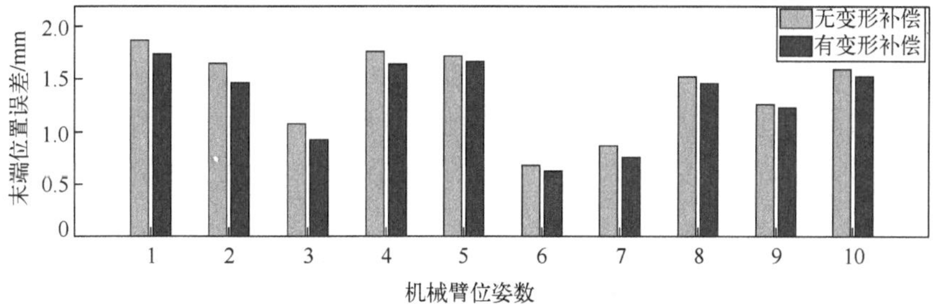

(a) R2位置误差

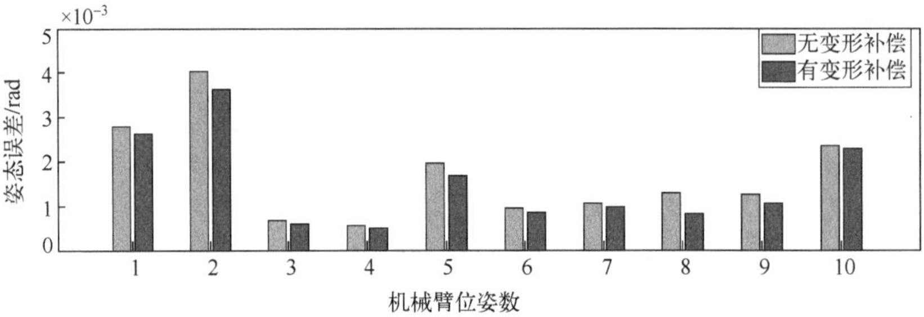

(b) R2姿态误差

图 5-28　机械臂 R2 刚度变形补偿前后位姿误差对比

2. 机器人动力学参数辨识实验

1) 负载动力学参数辨识

将推导的负载动力学参数辨识方法运用于机器人负载动力学参数辨识的过程中时，需要将活动关节之外的其他关节设置为无脉冲输入状态。单个机械臂一共有七个旋转关节，其末端法兰为轴向运动关节，力传感器的安装位置与末端法兰的坐标系变换为沿末端法兰轴向偏移一定距离之后再绕末端法兰轴向旋转一定角度。在实际辨识实验中，将机械臂的初始位姿设定为手臂伸展状态，同时以第六个关节为活动关节，不对剩余的其他关节输入运动指令，使机械臂保持单个关节的运动形式。图 5-29 所示为辨识机器人负载动力学参数过程中负载和六维力传感器的安装状态。

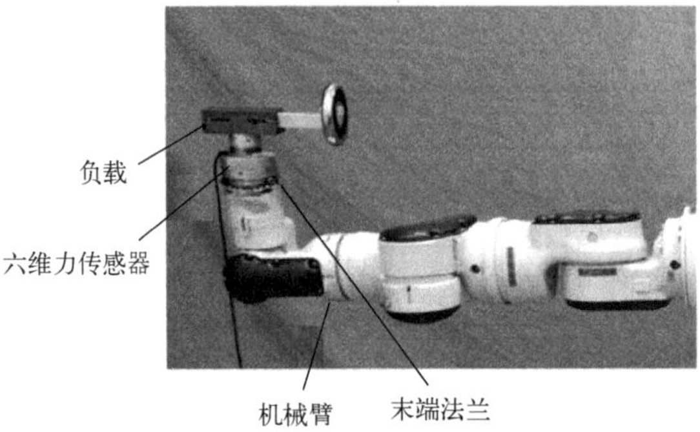

图 5-29　实验中负载与六维力传感器安装状态

实验中使用的力传感器型号为 ATI 的 mini-45，实验前对负载的估计重量未超过该力传感器的量程。负载通过力传感器与机器人末端法兰连接，当机器人关节运动时，力传感器获取负载传递的作用力和力矩的变化数据。在辨识的过程中，从机器人系统获取的是第六个关节运动速度和加速度信息。力传感器获取的力和力矩并不是直接作用于活动关节处的等效力和力矩，因此需要将活动关节的速度和加速度换算至力传感器坐标系中的等效形式。

$$\hat{\boldsymbol{q}}_{6'}^{\text{sen}} = \hat{\boldsymbol{q}}_{\text{robot}}^{\text{sen}} * \hat{\boldsymbol{q}}_{6}^{\text{robot}} * \overline{\hat{\boldsymbol{q}}}_{\text{robot}}^{\text{sen}\,*} \tag{5-10}$$

其中，$\hat{\boldsymbol{q}}_{6}^{\text{sen}}$ 为第六个关节相对力传感器坐标系变换的对偶四元数表示；$\hat{\boldsymbol{q}}_{\text{robot}}^{\text{sen}}$ 为机器人坐标

系相对力传感器坐标系变换的对偶四元数表示；$\hat{q}_6^{\text{robot}}$ 为第六个关节相对机器人坐标系变换的对偶四元数表示。

在实验过程中，在$\left[-\pi/2,-\pi/2\right]$旋转角度范围内，采集机械臂的第六个关节在运动控制过程中的速度与加速度信息，并且获取对应的六维力传感器数据。

在辨识过程中，为获取较好的辨识效果，采集多组数据，将数据集叠加获取组合的样本矩阵。在前面提出的负载动力学参数辨识方法中，需要将获取的力传感器数据转换为在力传感器坐标系中表达的力与力矩数据形式，并且将获取的关节速度与加速度数据换算至力传感器坐标系中的速度和加速度数据表示形式。在获取了样本数据的基础上，采用最小二乘法求取辨识结果。进一步，在使用相同负载的情况下，分别控制左机械臂和右机械臂运动，并获取各自力传感器数据，如图 5-30 所示。同时，在综合分析考虑负载安装状态与理论计算步骤的基础上，获取的负载惯性参数辨识结果如表 5-9 所示。

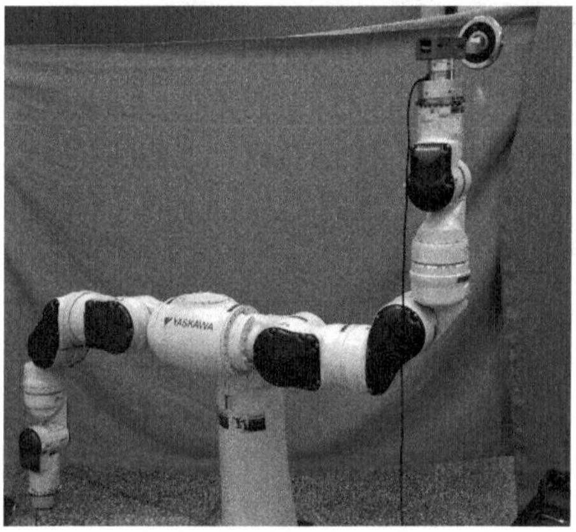
(a) 测量左臂未知负载实验数据

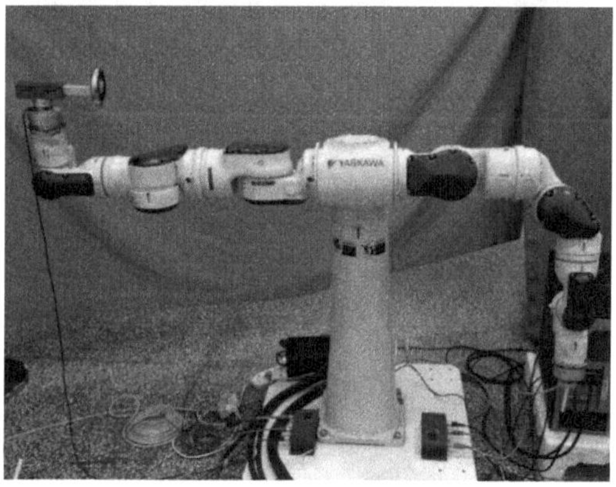
(b) 测量右臂未知负载实验数据

图 5-30　测量机械臂未知负载实验数据

表 5-9　负载惯性参数辨识结果

机械臂	质量 m/kg	质心 p_x,p_y,p_z / mm	惯量 $I_{xx},I_{xy},I_{xz},I_{yy},I_{yz},I_{zz}$ / (kg·m^2)
1	1.70	90.3, 10.7, 45.2	0.0101, 0.0062, 0.0113, 0.0043, 0.0072, 0.0154
2	1.64	102.6, 5.2, 45.4	0.0092, 0.0074, 0.0104, 0.0051, 0.0068, 0.0130

2) 连杆动力学参数辨识

实验的主要内容是获取机械臂每个关节的动力学参数集。考虑 SDA5F 机器人系统对用户的开放范围内能够获取的关节信息程度，从采集的关节样本中提取有效的数据。在进行连杆动力学参数辨识的过程中，为获得较好的辨识结果，根据所提出的组合辨识方式，设定机器人系统的机械臂为单关节运动。同时，机械臂初始位姿依然设置为伸展状态，并限定活动关节未做高速运动。以机械臂相邻关节和连杆为组合体，将机械臂第七个关节和力传感器作为组合体，再控制相应的单关节运动。机器人系统使用的是关节偏置机械臂，相邻关节轴相互垂直，当机械臂处于伸展状态时，机械臂的第一个关节轴和第三个关节轴近似重合，第五个关节轴和第七个关节轴近似重合。因此在组合辨识过程中，把机械臂第一个关节至第三个关节作为一部分辨识，把第五个关节至第七个关节作为另一部分辨识。在分别获取这两个部分的实验数据的初始状态时，将其中靠近末端方向的第三个关节轴线设置为与第一个关节轴线基本垂直，将第七个关节轴线设置为与第五个关节轴线基本垂直，如图 5-31 所示。根据 SDA5F 双臂机器人平台的实际使用特点，需要获取活动单关节在加速度段运动时的关节力矩数据，并且在处理实际样本时，剔除启动和静止状态时间片附近的数据，以期获取有效的理论计算与辨识结果。

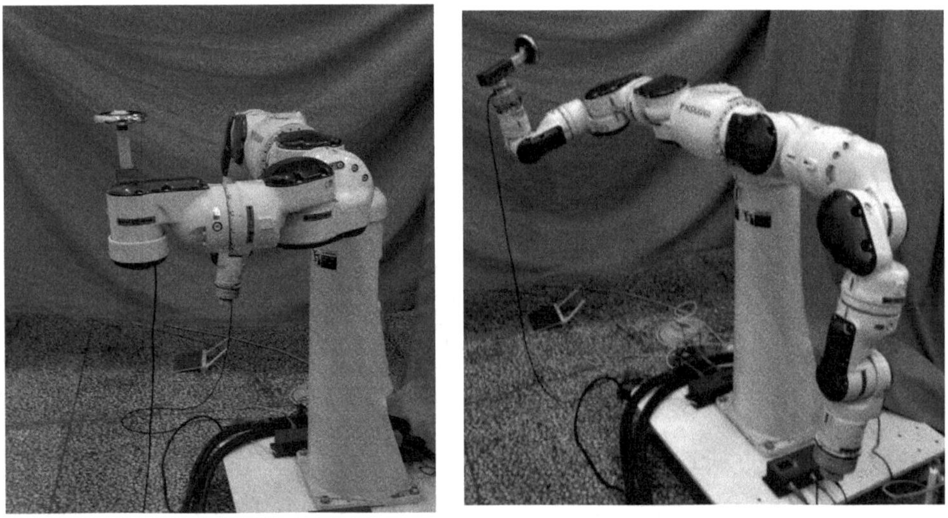

(a) 机械臂 R1 带负载状态　　(b) 机械臂 R2 带负载状态

图 5-31　双臂机器人 SDA5F 动力学参数辨识实验

在实验数据的处理过程中，需要将获取的活动关节速度和加速度信息换算至统一坐标系下做计算处理，因此可以直接在活动关节的坐标系计算位姿与速度变量的对偶四元数等效形式：

$$\hat{\boldsymbol{q}}_i^i = \hat{\boldsymbol{q}}_{\text{robot}}^i * \hat{\boldsymbol{q}}_i^{\text{robot}} * \bar{\hat{\boldsymbol{q}}}_{\text{robot}}^{i\ *} \tag{5-11}$$

其中，$\hat{\boldsymbol{q}}_i^i$ 为第 i 关节坐标系的对偶四元数表示；$\hat{\boldsymbol{q}}_{\text{robot}}^i$ 为机器人坐标系相对第 i 关节坐标系变换的对偶四元数表示；$\hat{\boldsymbol{q}}_i^{\text{robot}}$ 为第 i 关节坐标系相对机器人坐标系变换的对偶四元数表示。

在辨识实验过程中，左机械臂和右机械臂末端安装有六维力传感器，将负载固连于力传感器测量端面。分别控制两个机械臂相应关节运动，同时获取关节速度和加速度信息。同样，需要结合机器人平台考虑七自由度机械臂的运动学参数，以每个关节在对应坐标系 z 轴方向上的位置偏移为设定的参考推算数据。在实验过程中，为了获取较好的理论辨识结果，利用力传感器和关节力矩数据采集函数，对每个关节的数据进行多次采样，剔除起始阶段和止停阶段的部分数据之后构造组合矩阵，再求取辨识结果。

同时，综合分析考虑机械臂关节和连杆的运动学模型和理论计算步骤，获取并处理两个机械臂的连杆动力学参数，机械臂 R1 连杆动力学参数辨识结果如表 5-10 所示，机械臂 R2 连杆动力学参数辨识结果如表 5-11 所示。从表 5-10 和表 5-11 辨识的过程可以看出，本书所提出的方法能够对单个机械臂的连杆动力学参数进行辨识，辨识模型的计算量较小，不同连杆之间的耦合联系影响较小，因此可以获得满足对应有效机械臂动力学模型的连杆动力学参数集合。

表 5-10　机械臂 R1 连杆动力学参数辨识结果

序号	质量 m/kg	质心位置 p_x,p_y,p_z / mm			惯量 $I_{xx},I_{xy},I_{xz},I_{yy},I_{yz},I_{zz}$ / (kg·m^2)					
1	14.59	12.17	−10.44	−142.82	3.4166	0.1263	0.0032	1.4189	0.0046	0.0097
2	10.31	1.27	105.44	−24.19	2.7463	0.8522	0.0096	0.0024	1.6247	0.0055
3	7.68	21.39	5.24	113.92	1.9134	0.127	0.0092	1.5601	0.6234	0.9421
4	6.72	52.44	−125.46	2.73	0.0082	0.9340	0.1391	1.0119	0.0171	0.9596
5	3.41	−3.24	2.11	134.67	0.6941	0.0028	0.0144	0.7136	0.1075	0.0067
6	2.64	0.11	131.74	13.46	0.3983	0.0052	0.0900	0.3404	0.0903	0.4753
7	1.72	10.24	0.22	−62.55	0.2166	0.0034	0.0192	0.2035	0.0228	0.0075

表 5-11　机械臂 R2 连杆动力学参数辨识结果

序号	质量 m/kg	质心位置 p_x,p_y,p_z / mm			惯量 $I_{xx},I_{xy},I_{xz},I_{yy},I_{yz},I_{zz}$ / (kg·m^2)					
1	15.12	10.14	9.33	137.68	4.0368	0.0901	0.0113	1.3400	0.0062	0.0019
2	11.93	1.53	113.96	−33.05	3.1290	0.7009	0.0012	0.0106	1.3607	0.0062
3	6.91	19.72	6.02	−109.06	1.9134	0.1270	0.0092	1.5601	0.6234	0.9418
4	6.39	60.47	−118.42	3.26	0.0073	0.8073	0.1929	1.8831	0.0045	0.7524
5	4.37	4.10	3.17	129.37	0.7593	0.0030	0.0154	0.8604	0.1655	0.0091
6	3.27	1.91	127.39	14.83	0.4583	0.0046	0.0710	0.6222	0.0473	0.7973
7	2.13	11.60	1.81	68.24	0.2922	0.0046	0.0258	0.3435	0.0103	0.0046

5.2.3　双臂机器人手眼系统击球实验

本节实验的基本内容是在双臂机器人手眼系统平台上使用视觉系统观测球类运动目标，通过处理目标运动数据控制双臂机器人实现击打操作。考虑以乒乓球为典型的球类运动目标并当作视觉系统的观测对象，在 SDA5F 机器人系统的两个机械臂末端安装铝制平板。在 4.2.3 节中提出的视觉算法并不针对具体单一的应用情况，因此，在实验中设计了多种跟踪运动目标任务的情况，以验证算法的学习能力和跟踪效果。以两组实验来模拟不同运动目标的运动情况：一组实验是由人参与扔球或者使用球拍发球至地面并反弹回双臂机器人工作空间，手眼系统观测乒乓球目标做出反应并实现机械臂击打乒乓球的动作；另一组实验是在完成单机械臂颠球的前提下，控制一个机械臂击打乒乓球至机器人上方空中，另一个机械臂将回落乒乓球再次击打反弹至空中，并实现两个机械臂之间相互颠球的动作。

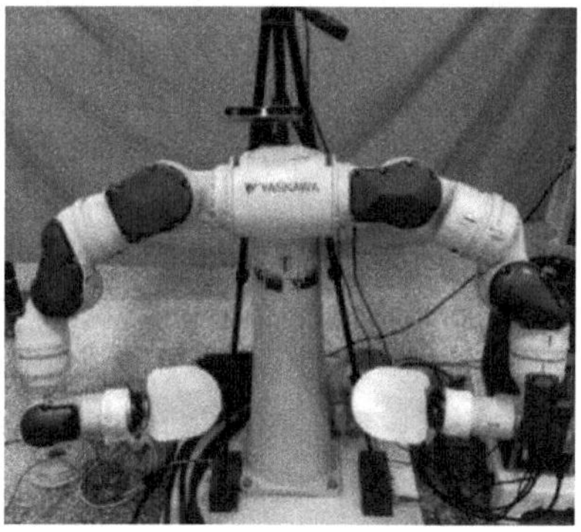

图 5-32　双臂机器人手眼系统的配置状态

图 5-32 所示为实验中双臂机器人手眼系统的配置状态，每个机械臂的末端安装有铝制平板，铝制平板的平面与机械臂末端工具坐标系的 z 轴近似平行。为保证操作安全，在两个机械臂之间设定干涉区。图中两个机械臂末端初始位姿处于机器人坐标系 x 轴正方向与 z 轴

负方向相交的工作空间内，摄像头 1 模拟人的俯瞰视角，能够观测到两个机械臂末端和铝制平板的图像数据。

1. 双臂机器人手眼系统与人交互击球实验

实验中乒乓球的直径尺寸约为 40mm，球体表面为橙色。由于在第 4 章中涉及的双臂机器人手眼系统的主要研究对象并不具体到拟人打乒乓球运动，并且在实验过程中主要考虑验证所提出的手眼协调控制策略与方法，因此在第一组实验中以从地面反弹乒乓球的方式形成运动球体的运动状态，并以此为实验对象。

第一组实验中的手眼系统使用的是普通单目 RGB 摄像头 1，帧率设置为 30f/s。实验中使用的手眼系统平台从视觉系统获取的观测数据传输至计算机上位机之后，经过处理形成控制指令并发送至双臂机器人系统，由相应机械臂做出响应，总共耗时约为 150ms。因此，针对由 SDA5F 机器人和摄像头构成的手眼系统的响应时间特点，考虑在双臂机器人的工作空间范围内将乒乓球相对摄像头坐标系的直线运动速度限制在 3m/s 以内。图 5-33 所示是从手眼系统摄像头 1 的俯瞰视角方向观测机器人前方工作空间内的目标运动状态。图 5-33(a)表示乒乓球由人手以一定初速度朝机器人方向往地面抛出；图 5-33(b)表示当乒乓球接触地面时反弹向上形成类似抛物线的运动轨迹；图 5-33(c)表示当视觉系统获取图像数据并进行处理之后控制机械臂 R2 执行击打动作，此时乒乓球接触机械臂末端铝制平板；图 5-33(d)表示机械臂成功击打乒乓球后乒乓球从钻制平板反弹。

(a) 扔出乒乓球

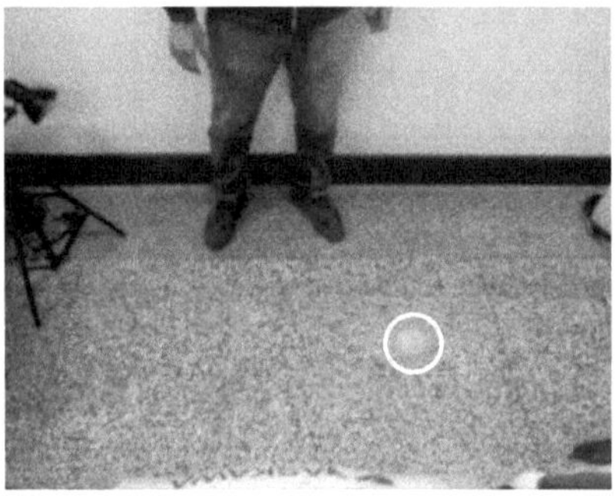

(b) 乒乓球反弹

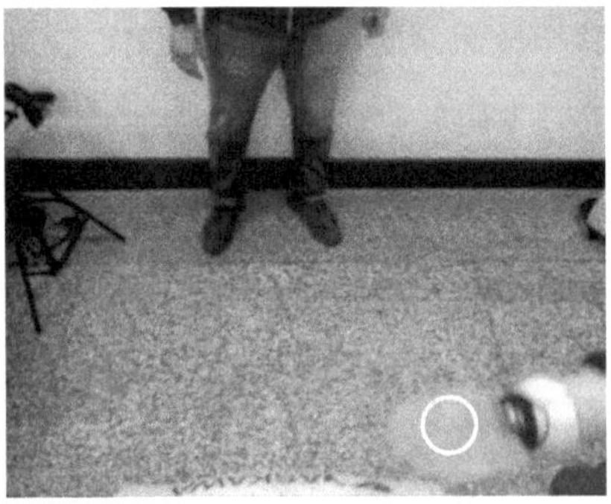

(c) 机械臂末端铝制平板接触乒乓球

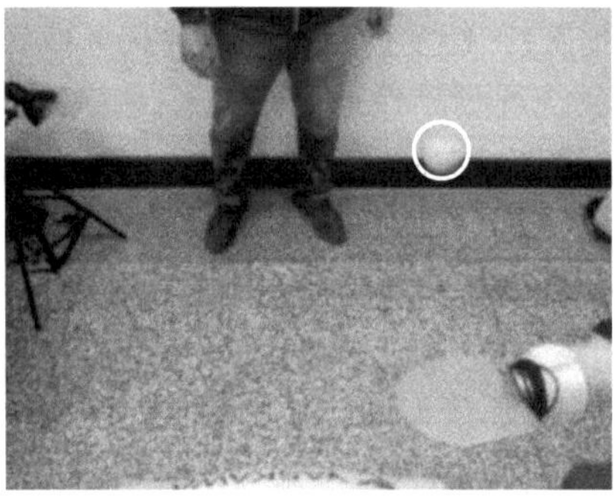

(d) 乒乓球从铝制平板反弹

图 5-33　双臂机器人手眼系统击打乒乓球

图 5-34 所示是双臂机器人手眼系统与人对击乒乓球的运动控制情况。图 5-34(a)表示由人手通过球拍以预估速度范围内的初速度将乒乓球朝机器人方向往地面拍出并使其反弹；图 5-34(b)表示机械臂 R2 对从地面反弹后向上形成类似抛物线运动轨迹的乒乓球执行击打动作；图 5-34(c)表示人手通过球拍接住从机械臂 R2 击回的乒乓球并回打至机器人：图 5-34(d)表示机器人系统利用机械臂 R1 再次成功击打乒乓球。

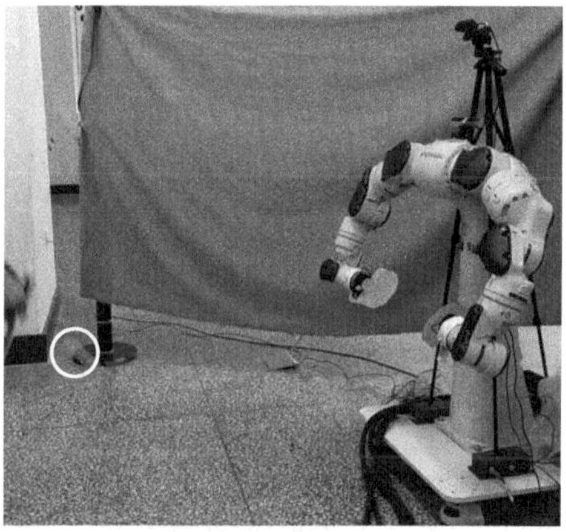

(a)通过球拍发出乒乓球

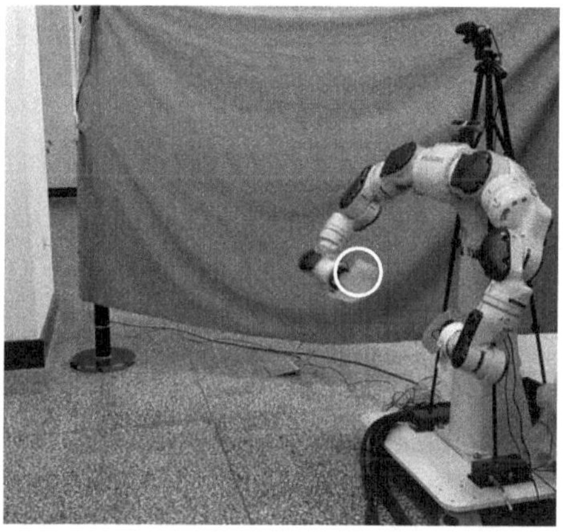

(b)机械臂 R2 击打乒乓球

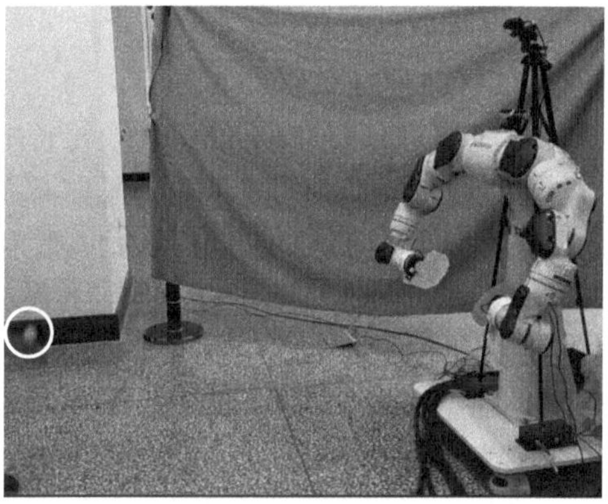

(c)通过球拍回打乒乓球

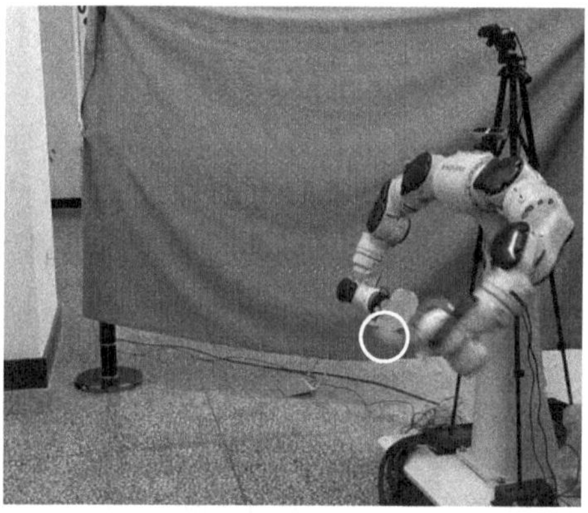

(d)机械臂 R1 击打乒乓球

图 5-34 双臂机器人手眼系统与人对击乒乓球

从提出的控制决策上考虑，当乒乓球出现在摄像头视场范围内时，视觉系统获取运动目标数据，控制系统形成对目标的运动状态估计。当乒乓球运动到其中任何一个机械臂的可达工作空间时，系统根据控制决策形成相应指令并驱动相应机械臂做出响应，进而使其完成击打乒乓球的动作。进一步地，系统在每次击打中通过推理学习和决策方法不断调整控制参数。由于在控制决策中规划机器人系统的两个机械臂各自击打球体的工作空间区域不相重合，因此，当乒乓球飞入摄像头视场时，系统根据球体的运动状态判断并选择能够完成有效击打的机械臂，同时发出合适的动作指令。实验过程中不同动态情况的乒乓球由不同的机械臂做出反应动作，由此实现双臂机器人手眼系统的协调控制。

图 5-35 所示是双臂机器人手眼系统分别使用第 4 章提出的控制方法和传统 Kalman 方法进行有效击球操作时对乒乓球的击打位置跟踪均方根误差数据曲线。从图中可以看出，两个

机械臂对有效响应工作空间和限定速度范围内随机运动乒乓球的位置跟踪均方根误差都不大于 40mm，并且第 4 章提出的推理学习和决策方法相对传统 Kalman 方法能够获取乒乓球更为准确的空间位置信息。

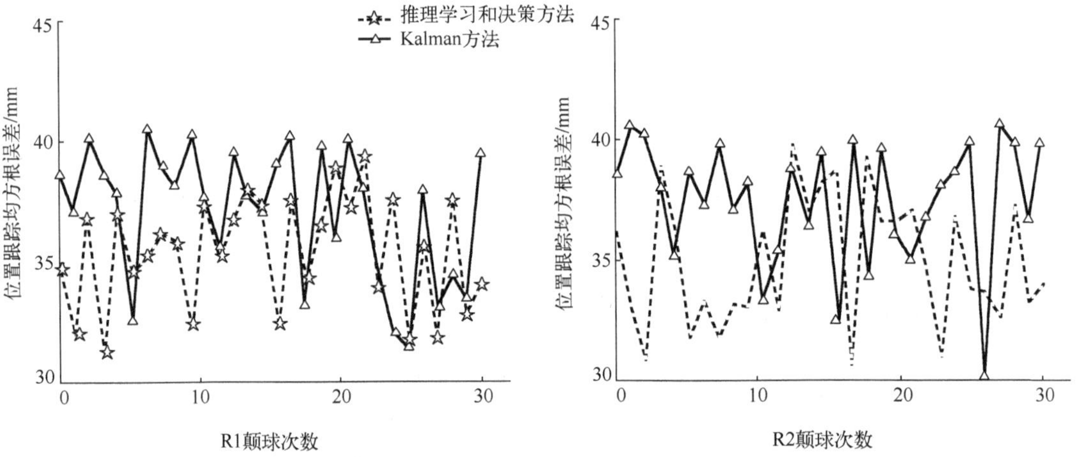

(a) R1末端位置跟踪均方根误差　　(b) R2末端位置跟踪均方根误差

图 5-35　双臂机器人手眼系统与人交互击球实验的位置跟踪均方根误差

2. 双臂机器人手眼系统颠球实验

颠球实验中，需要考虑系统对视觉目标的跟踪反应时长约为 160ms，同时机械臂击打乒乓球后再恢复至初始状态需约 160ms，即乒乓球在铝制平板上方空间的飞行时长应不小于机器人系统的响应与运动时长，因此乒乓球相对铝制平板上表面落下的合适初始高度应大于 50cm。在该高度下，乒乓球的反弹高度与相对铝制平板的初始高度和击打速度有关联，并且当乒乓球再次落下时，留给系统的反应时间可能会进一步缩短。

在前面提出的推理学习和决策方法并不针对具体的单一跟踪球类目标任务，在进行颠球实验时，主要是考虑调整乒乓球相对机器人系统的响应位置。实验开始时，使乒乓球处于摄像头 2 的视场中，以接近静止的状态从其中任意一个铝制平板上表面上方大于 50cm 处自由落体。

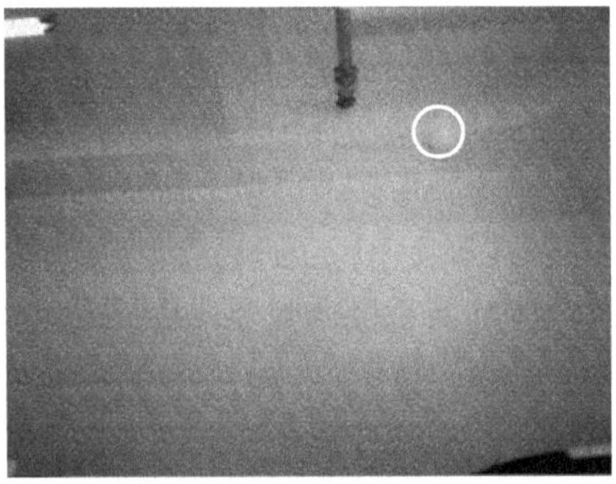

图 5-36　双臂机器人手眼系统协调颠球时摄像头 2 视场

图 5-36 表示乒乓球处于双臂机器人手眼系统摄像头 2 视场中的原始图像情况。此时乒乓

球处于铝制平板上方约 40cm 位置处，手眼系统需要估计出乒乓球的运动状态，并根据乒乓球相对铝制平板的距离对机械臂的运动做出进一步规划与控制。

在实验开始阶段首先使用单个机械臂进行颠球实验，图 5-37 表示使用机械臂 R1 和摄像头 2 进行单臂颠球运动控制。图 5-37(a)表示在机器人坐标系内，乒乓球从设定的初始高度开始朝机器人手臂末端做自由落体运动。根据推理学习和决策，此时乒乓球距离机械臂 R1 末端铝制平板有一定距离，机械臂处于初始静止不动的状态。当乒乓球落至距离铝制平板约 25cm 时，机械臂 R1 开始向乒乓球做趋近运动。图 5-37(b)表示机械臂 R1 与落下的乒乓球接触并使其反弹。图 5-37(c)表示乒乓球反弹至与机器人坐标系内初始高度不同的最高点，在乒乓球反弹的同时，机械臂 R1 也开始恢复至初始状态。图 5-37(d)表示机械臂 R1 再次击打回落的乒乓球并使其反弹。

(a) 乒乓球从初始高度掉落

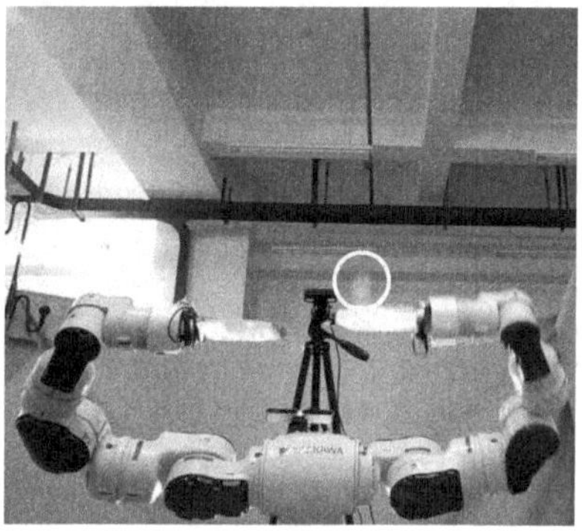

(b) 机械臂 R1 第一次颠球

(c) 乒乓球反弹至最高点

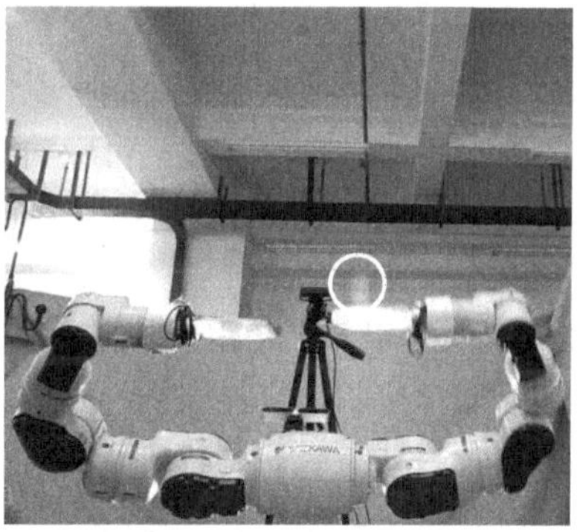

(d) 机械臂 R1 再次颠球

图 5-37　手眼系统单臂颠球

为体现出机器人系统的双臂协调特点，在实现单臂颠球的基础上，利用两个机械臂进行相互颠球的手眼协调操作。如图 5-38(a)所示，乒乓球仍然在机器人坐标系内从设定的初始高度开始做自由落体运动。图 5-38(b)表示机器人根据视觉系统获取的图像数据做出推理判断与控制决策，对机械臂 R1 发出运动指令，使其趋近并击打落下的乒乓球。图 5-38(c)表示回落至机械臂 R2 操作范围内的乒乓球被击打并反弹朝向机器人上方空间。图 5-38(d)表示再次落至机械臂 R1 操作范围内的乒乓球被继续击打并反弹。

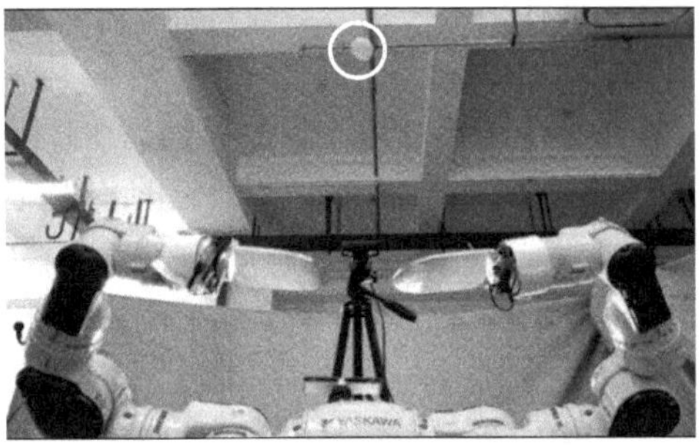

(a) 乒乓球从初始高度掉落

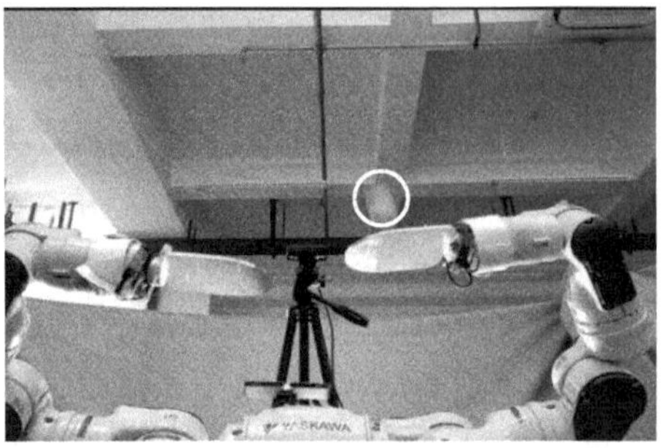

(b) 机械臂 R1 开始颠球

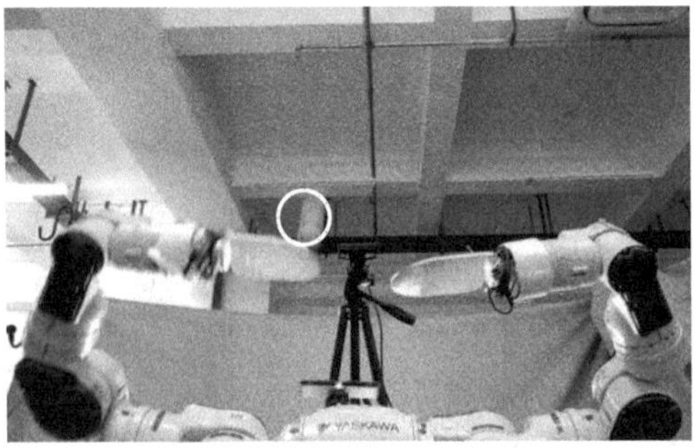

(c) 机械臂 R2 开始颠球

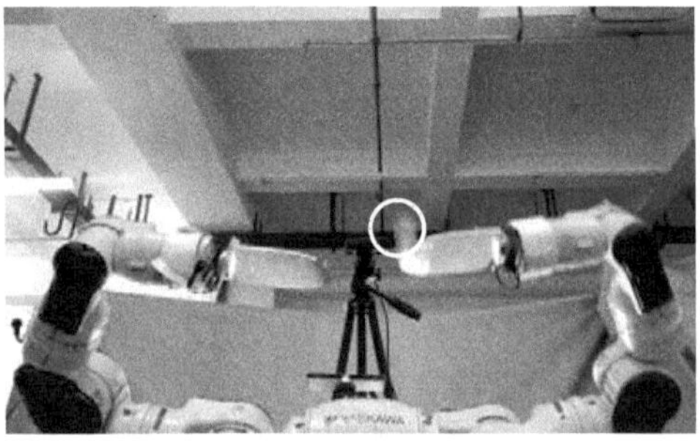

(d) 机械臂 R1 再次颠球

图 5-38　手眼系统协调颠球

在图 5-38 表示的手眼系统操作实验中，当下落的乒乓球接近铝制平板时，机器人利用推理学习和决策结合视觉系统获取的图像信息对运动目标做出判断，并控制相应的机械臂开始向上方做加速运动。待乒乓球接触铝制平板之后，会相对平板上表面以一定角度反弹至另一机械臂上方。当乒乓球再次下落时，对应的另一机械臂开始响应动作。两个机械臂各自独立不断重复这一颠球动作，使乒乓球在两个机械臂的铝制平板之间往复反弹，实现双臂机器人手眼系统协调颠球操作。

图 5-39 表示双臂机器人手眼系统在颠球实验过程中实现成功击打乒乓球的情况下，每次击打前对运动状态乒乓球位置跟踪的均方根误差曲线。图中使用了两种方法对乒乓球位置进行跟踪：一种是在第 4 章提出的推理学习和决策方法；另一种是传统 Kalman 方法。从图中的数据曲线可以发现，总体上第 4 章提出的方法相对传统 Kalman 方法具有较小的均方根误差，但同时受到一些未建模的非线性因素的影响，两者之间的差异在[2, 6]mm 内波动。在实验初始阶段，两个机械臂之间颠球的成功率较低，经过推理学习和决策的过程之后提高了成功率。从图 5-36～图 5-39 所示的颠球实验与数据分析可以验证第 4 章提出的机器人手眼系统学习控制决策算法能够有效完成球类运动目标跟踪与协调操作任务，验证了所提出算法的有效性。

本节利用基于对偶四元数代数推导的机器人运动学参数误差模型，辨识了双臂机器人系统的每个机械臂的运动学参数，并进行了机器人运动学参数误差补偿，改善了机器人的定位精度；对每一个机械臂建立了关节刚度参数辨识模型，在完成刚度参数辨识的基础上对双臂协调转孔的操作进行了变形补偿，并改善了机器人的操作效果；利用力传感器对负载的动力学参数进行了辨识，以组合辨识的方式辨识了每个机械臂连杆的动力学参数，获取了负载和机械臂连杆的动力学参数理论结果；通过摄像头获取安装在机械臂末端的二维靶标的多幅图像数据，结合对偶四元数手眼标定算法完成了两个摄像头和机器人系统之间的坐标系位姿映射方程解算，验证了算法的有效性；通过双臂机器人手眼系统与人之间交互击球的动作效果和两个机械臂之间相互颠球的协调操作，验证了采用推理学习和决策的双臂机器人手眼协调控制的有效性。

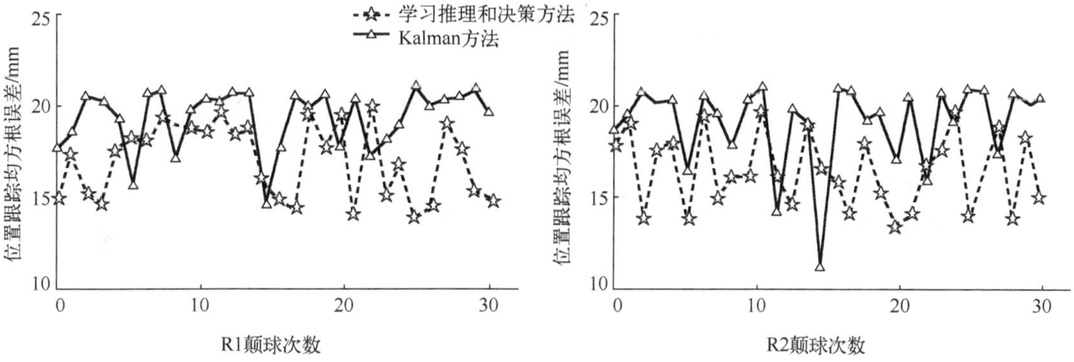

(a) R1末端位置跟踪均方根误差　　(b) R2末端位置跟踪均方根误差

图 5-39　双臂机器人手眼系统颠球实验的位置跟踪均方根误差

5.3　手术机器人共融交互操作实例

手术机器人是一种先进的医疗设备，它利用机器人技术在医生的引导下完成精确的手术操作。手术机器人的基础包括机械臂、传感器和控制系统等组成部分，可以实现高精度的手术操作，降低了人为因素对手术的影响。手术机器人的基础技术涵盖了机械工程、电子工程、计算机科学等多个领域，需要专业的知识和技能来进行研发和维护。通过不断地进行技术创新和研究，手术机器人的性能和精度得到了提升，为医生提供了更好的手术工具和条件。

5.3.1　手术机器人

1. 手术机器人系统分类

机器人专家 Taylor 等将手术机器人系统分为两类：手术参与机器人系统和手术辅助机器人系统。手术参与机器人系统中机器人主要参与和完成整个手术过程，包括切除和缝合等，医生起到控制和监督机器人的作用，如腹腔微创手术机器人(如达·芬奇手术机器人、Hinotori 手术机器人)、血管介入手术机器人(如 LIBERTY 机器人)、经自然腔道手术机器人，如图 5-40 所示。手术参与机器人系统通常包括执行手术操作的从手机械臂和控制机器人进行手术操作的主手机械臂，其中主手机械臂在系统中起到人机交互的作用。

手术辅助机器人系统中机器人主要起到辅助医生进行手术的作用，包括术前规划、术中定位等，骨科是手术辅助机器人系统最早进入的领域之一，主要是因为骨骼刚性结构适合机器人的精准定位和操作，加上骨科手术中大量使用术中 X 射线成像，机器人的使用可以减少医患双方的辐射损伤，这成为骨科手术辅助机器人系统的重要应用价值。目前，手术辅助机器人系统有骨科手术机器人(如强生公司的 VELYS、捷迈邦美的 ROSA One、施乐辉的 Cori、美敦力的 Mazor X、史塞克的 Mako、微创医疗的鸿鹄骨科手术机器人、天智航的 TiRobot Recon 全膝关节置换手术机器人)、神经外科机器人(如 ROSA 机器人)等，如图 5-41 所示。手术辅助机器人系统一般由机械臂和光学追踪系统构成，其中机械臂主要起到手术器械定位的作用。

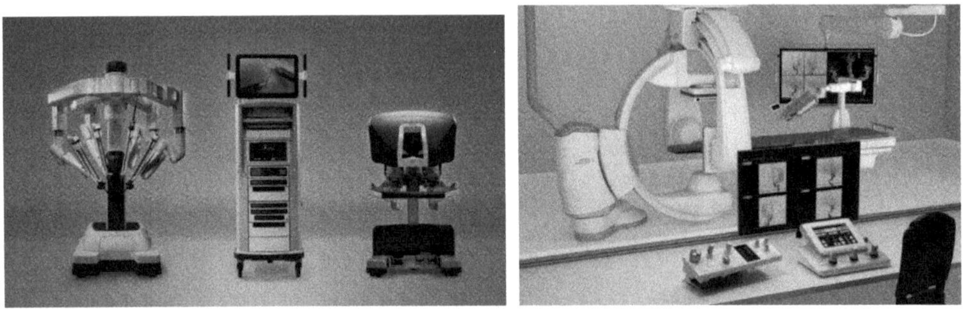

图 5-40　手术参与机器人系统

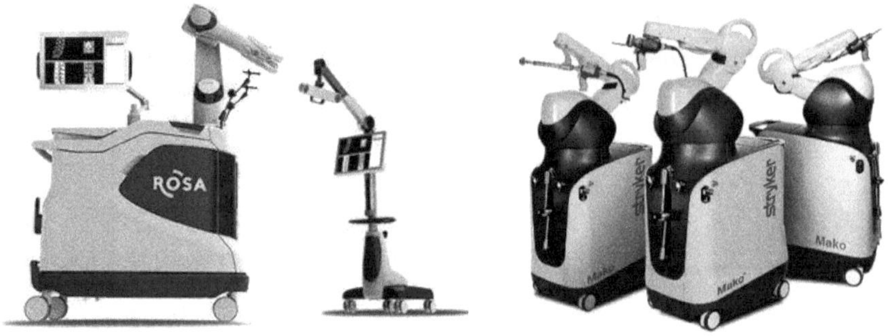

图 5-41　手术辅助机器人系统

手术机器人系统根据交互方式可分为主从式和协作式。

手术参与机器人系统主要采用主从式交互方式，如达·芬奇手术机器人，由医生操作台和从机械臂构成，医生通过操作机器人主控制端的主手对从端的机械臂和手术器械进行控制，并借助腹腔镜观察术野进行手术操作，而手术器械与患者组织的相互作用力(如果能够感知)则由主手反馈给医生。主从式手术机器人的出现在人机工程学方面有效改善了医生手术操作的姿势，减轻了医生操作手术的疲劳。

手术辅助机器人系统主要采用协作式交互方式，如 Mako 机器人，医生在机器人旁控制机械臂对标记物进行定位，实现机器人空间、图像空间和患者空间的配准，然后机械臂根据术前规划或术中计划调整位姿，帮助医生引导手术器械完成手术操作。

2. 微创手术机器人的人机交互技术

微创手术机器人系统的工作模式为主从式交互方式，主从式微创手术机器人系统是将机器人技术与传统的微创手术技术相结合的一种机器人系统。图 5-42 所示为典型微创手术机器人系统达·芬奇 Si，由三个部分组成：医生操作台、从机械臂系统和立体显示系统。从机械臂系统包括机器人车和手术器械。机器人车由基座和多个机械臂构成。机械臂的功能相同，都是用来夹持器械以完成手术操作，区别仅在于机械臂末端夹持的器械类型不同。根据机械臂要实现的手术任务要求，机械臂应由定位关节和远心机构两部分构成。定位关节用来完成术前手术器械定位至切口点，远心机构用来夹持手术器械并保证手术器械的运动是围绕切口的远心运动。医生操作台由显示设备和主手构成，显示设备负责显示术野范围内内窥镜影像，主手作为人机交互设备负责将医生手部动作指令传递给从机械臂。

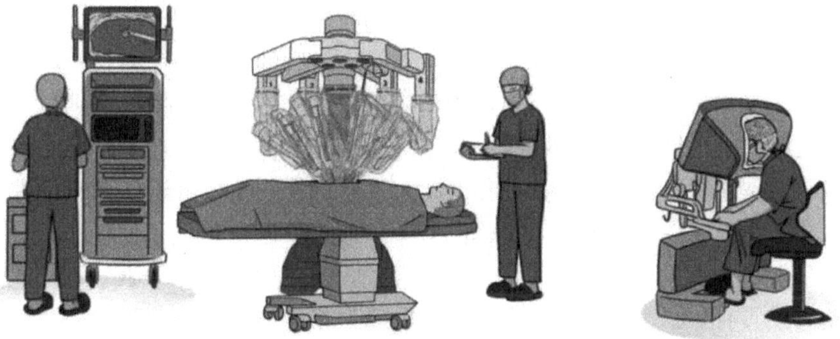

图 5-42　典型微创手术机器人系统

微创手术机器人的工作原理如下：医生通过操作微创手术机器人主控制端的主手对从手(从端的机械臂和手术器械)进行控制，并借助腹腔镜观察到的患者病灶视野进行手术操作，而从手与患者组织的相互作用力(如果能够感知)则由主手反馈给医生，使医生感受到对患者组织的作用力。主从式微创手术机器人使得医生可以采用比较舒适的姿势进行手术操作，减轻了医生操作手术的疲劳；从端手术器械的自由度更多，操作更灵活，可进行更加复杂的手术操作；主从控制能够通过手眼协调控制算法为医生提供直觉控制，缩短医生学习曲线；操作更加稳定精准，提高了手术质量；能够提供立体视觉，具有遥操作的潜力。

由主从式微创手术机器人进行手术操作的过程可以得出，主手是微创手术机器人系统的重要组成部分，是医生与微创手术机器人共融交互的关键设备以及进行人机交互的载体，是机器人微创手术能否成功的关键。主手作为输入装置，将医生手部的操作动作传递给从端以控制从手完成手术操作。主手的性能直接影响到微创手术机器人系统的整体性能，决定了能否将医生操作动作完整准确地传递给从端，并且使得医生感知到从手与患者组织的相互作用力，进而影响手术的安全性和可靠性。

随着虚拟现实技术对运动和力的交互需求增长以及计算机软硬件、电气硬件和控制技术的进步，具有灵活的结构设计且满足人机工程学的高性能的通用型主手被商业公司开发出来，其通常具有 3~7 个自由度。但是这些通用型主手应用于有特殊要求的专用场合时存在一些不足：缺少自由度而不能完成要求的自由度输入；工作空间或姿态空间受限导致过多的调整；特殊应用不符合人的操作习惯导致操作不舒适易疲劳。对于应用于外科手术的主手，要求其惯量小、精度高、操作空间大，并能够实现重力平衡，以增强医生操作手术的临场感。因此，有必要针对微创手术机器人主从控制需求研制一款自由度满足、结构优化、符合医生操作习惯、灵活、易用的微创手术机器人主手。

本节介绍微创手术机器人人机交互设备研制实例，阐述微创手术机器人人机交互操作实现的过程，主要包括主手结构设计和主手的控制设计两部分。

5.3.2 主手结构设计

微创手术机器人的主手是医生与从手交互的设备，其结构设计是微创手术机器人中至关重要的一环，需要考虑机械结构、材料和传感器等诸多因素。优秀的主手结构设计可以大大提高机器人操作的灵活性和效率，使其能够更好地帮助医生完成各种手术操作任务。目前已有的绝大多数微创手术机器人系统采用主从异构的控制方式，即主手和从机械臂采用不同构型及自由度配置方式，该方式使机器人的主手和从机械臂的设计相互独立，可以各自采取灵活的构型设计。对于从机械臂而言，可以根据微创手术的特点和具体需求进行设计。对于主手而言，可以根据从机械臂的操作需求，灵活地配置其结构，同时基于人机工程以及医生的操作习惯对主手结构进行优化设计，使得医生对主手的操作更加舒适和自然，进而降低医生手术操作的疲劳强度，提高微创手术操作的效率和效果。

机器人的驱动方式主要有液压驱动、电机驱动、压电驱动、气动驱动等。电机驱动相对于其他驱动方式具有体积小、相对安全、安装配置方便、易实现控制等优势。本实例中主手选用电机作为关节的驱动力矩源。通常电机本身能够输出较高的额定转速，其额定转矩则相对较小，难以满足主手对力矩的需求，因此需要对电机进行减速增矩。行星齿轮箱、谐波减速器、RV 减速器等通常应用于工业机器人的关节当中。但是这些类型的减速器本身体积和惯量较大，而且摩擦力相对较大，反向驱动特性很差，不适合应用在主手这类通常工作在被动方式，由人牵引操作的设备当中。由于主手的设计要求传动部件质量、惯量和摩擦力小，而传动精度高，主手通常采用钢丝传动的方式对电机进行减速增矩。采用钢丝作为传动装置时，钢丝的质量很小，而且可以依据空间结构形式灵活走丝。通过有效的预紧可以消除部件传动的间隙，提高传动精度。

1. 手臂机构设计

手臂机构传动装置的设计如图 5-43 所示，主要由电机、丝筒、钢丝、转盘、联轴器等组成。丝筒轴与电机输出轴通过联轴器固定连接，作为电机力矩的输出端。丝筒上开有丝槽，两根钢丝一端分别顺时针和逆时针从丝筒的两侧沿丝槽向中间缠绕，然后绕到转盘上，另一端固定到转盘上。丝筒与转盘通过钢丝形成一个双向封闭的丝传动回路，电机通过该丝传动回路将电机输出力矩传递到关节处，从而让操作者感受到力反馈。通过合适的预紧力将钢丝固定在转盘上，这种双向封闭的丝传动方式可以以很高的精度传递运动和力。同时，丝筒和转盘具有一定的传动比，能够增大电机的输出力矩。腕部机构传动装置主要由电机、传动轴、锥齿轮、输出轴等组成。体积小、质量小的锥齿轮是改变传动方向的最佳选择，如图 5-43 所示。

如图 5-44 所示，手臂关节 1 由关节 1 转盘与基座在竖直方向上转动连接。手臂机构引入平行四边形机构的主要目的是将关节 3 的驱动装置前移，使之可以安装在基座或者靠近基座的连杆上。驱动装置前移，一方面简化了当前关节的结构设计，另一方面减小了前一个关节对此关节的重力补偿的输出，而且从整体上减小了主手的总惯量，同时通过该配置，电机还可以作为重力补偿的一部分，平衡来自腕部机构的重力矩作用。主手平行四边形机构由连杆 2、连杆 3、辅助连杆、关节 3 转盘组成。连杆 2 与固定在关节 1 转盘上的关节 2 转盘转动连接。连杆 3 则与连杆 2 通过手臂关节 3 转动连接。关节 3 转盘与手臂关节 2 转动连接，同时与辅助连杆的一端转动连接，而辅助连杆的另一端则与连杆 3 转动连接。这样就形成了一个平行四边形传动回路。关节 3 电机通过钢丝传动驱动关节 3 转盘绕手臂关节 2 轴线转动，进而牵引辅助杆带动连杆 3 相对连杆 2 转动，从而形成手臂关节 3 的转动。由平行四边形的内角关系，手臂关节 3 转角的大小可以由关节 3 转盘转角的大小计算转换得来。为了精确测量手臂机构三个关节的转角，在手臂机构每个关节处安装一个绝对式编码器。将手臂关节 1 的转轴与一个编码器相连接，则手臂关节 1 的转角由该绝对式编码器测得。手臂关节 2 和手臂关节 3 配置的绝对式编码器与丝筒轴相连接，通过测量丝筒的转角间接测量关节的转角，其中丝筒与转盘的传动比为 1∶3。平行四边机构只是将驱动装置前移，其机构功能相当于串联的两连杆。

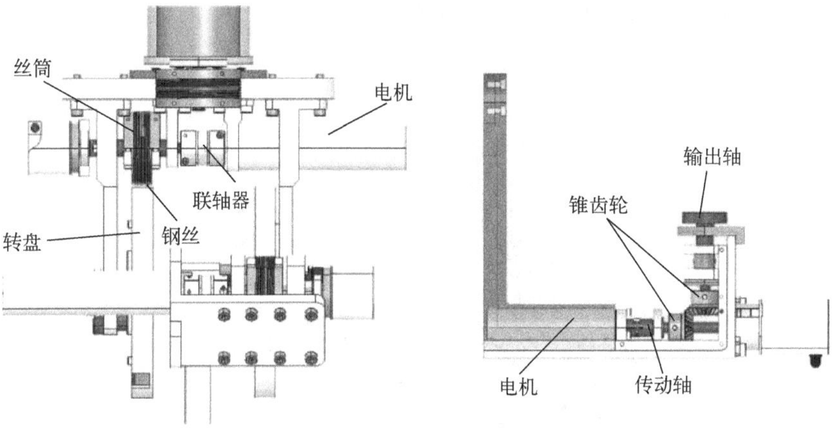

图 5-43　手臂机构和腕部机构

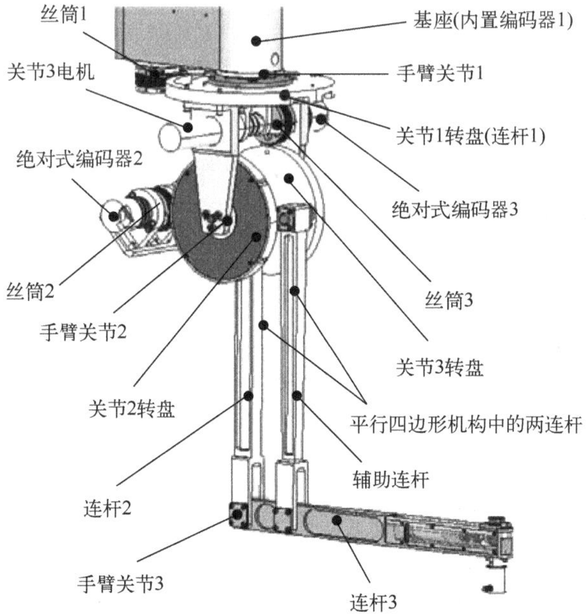

图 5-44　手臂机构设计

2. 腕部机构设计

腕部机构由具有冗余自由度的四关节串联连杆构成。关节的所有轴线相交于一点即腕点，并且相邻两关节轴线垂直。由此每个连杆的形状为 L 形。腕部关节 4 与手臂连杆 3 末端形成关节连接。腕部各关节配置一个电机，一方面为腕部不同姿态下连杆的重力补偿输出力矩，另一方面作为腕部关节动力源为实现腕部力矩反馈输出力矩。为简化机构的传动布置，一对锥齿轮用来改变电机轴的输出转动方向，使得电机能够更合理地布置在连杆内部。每个关节的转动输出方向配置一个绝对式编码器，用来直接测量关节的转动角度。绝对式编码器的使用简化了控制系统的设计，使得手腕机构不需要每次开机时都进行关节的寻零操作。每个关节处设计有限位槽和限位销钉，对关节的运动范围进行机械限位，防止腕部关节运动超限，以及对关节进行保护。图 5-45 所示为腕部机构设计。

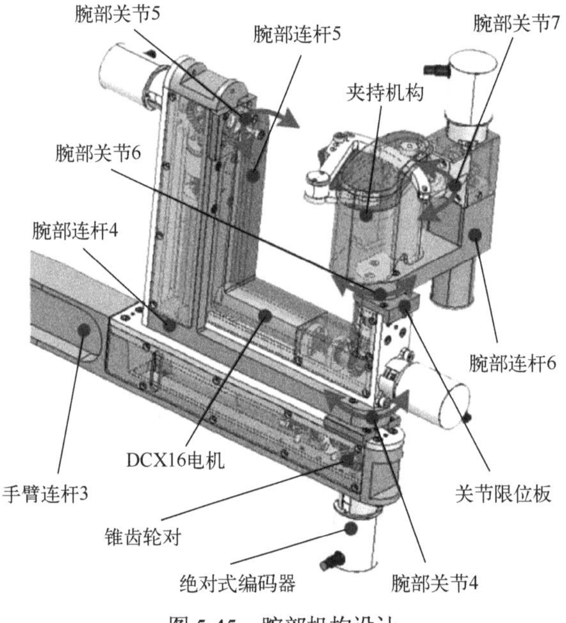

图 5-45　腕部机构设计

腕部机构的特点是腕部关节 4 设计为冗余主动关节，使腕部机构具有诸多优点：①主动关节的实时运动，可以使其他关节在操作时远离奇异位置，如果末端位姿保持不变，主动关节的运动可以使腕部各关节处于最理想的配置位置；②有利于提高腕部操作的灵活性，还可以避免人手运动时与腕部机构连杆的碰撞和干涉；③主动关节增加了腕部各关节的运动范围，甚至可以超越人手的极限，这样可以完全地采集人手的操作动作。

3. 夹持机构设计

夹持机构主要将医生手术操作中的手部夹持、夹捏、拾取等动作传递给从端手术器械，要求医生握持时舒适，符合人手抓握习惯。夹持动作可以通过比例控制手术器械的开合角，不需要和手术器械的最大开合角相一致，只要符合人手的夹持动作即可。如图 5-46 所示，夹持机构主要由手柄主体、固定连杆、L 形弧杆、指托、丝筒、电机及编码器等零部件组成。

固定连杆和手柄主体由螺钉固结为一体，L 形弧杆和固定连杆通过轴承连接形成转动关节。指托与 L 形弧杆通过销轴连接，二者可相对转动。指托上固定有指套，指套由魔术贴扎带制作，将食指与指托固定，防止进行夹持操作时食指与指托脱离。编码器安装在电机后面，电机则固定在手柄主体的空腔内。电机输出端无齿轮箱，丝筒固定在电机输出轴上，因此编码器直接测量电机输出轴及丝筒转角。丝筒则与 L 形弧杆用钢丝传动连接。由于钢丝传动摩擦、惯量、间隙小而且精度高，编码器测得的丝筒转角可由传动比转化为 L 形弧杆与固定连杆的相对转角。人手食指控制 L 形弧杆的转动形成夹持机构的开合动作，开合角的大小即为 L 形弧杆与固定连杆的相对转角。L 形弧杆开有限位槽，由于电机后面的编码器为相对式码盘，故开机时，需要先控制电机驱动 L 形弧杆转到限位槽两端极限位置来确定夹持机构的开合角零点位置。由于电机的存在，夹持机构不但能够将人手操作的夹持动作传给从端手术器械，在从端手术器械装有力检测装置的时候，也可通过控制系统的驱动控制将从端手术器械与环境的夹持力反馈给人手，使人获得对从端的力感知，进而提高手术操作的效率和安全性。

根据上述主手的详细机构设计，加工装配出来的主手整体样机如图 5-47 所示。

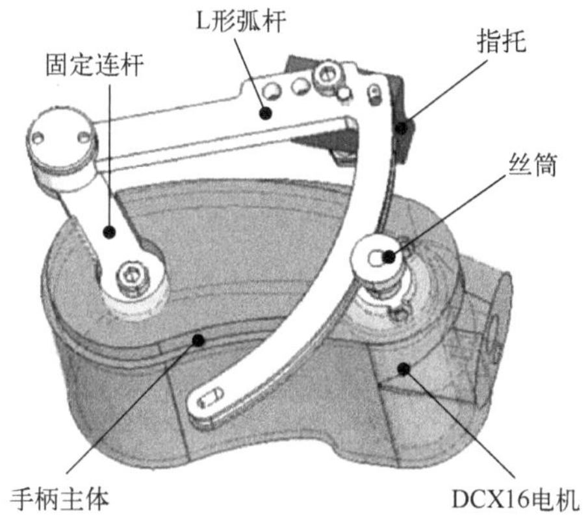

图 5-46　夹持机构设计

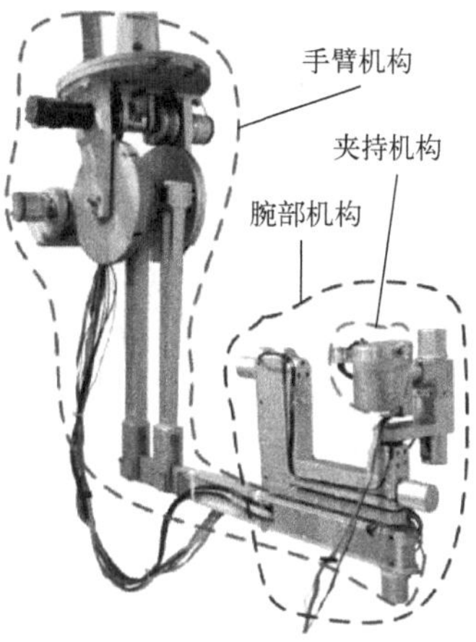

图 5-47　主手整体样机

5.3.3　主手的控制设计

1. 主手运动学分析

主手作为微创手术机器人系统的输入设备，需要将医生手部的操作动作传递给主控制系统，即医生操作的主手手柄的位置和姿态信息。与此对应的是，当需要控制主手手柄到达指定位置和姿态时，需要逆运动学求解得到主手的关节角。因此，需要求解主手的正运动学和逆运动学。

主手的手臂机构虽然设计为一个平行四边形机构，但是在进行运动学的建模时，其可以等价为一个串联的机械臂，而关节角的计算则由平行四边形机构的基本性质间接求出。手柄的开合自由度作为相对独立的一部分，在主手的运动学的位姿计算中不用考虑。

2. 主手正运动学求解

如图 5-48 所示，采用改进的 D-H 方法建立主手的各连杆坐标系，其相邻各连杆之间的齐次变换矩阵如下：

$$
{}^{i-1}\boldsymbol{T}_i = \begin{bmatrix} \cos\theta_i & \sin\theta_i & 0 & a_{i-1} \\ \sin\theta_i\cos\alpha_i & \cos\theta_i\cos\alpha_{i-1} & -\sin\alpha_{i-1} & -d_i\sin\alpha_{i-1} \\ \sin\theta_i\sin\alpha_{i-1} & \cos\theta_i\sin\alpha_{i-1} & \cos\alpha_{i-1} & d_i\cos\alpha_{i-1} \\ 0 & 0 & 0 & 1 \end{bmatrix} \tag{5-12}
$$

将主手的相邻连杆 D-H 参数代入式(5-12)，依次相乘可以建立主手手柄坐标系相对于主手基坐标系的运动学模型，如式(5-13)所示。

$$
{}^{0}\boldsymbol{T}_7 = {}^{0}\boldsymbol{T}_1\,{}^{1}\boldsymbol{T}_2\,{}^{2}\boldsymbol{T}_3\,{}^{3}\boldsymbol{T}_4\,{}^{4}\boldsymbol{T}_5\,{}^{5}\boldsymbol{T}_6\,{}^{6}\boldsymbol{T}_7 = \begin{bmatrix} n_x & o_x & a_x & p_x \\ n_y & o_y & a_y & p_y \\ n_z & o_z & a_z & p_z \\ 0 & 0 & 0 & 1 \end{bmatrix} \tag{5-13}
$$

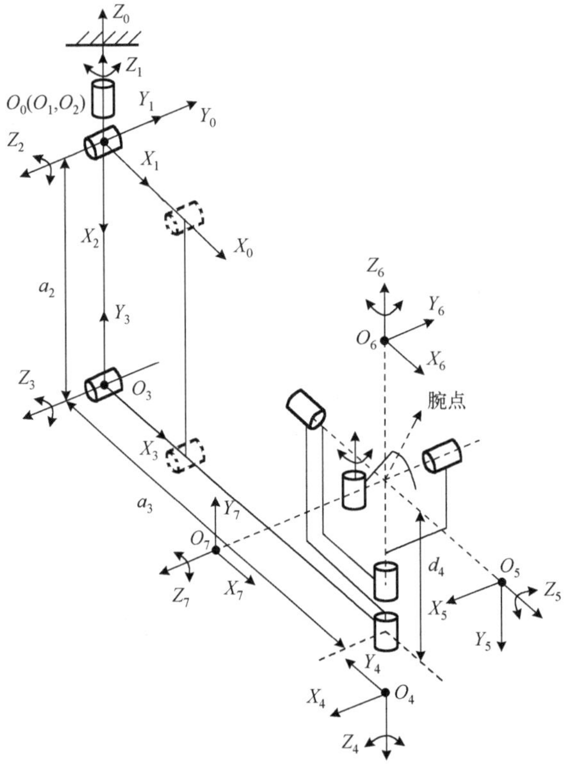

图 5-48　主手连杆坐标系

其中，各元素的具体表达式为

$$
\begin{cases}
n_x = -c_7(-c_6(s_5c_1s_{23}+c_5(s_1s_4+c_1c_4c_{23}))+s_6(c_4s_1-c_1s_4c_{23})) \\
\qquad +s_7(-c_5c_1s_{23}+s_5(s_1s_4+c_1c_4c_{23})) \\
n_y = -c_7(-c_6(s_5s_1s_{23}+c_5(c_1s_4+c_4s_1c_{23}))+s_6(c_1c_4+s_1s_4c_{23})) \\
\qquad -s_7(-c_5s_1s_{23}+s_5(c_1s_4+s_1c_4c_{23})) \\
n_z = -s_7(c_5c_{23}+c_4s_5s_{23})-c_7(c_6(s_5c_{23}-c_5c_4s_{23})-s_4s_6s_{23}) \\
o_x = -s_7(-c_6(s_5c_1s_{23}+c_5(s_1s_4+c_1c_4c_{23}))+s_6(c_4s_1-c_1s_4c_{23})) \\
\qquad +c_7(-c_1c_5s_{23}(c_1c_2s_3+c_1c_3s_2)+s_5(s_1s_4+c_1c_4c_{23})) \\
o_y = -s_7(s_6(c_1c_4+s_1s_4c_{23})-s_6c_5(c_1c_4+s_1c_4s_{23})-c_7(c_5s_1s_{23}+s_5(c_1s_4-s_1c_4c_{23}))) \\
o_z = c_7(c_5c_{23}+c_4s_5s_{23})+s_7(c_6(s_5c_{23}-c_5c_4s_{23})+s_4s_6s_{23}) \\
a_x = c_6(c_4s_1-c_1s_4c_{23})+s_6(c_5(s_1s_4+c_1c_4c_{23})+s_5c_1s_{23}) \\
a_y = -c_6(c_1c_4+s_1s_4c_{23})-s_6(c_5(c_1s_4-s_5c_4c_{23})+s_1s_5s_{23}) \\
a_z = -s_7(s_5c_{23}-c_4s_5s_{23})-c_6s_4s_{23} \\
p_x = c_1(a_3c_{23}+d_4s_{23}+a_2c_2) \\
p_y = s_7(a_3c_{23}+d_4s_{23}+a_2c_2) \\
p_z = a_3s_{23}-d_4c_{23}+a_2s_2
\end{cases}
\tag{5-14}
$$

其中，$s_i=\sin\theta_i$；$c_i=\cos\theta_i$；$s_{ij}=\sin(\theta_i+\theta_j)$；$c_{ij}=\cos(\theta_i+\theta_j)$。

3. 主手逆运动学求解

由于主手腕部关节各轴线相交于一点，符合存在封闭解的条件，能够得到逆运动学的解析解。通过对式(5-13)主手的正运动学方程进行分离变换，求解得到各关节变量。

1) 求解 θ_1

由主手的正运动学公式，提取位置向量为

$$
\begin{cases}
p_x = c_1(a_3c_{23}+d_4s_{23}+a_2c_2) \\
p_y = s_1(a_3c_{23}+d_4s_{23}+a_2c_2) \\
p_z = a_3s_{23}-d_4c_{23}+a_2s_2
\end{cases}
\tag{5-15}
$$

应用三角函数变换，解得

$$\theta_1 = a\tan 2(p_y, p_x) \tag{5-16}$$

2) 求解 θ_3

将式(5-15)中各项等号两端平方后相加得

$$a_3c_3 + d_4s_3 = k \tag{5-17}$$

其中，

$$k=\frac{p_x^2+p_y^2+p_z^2-a_2^2-a_3^2-d_4^2}{2a_2} \tag{5-18}$$

利用三角代换：

$$a_3 = \rho\cos\psi, \quad d_4 = \rho\sin\psi \tag{5-19}$$

代入式(5-17)得

$$\theta_3 = a\tan 2\left(\pm\sqrt{1-\left(\frac{k}{\rho}\right)^2}, \frac{k}{\rho}\right) + a\tan 2(d_4, a_3) \tag{5-20}$$

其中，

$$\begin{gathered}\rho = \sqrt{a_3^2 + d_4^2}, \quad \psi = a\tan 2(d_4, a_3) \\ \cos(\theta_3 - \psi) = \frac{k}{\rho}, \quad \sin(\theta_3 - \psi) = \pm\sqrt{1-\left(\frac{k}{\rho}\right)^2}\end{gathered} \tag{5-21}$$

3)求解 θ_2

为分离出θ_2，主手正运动学方程两端依次左乘逆变换${}^0\boldsymbol{T}_1^{-1}$、${}^0\boldsymbol{T}_2^{-1}$得

$${}^0\boldsymbol{T}_2^{-1}\,{}^0\boldsymbol{T}_1^{-1}\,{}^0\boldsymbol{T}_7 = {}^2\boldsymbol{T}_7 \tag{5-22}$$

$$\begin{bmatrix} c_1c_2 & c_2s_1 & s_2 & 0 \\ -c_1s_2 & -s_1s_2 & c_2 & 0 \\ s_1 & -c_1 & 0 & 0 \\ 0 & 0 & 0 & 1 \end{bmatrix}\begin{bmatrix} n_x & o_x & a_x & 0 \\ n_y & o_y & a_y & 0 \\ n_z & o_z & a_z & 0 \\ 0 & 0 & 0 & 1 \end{bmatrix} = {}^2\boldsymbol{T}_3\;{}^3\boldsymbol{T}_4\;{}^4\boldsymbol{T}_5\;{}^5\boldsymbol{T}_6\;{}^6\boldsymbol{T}_7 \tag{5-23}$$

令式(5-23)中矩阵方程两边的元素(1,4)和(2,4)分别对应相等，得

$$c_1c_2p_x + c_2s_1p_y + s_2p_z = a_2 + a_3c_3 + d_4s_3 \tag{5-24}$$

$$-c_1s_2p_x - s_1s_2p_y + c_2p_z = a_3s_3 - d_4c_3 \tag{5-25}$$

式(5-24)两边同乘p_z，式(5-25)两边同乘A，考虑$\theta_2 \in [-\pi/6, \pi/6]$，得

$$\sin\theta_2 = \frac{Bp_z - CA}{A^2 + p_z^2}, \quad \cos\theta_2 = \frac{BA + Cp_z}{A^2 + p_z^2}, \quad \theta_2 = a\tan 2(k_2, \sqrt{1-k_2^2}) \tag{5-26}$$

其中，

$$A = c_1p_x + s_1p_y, \quad B = a_2 + a_3c_3 + d_4s_3, \quad C = a_3s_3 - d_4c_3, \quad k_2 = \frac{Bp_z - CA}{A^2 + p_z^2} \tag{5-27}$$

4)求解 θ_4

腕部主动关节的关节角则依据奇异回避算法进行调节，使得医生操作主手时远离奇异位形，避开关节极限位置并且保持最大的灵活性。因此，可将关节角 4 作为已知变量。

根据对冗余自由度的奇异分析及奇异回避方法可知：在主手初始姿态与从机械臂器械手爪姿态进行对齐时，$\theta_4 = \pi - \theta_6$，主手腕部各关节所形成的位形灵活性最优。由此设定关节 4 的初始转角值。

5）求解 θ_5 和 θ_6

由已解得的关节角1、2、3可得其次变换矩阵的逆 ${}^0\boldsymbol{T}_1^{-1}$、${}^1\boldsymbol{T}_2^{-1}$、${}^2\boldsymbol{T}_3^{-1}$。主手运动方程做如下变换：

$$ {}^3\boldsymbol{T}_4\,{}^4\boldsymbol{T}_5\,{}^5\boldsymbol{T}_6\,{}^6\boldsymbol{T}_7 = {}^2\boldsymbol{T}_3^{-1}\,{}^1\boldsymbol{T}_2^{-1}\,{}^0\boldsymbol{T}_1^{-1}\,{}^0\boldsymbol{T}_7 = \begin{bmatrix} \sim & \sim & A_3 & \sim \\ D_3 & E_3 & B_3 & \sim \\ \sim & \sim & C_3 & \sim \\ 0 & 0 & 0 & 1 \end{bmatrix} \tag{5-28} $$

其中，~表示与后续计算无关的矩阵元素。式(5-28)中两边元素(1,3)、(2,3)、(3,3)对应相等可得

$$ \begin{cases} c_4c_5s_6 - c_6s_4 = A_3 \\ -s_5s_6 = B_3 \\ c_4c_6 + c_5s_4s_6 = C_3 \end{cases} \tag{5-29} $$

又因为 $\theta_4 = \pi - \theta_6$，有

$$ \begin{cases} \cos\theta_4 = -\cos\theta_6 \\ \sin\theta_4 = \sin\theta_6 \end{cases} \tag{5-30} $$

联立式(5-29)和式(5-30)可得

$$ \theta_5 = a\cos\left(\frac{-B_3 + \sqrt{B_3^4 - 4(C_3+1)(B_3^2 - C_3 - 1)}}{2C_3 + 2}\right) \tag{5-31} $$

注意，其符号选取依据关节角取值范围及已知计算数值。

由式(5-31)可得

$$ \theta_6 = a\sin\frac{B_3}{s_5} \tag{5-32} $$

6）求解 θ_7

最后由式(5-28)两边元素(2,1)和(2,2)对应相等，可求得

$$ \theta_7 = a\sin\frac{D_3c_5 + E_3c_6s_5}{c_5^2 + c_6^2s_5^2} \tag{5-33} $$

4. 主手重力补偿

影响主手操作性能的主要因素有主手各连杆的重力、主手运动时产生的惯性力和哥氏力，以及关节连接处的摩擦和电机自身摩擦、钢丝传动摩擦等产生的摩擦阻力。由于医生操作主手时的速度以及加速度相对较低(主手末端平均速度、关节加速度)，因而产生的惯性力和哥氏力相对重力和摩擦阻力而言较小，对主手的操作性能产生的影响较小，可将其忽略。而主手各连杆的重力和各关节摩擦阻力对医生的操作形成较大的干扰，必须加以平衡和消除，

以改善主手的操作性能。

推导主手各连杆的重力矩模型时可将摩擦阻力矩忽略，假设主手是一个具有理想约束的多刚体系统。虚位移原理作为分析静力学的重要方法，为求解处于静平衡状态的质点系及多刚体系统约束力提供了有效途径。虚位移原理可以求解三方面的问题：确定主动力之间的关系；求约束反力；确定系统在已知主动力时的平衡位置。对于主手这种多连杆(多刚体)系统，虚位移原理可以表述为：加在主手上的所有主动力在任何虚位移中所做的虚功之和等于零，即

$$\sum \delta W_F = 0 \tag{5-34}$$

设任意连杆 M_j 上的主动力和虚位移分别为 F_j 和 δr_j，则直角坐标系的投影表达式为

$$\sum_{j=1}^{n}(F_{xj}\delta x_j + F_{yj}\delta y_j + F_{zj}\delta z_j) = 0 \tag{5-35}$$

将主手看作具有理想约束的质点系，不失一般性，假定主手在如图 5-49 所示的初始关节角的位姿条件下处于平衡状态，则在此状态下主手各主动关节的输出力、主手各连杆的重力等约束力在任何虚位移中所做的虚功之和等于零。

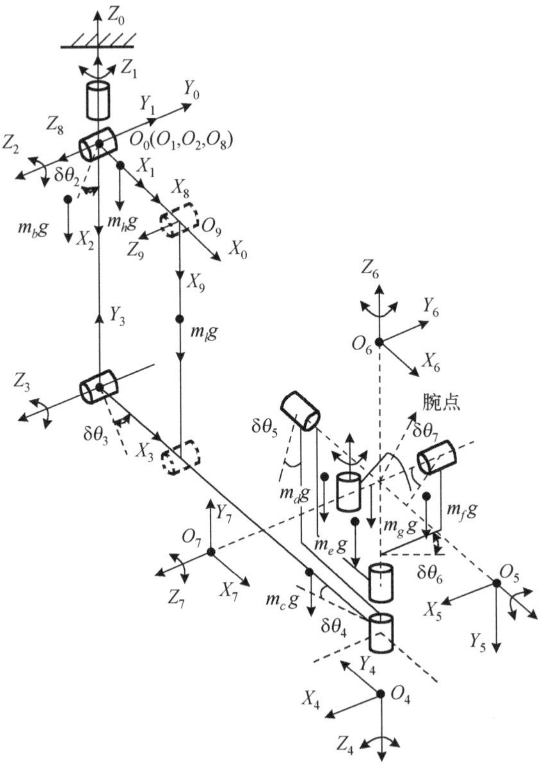

图 5-49　主手重力补偿虚位移原理

选取各主动关节的关节角 θ_j 作为广义坐标，假设在每个主动关节角上产生一个微小的虚位移 $\delta\theta_j$，则关节主动输出力矩以及各连杆重力 G_j 产生的虚功之和 δW 为

$$\sum_{j=1}^{n}(G_{xj}\delta x_j + G_{yj}\delta y_j + G_{zj}\delta z_j) + \tau_j\delta\theta_j = 0 \tag{5-36}$$

由建立的主手的各连杆坐标系可得各连杆的重心坐标方程为

$$\begin{bmatrix} {}^{0}x_{cj} \\ {}^{0}y_{cj} \\ {}^{0}z_{cj} \\ 1 \end{bmatrix} = {}^{0}\boldsymbol{T}_j \begin{bmatrix} {}^{j}x_{cj} \\ {}^{j}y_{cj} \\ {}^{j}z_{cj} \\ 1 \end{bmatrix} \tag{5-37}$$

其中，${}^{0}x_{cj}$ 为连杆 j 相对于基坐标系的质心位置；${}^{j}x_{cj}$ 为连杆 j 相对于连杆牵连坐标系的质心位置；${}^{0}\boldsymbol{T}_j$ 为连杆牵连坐标系相对于基坐标系的齐次变换矩阵。

$${}^{0}\boldsymbol{T}_j = {}^{0}\boldsymbol{T}_1 \cdots {}^{0}\boldsymbol{T}_j, \quad j = 1, \cdots, 9 \tag{5-38}$$

可求得各连杆质心在基坐标系下的坐标。根据直角坐标系下的虚位移原理，重力只在竖直方向产生虚功，则对各主动关节分别采用虚位移原理，对于关节 $j\,(j=2,3,\cdots,7)$，虚位移公式表示为

$$\begin{aligned}\tau_j\delta\theta_j - \Bigg(& m_a g\frac{\mathrm{d}}{\mathrm{d}\theta_j}({}^{0}z_a)\delta\theta_j + m_b g\frac{\mathrm{d}}{\mathrm{d}\theta_j}({}^{0}z_b)\delta\theta_j + m_c g\frac{\mathrm{d}}{\mathrm{d}\theta_j}({}^{0}z_c)\delta\theta_j + \\ & m_d g\frac{\mathrm{d}}{\mathrm{d}\theta_j}({}^{0}z_d)\delta\theta_j + m_e g\frac{\mathrm{d}}{\mathrm{d}\theta_j}({}^{0}z_e)\delta\theta_j + m_f g\frac{\mathrm{d}}{\mathrm{d}\theta_j}({}^{0}z_f)\delta\theta_j + \\ & m_g g\frac{\mathrm{d}}{\mathrm{d}\theta_j}({}^{0}z_g)\delta\theta_j + m_h g\frac{\mathrm{d}}{\mathrm{d}\theta_j}({}^{0}z_h)\delta\theta_j + m_i g\frac{\mathrm{d}}{\mathrm{d}\theta_j}({}^{0}z_i)\delta\theta_j \Bigg) = 0\end{aligned} \tag{5-39}$$

由此可得主手静态平衡下的重力补偿公式。

5. 主手控制系统设计

主手自身就是一个机器人系统，其控制系统的好坏直接影响主手功能的实现和算法的实施。主手通常与从端设备连接，开放式和可扩展的控制系统结构是其优先选择。针对主手控制系统的技术要求构建主手的控制系统并对主手的控制软件功能进行分析，将主手功能设计为多个相对独立的功能模块，依据功能的实现设计主手软件的执行流程。

主手本身是一个多关节、多自由度的机器人，需要控制系统能够对多个关节的角度信息进行采集，并对电机进行驱动控制。同时为实现高品质的反馈，主手的控制要求具有很高的实时性。主手控制系统的具体需求如下：①力矩控制和位置控制，医生操作主手进行主从控制时，其各关节电机控制主要工作在力矩模式，而在主从操作开始之前，需要主手姿态与从端器械姿态对齐，其各关节电机控制工作在位置模式，因此要求控制系统对主手的关节电机能够实现力矩控制和位置控制，并且力矩模式和位置模式能够实现相互切换；②实时性，主手需要进行正逆运动学解算、重力补偿、动力学计算的实施等，因此要求控制系统运算速度快、执行效率高，并具有很强的实时性；③安全性和可靠性，主手用于安全性要求苛刻的微创手术机器人中，因此控制系统能够符合微创手术机器人的临床安全性需求，并且要求系统

长时间运行稳定可靠；④开放性和可扩展性，主手通常作为主控制端与从端的机械臂组成主从控制机器人系统，因此要求控制系统具有良好的开放性以及可扩展性。

主手通过基于PC的运动控制器和基于EtherCAT总线的驱动器构建了基于集中式控制和关节驱动分布式处理的控制系统架构。主控计算机选用 BECKHOFF 公司基于 Windows7 操作系统的工业计算机，控制器则选用 BECKHOFF 公司基于 PC 的 TwinCAT3 实时运动控制软件。主手位姿夹持输出功能、重力补偿功能、主动调整功能等算法程序集中在 TwinCAT3 软件上编写。主手的每个关节配置一个基于 EtherCAT 总线的 Elmo 驱动器作为底层关节驱动分布式节点，对主手的关节编码器和电机进行信号采集和驱动控制。主控计算机利用 TwinCAT3 集成的 PLCopen 函数库通过 EtherCAT 总线通信对主手的各关节驱动器发送实时控制命令，驱动电机实现主手的力矩控制及位置控制。这种控制系统架构的优点是主控计算机只需一条物理网线就能实现对主手各关节的控制，且实时性强，稳定可靠，此外该控制系统架构可扩展性非常强。

由于需要准确测量主手各关节的关节角度信息，手臂关节选用库伯勒的高精度 17 位光电式绝对式编码器，手腕关节则选用精度足够高的微小型雷尼绍磁性绝对式编码器。通过选用绝对式编码器，在装配时对主手进行一次标定之后，就不需要每次上电开机时都对主手各关节进行寻零操作，从而简化了主手的控制程序。对于主手的关节电机的选用，由于靠近底部需要较大的输出力矩，手臂关节选用 Maxon 公司的 RE30 系列电机，手腕关节和夹持机构则选用 Maxon 公司的 DCX16 系列电机。

医生操作主手进行主从操作时，由关节绝对式编码器测得的转动脉冲和由电机编码器测得的电机端脉冲通过 SSI 总线和 RS485 总线传给 Elmo 驱动器，经由 Elmo 驱动器处理后得到关节角度信息和角速度信息，通过 EtherCAT 总线传给主控计算机。依据主手的关节角度信息、角速度信息，在 TwinCAT3 运动控制器中实现主手的正逆运动学算法、重力补偿算法等。这些算法最终实现的控制信息再经由 EtherCAT 总线传给驱动器，然后驱动电机实现对主手的控制。

5.3.4 微创手术机器人主从控制实验

1. 微创手术机器人系统综合实验平台

基于上述设计的主手以及自行设计的分体式从机械臂系统，建立微创手术机器人系统综合实验平台。通过主从手眼协调控制验证主手满足微创手术机器人的功能需求。

1）微创手术机器人系统建立

微创手术机器人系统按功能可分为主控制端和从机械臂端。主控制端由主手、3D 立体显示器、控制面板、支架、脚踏开关构成的医生控制台组成。从机械臂端由左右持械臂、腔镜臂以及辅助设备组成。主控制端和从机械臂端通过控制系统构成一个微创手术机器人系统。

2）微创手术机器人从机械臂系统

微创手术机器人从机械臂系统由三个独立的从机械臂组成：左持械臂、右持械臂、腔镜臂。左右持械臂构型相同，只是关节转角的运动范围不一样，使得左右持械臂的运动方式呈现对称结构。左右持械臂均有 6 个自由度，其中前三个自由度为被动关节，其主要功能为术前的摆位设置，摆位结束后三个关节被锁止。后三个关节组成远心机构，其中前两个关节为转动关节，另一个关节为移动关节，三个关节的轴线交于一点，为远心点。该点为手术过程中在人体表面的切口点。远心机构的移动关节上设计有手术器械的快换接口，其上装有四个电机，提供 4 自由度的运动输出。左右持械臂均安装一个 4 自由度灵巧手术器械，以完成复杂的手术操作。腔镜臂的前三个自由度与持械臂的结构和功能相同，与持械臂略有不同的是，腔镜臂的远心运动采用双平行四边形机构来实现。双平行四边形机构上附有一个移动关节，其上设计有腹腔镜的快换接口。

在机器人微创手术过程中，主从手眼协调控制从端持械臂的前提是持械臂的正逆运动学解算。腔镜臂安装有 3D 腹腔镜，负责将病灶区域的图像传输到立体显示器上，使得医生能够实时地观察到手术器械在病灶区域的操作。同时，通过切换主手与从机械臂和腔镜臂之间的映射，医生可以利用主手控制腔镜臂，调整 3D 腹腔镜的镜头的位置和姿态，使得手术区的视野更加清晰适宜。而控制腔镜臂的前提就是腔镜臂的正逆运动学解算。

3) 微创手术机器人控制系统

主手的控制系统的设计考虑了系统的可扩展性，可以方便地通过扩展将其作为微创手术机器人控制系统。工控机上有两个 RS232 串口模块，作为系统的输入接口，能够接收来自控制台的控制面板和脚踏开关的控制命令，控制整个机器人系统的状态切换、功能调整、操作等。为方便分体式从机械臂系统的控制信号线路走线，系统配置了一个倍福公司的高性能 EtherCAT 路由器。从机械臂系统的每个关节配置一个 Elmo 公司生产的基于 EtherCAT 总线的驱动器，能够对各关节电机、绝对式编码器、I/O 开关量进行控制与管理。微创手术机器人系统的所有关节都挂载在 EtherCAT 总线上统一管理。主手的位姿输出、重力补偿等控制算法以及微创手术机器人的主从控制算法、从机械臂的正逆解算法、运动平滑算法等均在 TwinCAT 软件平台上实现。该控制系统架构极大地减少了高层运动控制规划与底层驱动的通信环节，能够最大化地改善系统的实时性，并且该架构可扩展性强，稳定可靠，方便布线走线。

2. 微创手术机器人主从控制综合实验

本节利用建立的微创手术机器人系统综合实验平台开展实验，验证主手在微创手术机器人主从控制中的关键功能：主从控制套圈滑竿实验，验证主手的主从手眼协调控制操作功能；主从跟踪实时性分析，验证主手控制系统的实时性；腔镜下的主从控制套圈实验，验证腔镜下主从手眼协调控制的一致性。

1) 主从控制套圈滑竿实验

主手和持械臂按统一坐标系下手眼协调控制的要求进行放置，进行统一坐标系下的主从控制实验。本实验是在直接观察下，利用主手控制从端手术器械，夹持橡胶套圈穿过具有 S 曲线外形的金属滑竿。整个过程中橡胶套圈不应脱落并且不与金属滑竿发生碰撞，实验要求较高的平稳性。

实验过程为：首先，主从控制开始之前，主手上电初始化，手臂机构主动运动到工作空间中心处，腕部机构运动到最优灵活位形。然后，将从端持械臂摆位至合适位置，主手腕部机构在主从姿态对齐命令下主动运动进行对齐操作。姿态对齐结束后，开启主从手眼协调控制，主手由主动运动模式切换为被动操作模式，并在重力补偿作用下，由人手牵引操作，输出位姿夹持动作。在视觉观察下，主手控制从端手术器械拾取套圈，夹持橡胶套圈穿过具有S曲线外形的金属滑竿。为防止套圈与金属滑竿发生碰撞，在整个过程中需要不断调整主手手柄姿态以控制从端手术器械手爪姿态，使得套圈中心穿过金属滑竿。实验用的金属滑竿直径为2mm，橡胶环内径为10mm，外径为12mm。实验设置及过程如图5-50所示，整个实验耗时2min18s，且无脱落和碰撞发生。

本实验综合验证了主手控制系统的多个功能模块，这些功能模块为微创手术机器人主从手眼协调控制的顺利执行提供了功能支持。主手的主动运动控制实现了主从姿态对齐；主手主动运动模式与被动操作模式切换功能实现了从主动对齐到被动牵引操作的转换；主手位姿夹持输出功能将医生的手部操作动作传递给从端手术器械；重力补偿功能为医生提供了舒适灵活的操作体验。同时，主从轨迹的一致性验证了主从手眼协调控制算法的有效性。

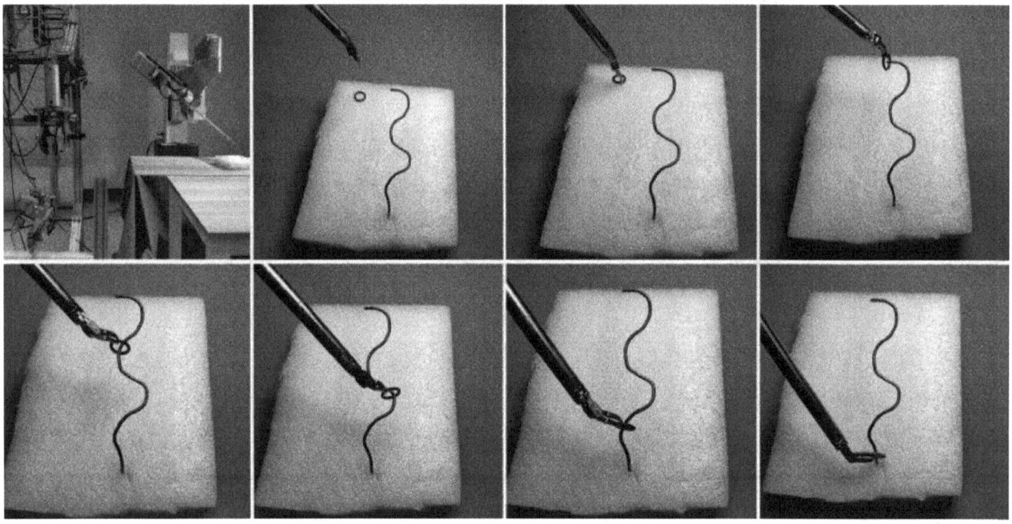

图5-50　主从控制套圈滑竿实验

2）主从跟踪实时性分析

在进行主从控制套圈滑竿实验的过程中，设置TwinCAT控制器中的主从控制周期为10ms。在一个周期内，主从控制程序完成主手的位姿解算、重力补偿等算法、主从手眼协调映射、从机械臂的逆解算，以及从机械臂各关节期望位姿命令的发送。采集由主手发送给从机械臂的期望位姿命令，以及从机械臂各关节的实际跟踪位置。从端跟踪主控制端的延迟大约40ms，最大延迟低于60ms。人眼觉察不出主从跟踪的这种延迟，且从端跟踪的曲线比较平滑。该实验表明基于EtherCAT总线和TwinCAT运动控制器构建的实时控制系统的运动控制较为平滑，延迟较小，实时性较好，满足微创手术机器人系统对实时控制的基本要求。实际应用中，可将主从控制周期设置得更小，延迟也更小。

3）腔镜下的主从控制套圈实验

腔镜下的主从控制套圈实验布置和过程如图5-51所示。其中，左持械臂和腔镜臂的基坐标系的相对位姿经测量获得。该实验以医用套圈训练为测试场景，验证腔镜下主从手眼协调控制的一致性。

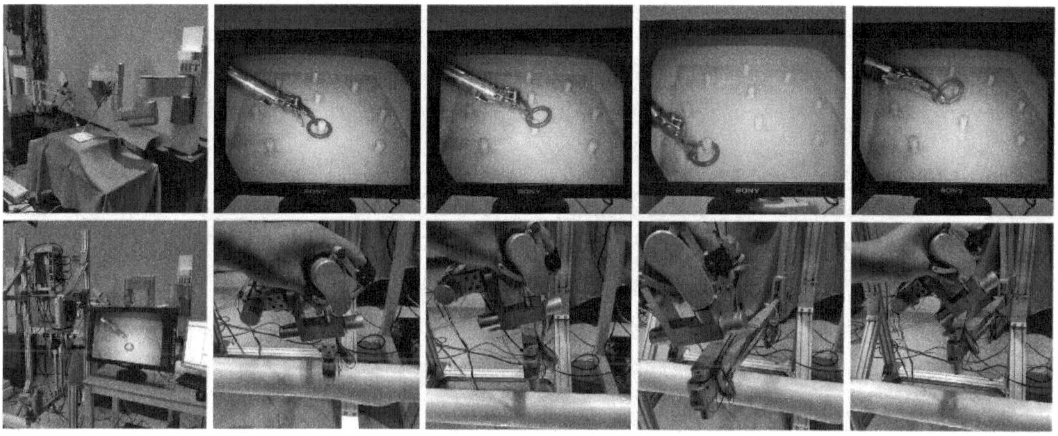

图 5-51　主从控制套圈实验

主从姿态对齐之后，就可以启动腔镜下的主从手眼协调控制对持械臂进行实时控制，主从控制开启时，主手的控制由位置模式切换为力矩模式，从机械臂由摆位时的力矩模式切换为 EXT 控制模式。操作者操作主手，观察显示屏，即腹腔镜下的手术器械，控制器械手爪抓取套环在不同的立柱上来回移动，从而验证人手操作主手手柄的动作与腔镜下器械手爪的动作是否一致。实验过程中，主从位置控制的映射比例为 2∶1。由操作过程中的截图对比可以看出主从控制对应的一致性。该实验验证了腔镜下主从手眼协调控制算法的有效性和正确性。

由于腔镜下的主从手眼协调控制算法同样采用绝对姿态控制的方式，主手的主动对齐功能保证了主从控制开始前的姿态对齐的精度以及术前摆位的最佳位形，为腔镜下的主从手眼协调控制提供了前提保证，相较于视觉观察对齐姿态方式和从端姿态对齐主控制端方式更为优越。

本 章 小 结

微课

本章针对移动机器人动态环境建模与路径规划、双臂机器人与环境的交互控制以及协调操作任务、微创手术机器人主手的设计等实际问题，通过一系列实例对理论、方法的有效性进行了验证。另外，对实验中所需设备的使用和安装方法以及开展实验的流程进行了介绍，并通过对实验结果数据的深入分析与研究，验证了提出的方法以及理论的可行性与先进性。

课 后 习 题

1. 简述移动机器人系统组成部分及传感器标定流程。
2. 双臂机器人进行标定和参数辨识的实验过程中应用了哪些设备？具体作用是什么？
3. 根据本章手眼系统击球实验数据进行分析，第 4 章中提出的控制方法对比传统 Kalman 方法有哪些提升？
4. 手术机器人根 ss 据控制方式可以分为哪两类？各自有什么特点？
5. 微创手术机器人主手设计时需要考虑哪些因素？

参 考 文 献

白克强, 2017. 双臂机器人拟人化动作实现与协调控制方法研究[D]. 合肥：中国科学技术大学.

常一婷, 2010. 基于图形识别的虚拟交互关键技术的研究[D]. 大连：大连海事大学.

陈林, 2019. 会议电话中的实时回声消除算法研究与实现[D]. 南京：东南大学.

丁汉, 陶波. 2020-07-07. 共融机器人研究和应用前景广阔[N]. 人民日报, 20.

丁希仑, 2011. 拟人双臂机器人技术[M]. 北京：科学出版社.

段江哗, 2020. 面向机器人操作的示教学习与智能控制方法研究[D]. 北京：中国科学院大学.

方健, 2016. 冗余双臂机器人在线运动规划与协调操作方法研究[D]. 合肥：中国科学技术大学.

顾立忠, 2008. 基于表观的手势识别及人机交互研究[D]. 上海：上海交通大学.

何玉庆, 赵忆文, 韩建达, 等, 2015. 与人共融: 机器人技术发展的新趋势[J]. 机器人产业 (5): 74-80.

胡向东, 等, 2013. 传感器与检测技术[M]. 2 版. 北京：机械工业出版社.

黄铁球, 1996. 不解体机器人动力学参数辨识方法的研究[D]. 天津：天津大学.

黄文涛, 2014. 传感与测试技术[M]. 哈尔滨：哈尔滨工业大学出版社.

霍伟, 2005. 机器人动力学与控制[M]. 北京：高等教育出版社.

江一鸣, 2019. 双臂机器人系统模型辨识及协同控制理论研究[D]. 广州：华南理工大学.

蒋新松, 1994. 机器人学导论[M]. 沈阳: 辽宁科学技术出版社.

李国志, 2021. 双臂机器人操作力控制与手眼协调研究[D]. 哈尔滨：哈尔滨工业大学.

李明富, 2009. 生物视觉引导运动机制及机器人手眼协调研究[D]. 武汉：华中科技大学.

刘亚欣, 金辉, 2022. 机器人感知技术[M]. 北京：机械工业出版社.

刘阳, 2024. 智能体交互成新型人机交互范式[J]. 通信世界(12): 31-33.

马晗, 唐柔冰, 张义, 等, 2022. 语音识别研究综述[J]. 计算机系统应用, 31(1): 1-10.

乔昱, 2017. 基于公垂线模型的串联机构运动学标定方法研究[D]. 武汉：华中科技大学.

舒文韬, 李睿潇, 孙天祥, 等, 2024. 大型语言模型: 原理、实现与发展[J]. 计算机研究与发展, 61(2): 351-361.

唐文彦, 2014. 传感器[M]. 5 版. 北京：机械工业出版社.

王峰, 2012. 柔性关节机器人的参数辨识及模糊控制研究[D]. 北京：北京邮电大学.

王涛, 2020. 微创手术机器人力反馈主手系统研究[D]. 哈尔滨：哈尔滨工业大学.

王越超, 谈大龙, 1998. 协作机器人学的研究现状与发展[J]. 机器人, 20(1): 69-75.

徐德, 谭民, 李原, 2011. 机器人视觉测量与控制[M]. 2 版. 北京: 国防工业出版社.

徐江涛, 王欣洋, 王廷栋, 等, 2023. 光学视觉传感器技术研究进展[J]. 中国图象图形学报, 28(6): 1630-1661.

闫磊, 2019. 双臂空间机器人系统等效建模及协调柔顺控制研究[D]. 哈尔滨：哈尔滨工业大学.

叶湘滨, 熊飞丽, 张文娜, 等, 2007. 传感器与测试技术[M]. 北京：国防工业出版社.

袁儒鹏, 2020. 室内移动机器人位姿估计与避障方法研究[D]. 哈尔滨：哈尔滨工业大学.

张晓平, 2013. 六自由度关节型机器人参数标定方法与实验研究[D]. 武汉：华中科技大学.

张宗华, 刘巍, 刘国栋, 等, 2021. 三维视觉测量技术及应用进展[J]. 中国图象图形学报, 26(6): 1483-1502.

张作楠, 2012. 机器人视觉伺服跟踪系统的研究[D]. 无锡: 江南大学.

赵永生, 2017. 旋转飞行乒乓球的状态估计和轨迹预测[D]. 杭州：浙江大学.

周扬, 2014. 双臂机器人的控制系统建立及阻抗控制研究[D]. 哈尔滨：哈尔滨工业大学.

宗光华, 2007. 机器人技术手册[M]. 北京：科学出版社.

BENI G, WANG J, 1993. Swarm intelligence in cellular robotic systems[C]. Robots and biological systems: towards a new bionics? Berlin. .

BHUIYAN R A, TUSHAR A K, ASHIQUZZAMAN A, et al., 2017. Reduction of gesture feature dimension for improving the hand gesture recognition performance of numerical sign language[C]. 2017 20th international conference of computer and information technology (ICCIT). Dhaka.

CIHAN CAMGOZ N, KOLLER O, HADFIELD S, et al., 2020. Sign language transformers: joint end-to-end sign language recognition and translation[C]. 2020 IEEE/CVF conference on computer vision and pattern recognition (CVPR). Seattle.

DORIGO M, GAMBARDELLA L M, 1997. Ant colony system: a cooperative learning approach to the traveling salesman problem[J]. IEEE transactions on evolutionary computation, 1(1): 53-66.

FENG Z, HU G Q, SUN Y J, et al., 2020. An overview of collaborative robotic manipulation in multi-robot systems[J]. Annual reviews in control, 49: 113-127.

HAO N, HE F H, YAO Y, et al., 2024. Consistent batch fusion for decentralized multi-robot cooperative localization[J]. Control theory and technology, 22(4): 638-651.

HUANG X G, ARVIN F, WEST C, et al., 2019. Exploration in extreme environments with swarm robotic system[C]. 2019 IEEE international conference on mechatronics (ICM). Ilmenau.

KONG Y, FU Y, 2022. Human action recognition and prediction: a survey[J]. International journal of computer vision, 130(5): 1366-1401.

LICKLIDER J C R, 1960. Man-computer symbiosis[J]. IRE transactions on human factors in electronics, HFE-1(1): 4–11.

MADRIDANO Á, AL-KAFF A, MARTÍN D, et al., 2021. Trajectory planning for multi-robot systems: methods and applications[J]. Expert systems with applications, 173: 114660.

RAWAL N, STOCK-HOMBURG R M, 2022. Facial emotion expressions in human-robot interaction: a survey[J]. International journal of social robotics, 14(7): 1583-1604.

RIZK Y, AWAD M, TUNSTEL E W,2019. Cooperative heterogeneous multi-robot systems: a survey[J]. ACM computing surveys, 52(2): 29:1-31.

SAHIN E, 2004. Swarm robotics: from sources of inspiration to domains of application[C]. Swarm robotics Berlin.

SIEGWART R, NOURBAKHSH I R, SCARAMUZZA D, 2011. Introduction to autonomous mobile robots[M]. 2nd ed. Cambridge: MIT Press.

TIAN L, WANG H Y, ZHOU Y M, et al., 2018. Video big data in smart city: background construction and optimization for surveillance video processing[J]. Future generation computer systems, 86: 1371-1382.

VERMA J K, RANGA V, 2021. Multi-robot coordination analysis, taxonomy, challenges and future scope[J]. Journal of intelligent & robotic systems, 102: 10.

ZHANG S Y, ZHENG Z Y, ZU S Z, 2023. A comprehensive research about multi-robot control models[C]. The international conference on image, algorithms and artificial intelligence (ICIAAI 2023). Sanya.

ZHAO X Z, SHAO S L, WANG T, et al., 2023. A review of multi-robot collaborative simultaneous localization and mapping[C]. 2023 IEEE international conference on unmanned systems (ICUS). Hefei.